计算机科学与技术研究生教材

数理逻辑

张再跃 张晓如 / 编著

中国矿业大学出版社

内 容 简 介

本书由8个部分的内容组成，包括绪论和7个章节的内容。绪论部分，介绍元数学的形成与发展以及元数学与数理逻辑之间的关系，同时简要说明课程学习的目的和意义。第1章介绍集合论的基础知识，包括有穷集与无穷集的概念、可数集与不可数集的特性、集合基数的定义及其相关性质、无穷基数大小比较等方面的内容。第2章介绍可计算性理论的基本知识，包括计算概念的形成与发展、能行计算的基本特征、可计算性函数的多种形式定义以及相互间的关系性质等。第3章至第5章是关于经典数理逻辑的内容，包括命题演算和谓词演算两个部分，重点介绍命题演算和谓词演算以及相关形式系统的基本性质。内容涉及形式证明，形式推理，形式系统的语法、语义，以及逻辑系统的可靠性与充分性等方面的知识。第6章介绍计算思维的概念，简要回顾计算思维概念的形成与发展，阐述计算思维的特点。并从计算角度出发，分析运用计算思维解决计算问题的基本策略思想。第7章介绍形式系统构成特性，分析逻辑系统与应用系统之间的联系与区别。以一阶算术系统为例，介绍逻辑系统扩展至数学应用系统的定义方法，最终给出“哥德尔不完备性定理”的证明。

本书面向计算机科学与技术、软件工程以及相关专业的高等院校学生，尤其是相关专业的高校研究生，可以作为教材，也可作为希望了解数理逻辑基础知识的高校学生和科研工作者的阅读材料或参考资料。

图书在版编目(CIP)数据

数理逻辑/张再跃，张晓如编著. 一徐州：中国矿业大学出版社，2019.7

ISBN 978-7-5646-4505-2

Ⅰ. ①数… Ⅱ. ①张… ②张… Ⅲ. ①数理逻辑 Ⅳ. ①O141

中国版本图书馆CIP数据核字(2019)第150545号

书　　名 数理逻辑
编　　著 张再跃　张晓如
责任编辑 王美柱
出版发行 中国矿业大学出版社有限责任公司
(江苏省徐州市解放南路　邮编 221008)
营销热线 (0516)83884103　83885105
出版服务 (0516)83995789　83884920
网　　址 http://www.cumtp.com　**E-mail**：cumtpvip@cumtp.com
印　　刷 江苏淮阴新华印务有限公司
开　　本 787×1092　1/16　**印张** 11.25　**字数** 295 千字
版次印次 2019年7月第1版　2019年7月第1次印刷
定　　价 26.80元

前　言

数理逻辑是用数学方法研究逻辑问题的学科，是基础数学的一个重要分支，在计算机科学理论中起着奠基作用。随着计算机科学与技术的发展，计算机在各种领域的应用不断深入，许多与信息技术密切相关的学科分支相继形成，并呈现出不断扩展和永无止境的发展趋势。这种发展对计算科学理论研究不断提出新的要求，对数理逻辑的发展也起到巨大的促进作用。我们已经看到，许多在经典数理逻辑基础上发展起来的应用逻辑分支，不仅在有关的信息技术领域得到重要应用，而且已成为相关学科理论与应用的逻辑基础。如作为粗糙集与粒计算理论基础的模态逻辑与粒逻辑；作为决策信息系统知识表示与推理理论基础的决策逻辑；作为语义网知识处理理论基础的描述逻辑等。因此可以看出，数理逻辑是一门内容丰富、涉及面极广的学科。

长期以来，作为计算机科学理论与应用的基础，数理逻辑一直是我国高等教育和研究生培养阶段，计算机科学与技术专业的核心基础课程。然而，作为整个专业培养计划中的一门课程，数理逻辑的学时分配非常有限。因此，教学内容的组织是数理逻辑课程施教过程中首先要面临的问题。不同高校在培养方案制定和课程设置方面都存在着一定的差异，再结合学校专业的特色和学生的学习特点，使得数理逻辑课程内容的组织不尽相同，可谓各具特色。但可以肯定的是，课程教学内容的组织与课程目的密切相关。课程目的通常包括两个方面，即课程设置目的和课程教学目的。对数理逻辑课程来说，课程设置与课程教学目的可以分别概括为“承上启下”和“能力培养”。

作为计算机科学与技术专业培养计划中的一门课程，数理逻辑课程应该是一些前置课程，如高等数学、离散数学等课程学习的深入，同时，又是某些后续课程，如粗糙集与粒计算、语义网技术、知识表示与知识推理、形式语言与自动机理论等课程学习的基础。课程教学目的可归纳为知识学习和能力培养。所谓知识学习，是指作为学科基础的逻辑知识学习，而能力培养则应侧重于思维能力的培养，包括抽象思维能力、逻辑思维能力与计算思维能力的培养等。鉴于此，同时考虑到工科学生的特点，课程在选材上遵循的原则当为“至精而不失完整，至简而不乏基础”。也就是尽可能多地介绍数理逻辑相关知识，并在内容组织上尽可能做到精炼；同时在内容陈述上尽可能做到简洁，重在思想与方法，为后续课程学习以及计算机应用实践建立思维基础。

2013 年 9 月，笔者将执教十余年的教案进行了整理，并在清华大学出版社相关人员的支持下，出版了《数理逻辑》一书。书中的主要内容取自于克林(S. C. Kleene)的《元数学导论》①和汉密尔顿(A. G. Hamilton)的《数学家的逻辑》②两本著名著作,同时收纳了顾兰德(N. Gutland)的《可计算性》③一书的部分章节的内容,并根据课程教学需要对所选取的内容和表示形式进行了精简、编辑、统一与整合。编书的目的是希望"数理逻辑"作为一门课程,能够在不失其"精髓与本质"的前提下,变得"简单些",且更具"针对性"。对此,在教材的内容组织与表述方面,采取了"精简"与"即述即注"的形式,并增加了集合论与可计算性理论基础知识方面的内容。经过近5年的试教,结果应该是不错的。教学内容上要比以往"丰富",而使得施教过程相对而言变得不那么"太过于抽象与枯燥"。然而,针对计算机专业的研究生,作为学位课程的"数理逻辑"应当教些什么？如何教？一直是人们思考的问题。

2016年12月,笔者在《计算机教育》杂志发文,题为《面向学科素养培养的数理逻辑教学》。文中对计算学科素养的基本内涵进行分析,认为"计算思维能力之培养"与"形式化方法之掌握"是计算学科素养的重要方面,并阐述了"数理逻辑"课程教学与计算学科素养形成与发展之间的关系。认为,作为一种"潜在的"目的,计算学科素养培养至少应该在"数理逻辑"课程教学中有所体现,并由此萌发修订再版"数理逻辑"教材的动机。作为主要方面,修订过程增加了有关计算思维的内容,同时从逻辑与应用两个层面,强化了有关形式系统方面的阐述。教材内容也由原来的6章增至7章,原先的章节内容也随之进行了适当调整。书中有关知识背景的介绍参阅了网络提供的大量素材,尽管有些素材的准确性与严格性尚待进一步考证,但大量的网络信息的确为我们更好地了解相关知识的产生与发展以及科学家们对学科的贡献提供了很好的帮助。

江苏科技大学有关部门对"数理逻辑"课程改革十分重视,对《数理逻辑》教材建设给予了实质性资助。中国矿业大学出版社的有关领导和编辑同志为本书的修订出版给予了大力支持,并做了大量细致性工作。对此,作者表示真诚谢意。

"数理逻辑"教学改革,一直以来都是相关学者与执教人员关注的问题。改革的关键就是教学内容的组织。对此,不妨做些"尝试",并通过教学实践加以"完善"。本书的修订过程正是带着"尝试"的目的完成的。书中可能有值得"商榷"的地方,也可能有"不妥"之处,望阅读者给予批评指正。

作　者

2018年12月

① Kleene S C. 元数学导论[M]. 莫绍揆,译. 北京:科学出版社,1985.

② Hamilton A G. Logic for mathematicians[M]. London: Cambridge University Press,1978.

③ Cutland N. Computability: An introduction to recursive function theory[M]. London: Cambridge University Press,1980.

目　录

绪　论

(1) 何为元数学

要弄清楚这个问题，首先要知道"元数学"(meta-mathematics)和"数学"的区别究竟在哪里。我们知道："数学"是关于"数"的学问，一切在特定范围内可以被理解为"数"的东西，都可以是数学研究的对象。由于数学的高度抽象性和研究对象的广泛性，使得数学被誉为几乎所有学科的基础。于是便有一问：数学的基础又是什么呢？

每门"学问"都有特定的研究对象，弄清一门学问的研究对象至关重要。将不是某学问研究的对象同其研究对象混淆，往往是引起"悖论"的根源。例如，自然数理论研究的对象是"自然数"，将所有自然数放在一起得到自然数集 **N** 就不再有自然数的性质，如果还将 **N** 作为自然数理论研究的对象就会出现问题。再如，集合论研究的对象是"集合"，如自然数集 **N** 就是其研究对象之一。将所有的集合放在一起就得到一个类 L，如果仍将 L 作为集合论研究的对象同样也会出现问题。著名的"罗素悖论"(Russell's paradox)就是因此产生的。数学研究的对象是"数"，不同的数学分支都有其自身的论域。如果将所有数学分支进行"汇总"，以其"汇集"作为研究的论域，以其"共性"分析作为研究的内容，以为其建立完备与协调的共同基础作为研究的目的，那么这样的"任务"就不能再由任何作为对象的数学分支来完成。对此，需要一套独立于各个数学分支之外的理论，这套理论被称为"元数学"。"元数学"的概念由此产生。

一般而言，"元数学是一种将数学作为人类意识和文化客体的科学思维或知识"；进一步说，"元数学是一种用来研究数学和数学哲学的数学。"[①]通俗讲，元数学是"数学的数学"。但此"数学"非彼数学，将二者混为一谈就会导致矛盾。对此，需首先了解和认识一下元数学的形成与发展过程。

(2) 元数学的形成与发展

元数学的形成与发展和数学发展史上曾经发生过的三次重大危机有着密切的关系[②]。

大约在公元前 500 年，无理数$\sqrt{2}$的出现对毕达哥拉斯(Pythagoras)学派所谓"宇宙间的一切现象都能归结为整数或整数之比"的信条形成致命冲击。毕达哥拉斯的得意门生希帕索斯(Hippasus)因无意中透露了$\sqrt{2}$的存在而被处死。这就是所谓的"第一次数学危机"。此次数学危机使人们认识到直觉和经验不一定靠得住，而推理证明才是可靠的。从此，希

① http://en.wikipedia.org/wiki/Metamathematics.

② http://baike.baidu.com/view/96916.htm.

腊人便开始了以“公设”(即公理)为出发点,运用演绎推理来建立几何学体系的方法研究与实践。作为第一次数学危机的产物,得以形成欧几里得(Euclid)《几何原本》的公理体系与亚里士多德(Aristotle)的逻辑体系。

第二次数学危机是由无穷小量的矛盾引起的。17 世纪后半叶,英国数学家牛顿(Newton)和德国数学家莱布尼茨(Leibniz)分别独立地建立了微积分学。虽然微积分以其运算的完整性和应用范围的广泛性成为当时解决问题的重要工具,但是由于对其中涉及的“无穷小量”概念无法做出合理的解释,从而引发了第二次数学危机。这说明当时人们的数学思想依旧缺乏严密性,对相关数学概念的理解和认识尚处在直观的层面,只强调形式的计算,而忽视基础的可靠性问题。直到 19 世纪 20 年代,一些数学家才开始关注微积分的严格基础。从波尔查诺(Bolzano)、阿贝尔(Abel)、柯西(Cauchy)、狄里克莱(Dirichlet)等人的工作开始,最终由魏尔斯特拉斯(Weierstrass)解决了其中不确切的问题。魏尔斯特拉斯给出了现在通用的 ε-δ 极限定义,并将导数、积分等概念都严格地建立在了极限的基础上,从而克服了危机和矛盾。随后,历经近半个世纪,魏尔斯特拉斯、戴德金(Dedekind)、康拓尔(Cantor)等人又独立地建立了实数理论,并在此基础上建立了极限论的基本定理,从而使数学分析最终建立在了实数理论的严格基础之上。

经过第一、第二次数学危机,人们将数学基础理论的无矛盾性,归结为集合论的无矛盾性,集合论已成为整个现代数学的理论基础,数学这座富丽堂皇的大厦就算竣工了。看来集合论似乎是不会有矛盾的,数学的严格性的目标快要达到了。在 1900 年巴黎召开的国际数学家大会上,数学家们为这一成果的喜悦溢于言表。然而,事隔不到两年,英国著名数理逻辑学家和哲学家罗素(Russell)即宣布了一条惊人的消息:集合论是自相矛盾的,并不存在什么绝对的严密性!史称“罗素悖论”。

当时,人们将“集合”描述成具有某种特性的对象的汇集。依据这个描述,若用 $\varphi(x)$ 表示 x 具有性质 φ,则 $S=\{x:\varphi(x)\}$ 就表示所有具有性质 φ 的对象 x 组成的集合。对此,罗素用了一个特殊的性质 φ,即 $\varphi(x)$ 当且仅当 $x\notin x$。于是存在“集合”L,满足 $L=\{x:x\notin x\}$。接下来问:是否有 $L\in L$? 如果 $L\in L$,那么作为 L 的元素,L 应有特性 φ,即 $L\notin L$;如果 $L\notin L$,那么 L 满足特性 φ,又有 $L\in L$。于是出现“悖论”。

1918 年,罗素用“理发师之说”将这个悖论通俗化:某一村落中的一个理发匠,他只替村中所有不给自己理发的人理发,到底他是否替自己理发?

罗素悖论的发现,无异于晴天霹雳,使人们从美梦中惊醒。罗素悖论以及集合论中其他一些悖论,深入到集合论的理论基础之中,从而从根本上危及了整个数学体系的确定性和严密性,于是在数学和逻辑学界引起了一场轩然大波,形成了数学史上的第三次危机。

“理发师之说”不难解决,只需说不会有这样的一个理发师。但是对罗素悖论,却不能说没有这样的 L,因为 L 已经实实在在地构造出来。为了消除“罗素悖论”,必须对“集合”这一基本概念进行重新思考。方法是,在传统“集合”概念的基础上增加一些限制以排除“太大的集”。对此,德国数学家策梅罗(Zermelo)首先提出了集合论公理化方案,并在 1908

年提出了第一个公理集合论系统①。随后，经以色列数学家弗兰克尔(Fraenkel)②和挪威数学家斯科兰姆(Skolem)③的补充修正，得到了策梅罗-弗兰克尔公理系统 ZF，加上选择公理(AC)，便形成了现在普遍使用的集合论公理系统 ZFC④。ZFC 公理系统将 L 视为集合论的论域而不再是传统意义上的集合，进而排除了“罗素悖论”。

为了避免数学中出现类似的悖论，数学家们做了各种努力。由于解决问题的出发点和所遵循的途径不同，20 世纪初期形成了不同的数学哲学流派。其中，有以罗素为首的逻辑主义学派、布劳威尔(Brouwer)为首的直觉主义学派和希尔伯特(Hilbert)为首的形式主义学派成为主流。这三大学派的形成与发展，将数学基础理论研究推向了一个新的阶段。20 世纪 20 年代初，德国数学家希尔伯特就古典数学的基础问题研究提出一项建议，该建议随后成为著名的希尔伯特计划：首先强调数学理论的严格形式化，将数学具体分支中的概念进一步抽象，其结果是形成一个形式系统(形式理论或形式数学)；其次，将这个形式系统当作数学研究的对象，并能证明该形式系统是协调的。研究这个形式系统的数学理论必须具有相对的独立性，这套数学理论就称为元数学或证明论。元数学研究最重要的成果之一是“哥德尔不完备性定理”。

(3) 元数学与数理逻辑

元数学与数理逻辑息息相关，两者具有相同的发展根系。早在 17 世纪，人们就有“利用计算的方法来代替人们思维中的逻辑推理过程”的想法。当时德国著名的数学和物理学家莱布尼茨就曾经设想过，能否创造一种“通用的科学语言”，可以将推理过程像数学一样利用公式来进行计算，从而得出正确的结论。这一思想可谓是现代数理逻辑中部分内容的萌芽。1847 年，英国数学家布尔(Boole)发表了《逻辑的数学分析》，建立了“布尔代数”，并创造了一套符号系统，利用符号来表示逻辑中的各种概念。布尔给出了一系列运算法则，利用代数的方法研究逻辑问题，初步奠定了数理逻辑的基础。19 世纪末 20 世纪初，数理逻辑有了比较大的发展。德国数学家弗雷格(Frege)分别在 1879 年和 1884 年出版了著作《概念文字——模仿算术的纯思维的形式语言》和《算术基础——关于数概念的逻辑数学研究》⑤，使得数理逻辑的符号系统更加完备，为现代数理逻辑(包括元数学)的形成与发展奠定了基础。

“数理逻辑”(mathematical logic)的名称是由意大利著名数学家、逻辑学家和语言学家皮亚诺(Peano)首先给出的⑥，又称为符号逻辑。无论是数理逻辑，还是元数学，都是关于数学基础研究的理论与方法。经过长期的发展与完善，已形成一套较为完整的理论体系。该理论体系的主要分支包括：逻辑演算、模型论、证明论、递归论和公理集合论。各个分支既

① Zermelo E. Untersuchungen über die Grundlagen der Mengenlehre[J]. Math. ,1908(65):261-281.

② Fraenkel A A. Uber den Begriff “definit” und die Unabhängigkeit des Auswahlaxioms[M]. S. -B. Berlin. Math. Ges. ,1922:250-273.

③ Skolem T. Selected Works in Logic[M]. Edited by J. E. Fenstad. Universitetsforlaget, Oslo, 1970:2562.

④ Jech T. Set Theory[M]. Springer-Verlag Berlin Heidelberg,2003:3-13.

⑤ http://en. wikipedia. org/wiki/Gottlob_Frege.

⑥ http://en. wikipedia. org/wiki/Giuseppe_Peano.

独立又相互关联，其研究内容和应用范围各有侧重。目前，“数理逻辑”的侧重点在于逻辑演算，包括命题演算与谓词演算，“元数学”则侧重于证明论的某些方面。由于在应用领域上“元数学”的侧重方面较之“数理逻辑”有一定的局限性，使得“数理逻辑”逐步成为数学基础学科的代名词而被更多的人认识并接受。

(4) 本课程学习目的

数理逻辑与计算机科学有着密切的联系，许多计算机科学的先驱者既是数学家，又是逻辑学家，如冯·诺伊曼(von Neumann)、图灵(Turing)和邱奇(Church)等。数理逻辑和计算机科学有一个共同的基本属性，那就是两者都属于模拟人类认知机理的科学。前者试图以形式化的方法加以描述，后者却努力用程序化的设计加以实现。几个世纪以来，数学家和逻辑学家在数学基础研究领域的贡献，为计算机科学的产生与发展奠定了强有力的理论基础。反之，现代计算机科学的理论研究与实践，又大大促进了数理逻辑的研究、发展与进步。

数理逻辑的教材很多，其中不乏数理逻辑在计算机科学领域应用的内容，如数理逻辑在数字电路分析、编译方法、程序设计语言、程序设计方法学、关系数据库、知识表示与知识推理、人工智能方面的应用等。这样的内容安排无疑可以起到“学以致用”作用。然而，作为计算机科学与技术及相关专业研究生课程体系中的一门课程，加以“应用”来介绍数理逻辑，会因受学时数的限制而“浮于皮毛”，容易造成对“逻辑”一知半解，对“应用”又难以深入的结果。与其“面面俱到”不如深入“精华”。因此，本课程主要内容以元数学的基本理论与基本方法为主加以组织，同时兼顾了计算机科学与技术及相关专业特点。课程学习的主要目的是要让学习者更好地认识数理逻辑的精髓，使数理逻辑真正成为学习者知识体系和思维方式的有机组成部分。同时培养学习者抽象思维能力，提高学习者逻辑推理水平，强化学习者学科素养，使学习者在今后的工作与实践中，能够自觉或不自觉地将所学知识加以推广和应用。

第 1 章　集合论基础

集合是数学中最原始的概念之一，通常不加定义而只给出描述。集合一般被描述为“按照某种特征或规律汇合起来的事物的总体”。集合论的全部历史是围绕着“无穷”的概念展开的，因此，集合论又被称为是关于无穷集合和超穷数的数学理论。

早在集合论创立之前，数学家和哲学家们就已经接触到了大量有关“无穷”的问题。由于现实生活中并没有“无穷”的实体，因此，无穷集的存在性一度受到人们的质疑，这其中就包括有“数学家之王”美誉的高斯(Gauss)和法国著名的大数学家柯西。1831 年 7 月，高斯在给他的朋友舒马赫尔(Schumacher)的信中说：“我必须最最强烈地反对你把无穷作为一个完成的东西来使用，因为这在数学中是从来不允许的。”然而，“无穷”问题却像一块具有魔力的“磁铁”，深深地吸引着那些勇于探索真理、意志顽强的数学家们。数学分析严格化的先驱、捷克数学家波尔查诺是第一个为建立集合的明确理论而做出积极努力的人。他坚持实无穷集合的存在性，通过引进一一对应的概念，给出了无穷集合的一个部分或子集可以等价于其整体的重要思想。19 世纪 70 年代，德国数学家康拓尔在研究函数 $f(x)$ 的三角级数表示的唯一性过程中，引进了点集的极限、点集的导集等重要概念，为点集论奠定了基础。随后，他又建立了“可数集”的概念，并明确指出无穷集的存在，证明了“并非所有的无穷集都是可数的”以及“无穷集和有穷集一样也有数量(基数)上的差别”。围绕集合论的基本问题，康拓尔发表了一系列文章。直到 19 世纪末，康拓尔最后一部重要著作《对超穷集合论基础的贡献》面世，标志集合论已从点集论过渡到了抽象集合论，即今天我们所说的古典集合论或朴素集合论。

康拓尔的工作给数学发展带来了一场革命，同时也引来了许多“非议”和“质疑”，致使康拓尔在精神上受到巨大的打击。然而，历史终究公平地评价了他的创造。集合论在 20 世纪初已逐渐渗透到了各个数学分支，成为分析理论、测度论、拓扑学等数理科学中必不可少的工具。在这个时期，世界上最伟大的数学家希尔伯特在德国传播了康拓尔的思想，称之为“数学家的乐园”和“数学思想最惊人的产物”。英国哲学家罗素把康拓尔的工作誉为“这个时代所能夸耀的最巨大的工作”。

本章介绍集合论基础知识，内容包括可数集与不可数集的概念与基本性质、有穷集与无穷集的本质区别、无穷基数与无穷量的比较等。在学习过程中，我们将体会“可数集”的精妙，认识“无穷集”的神奇，感受证明方法的精彩，领略数学大家的智慧。通过本章的学习，要充分了解有穷集和无穷集的本质区别，深刻领会可数集的概念与基本性质，掌握康拓尔对角线证明思想与方法，知晓不可数集的存在以及无穷量之间的差异。

1.1 可 数 集

“可数集”是康拓尔集合论中最基本也是最重要的概念之一,这一概念的引入为无穷集的研究奠定了重要基础。可数集不仅定义了一类无穷集存在的实例,而且也是所有无穷集中的“最小者”,是跨越有穷,迈向无穷的出发点。可以说“可数集”是一个极富智慧的概念。在给出“可数集”定义之前,先回顾一下“映射”的概念。

1.1.1 映射

“映射”是一个重要的数学工具,通过映射可以建立数学对象之间的关联,分析数学对象之间的关系,概括数学对象相互联系的一般规律。

1.1.1.1 映射的概念

定义 1.1(映射) 设 X 和 Y 是两个集合。φ 是一个对应规则:使得对任意的 $x\in X$,经过 φ,都有 Y 中唯一确定的元素 y 与 x 对应。则对应规则 φ 称为集合 X 到 Y 中的一个映射,记为 $\varphi: X\to Y$。

对 $x\in X$,经规则 φ 在 Y 中与之对应的元素 y 被记为 $y=\varphi(x)$[或 $\varphi(x)=y$]。其中,x 称为原像,y 称为 x 经 φ 在 Y 中的像。集合 $\varphi(X)=\{\varphi(x)\mid x\in X\}$ 称为 φ 关于 X 的像集(简称 φ 的像集)。显然,$\varphi(X)\subseteq Y$。

定义 1.2(满射) 设 $\varphi: X\to Y$。如果对任意 $y\in Y$,都有 $x\in X$ 使得 $\varphi(x)=y$,则称 φ 是满射(或“到上”映射)。

显然,映射 $\varphi: X\to Y$ 是满射当且仅当 $\varphi(X)=Y$。

定义 1.3(单射) 设 $\varphi: X\to Y$。如果对任意 $x_1,x_2\in X$,若 $x_1\neq x_2$,则有 $\varphi(x_1)\neq\varphi(x_2)$,则称 φ 是单射。

考察单射常用的方法是:设 $\varphi(x_1)=\varphi(x_2)$,由此推出 $x_1=x_2$。

定义 1.4(双射) 设 $\varphi: X\to Y$。如果 φ 既是满射又是单射,则称 φ 是 X 到 Y 的双射。记为 $\varphi: X\xrightarrow{1\text{-}1}Y$。双射又称 1-1 映射。

定义 1.5(复合映射) 设 $\varphi: X\to Y, \psi: Y\to Z$。对任意 $x\in X$,定义对应规则 $\varphi\circ\psi$ 满足:$\varphi\circ\psi(x)=\psi(\varphi(x))$,则 $\varphi\circ\psi$ 称为 φ 与 ψ 的复合(或合成)映射。

显然,$\varphi\circ\psi: X\to Z$。中间集合 Y 称为映射 φ 到 ψ 合成的“桥梁”。

1.1.1.2 映射的基本性质

命题 1.1 设 φ 是 X 到 Y 的双射,ψ 是 Y 到 Z 的双射,则 $\varphi\circ\psi$ 是 X 到 Z 的双射。

命题 1.2 设 φ 是 X 到 Y 的双射。定义 Y 到 X 元素之间的对应规则 ψ,使得对任意的 $y\in Y$,取 X 中满足 $\varphi(x)=y$ 的 x 与之对应,即 $\psi(y)=x$,则 ψ 是 Y 到 X 的双射。

在命题 1.2 中,通过 φ 定义的映射 ψ 称为 φ 的逆映射,记为 φ^{-1}。

命题 1.3 设 φ 是 X 到 Y 的双射,φ^{-1} 为 φ 的逆映射,则 $\varphi\circ\varphi^{-1}$ 是集合 X 上的恒等映射,即对任意 $x\in X$ 均有 $\varphi\circ\varphi^{-1}(x)=x$;$\varphi^{-1}\circ\varphi$ 是集合 Y 上的恒等映射,即对任意 $y\in Y$ 均有

$\varphi^{-1}\circ\varphi(y)=y$。

1.1.1.3　集合的等势

定义 1.6　设 A 和 B 是集合。如果存在双射 $\varphi:A\to B$，那么称集合 A 和集合 B 等势，记为 $A\simeq B$。两个集合等势，也称这两个集合等价。

命题 1.4　设 A，B 和 C 是集合。集合间的等价关系满足如下性质：

(1) 自反性：对任意集合 A，$A\simeq A$。

(2) 对称性：如果有 $A\simeq B$，那么就有 $B\simeq A$。

(3) 传递性：如果有 $A\simeq B$ 和 $B\simeq C$，那么就有 $A\simeq C$。

1.1.2　可数集

1.1.2.1　可数集的概念

用 $\mathbf{N}$ 表示自然数集。$\mathbf{N}$ 的元素可枚举如下：

$$0,1,2,\cdots,n,\cdots \tag{1.1}$$

将 $\mathbf{N}$ 集取作标准，给出如下定义。

定义 1.7　如果一无穷集 A 与自然数集 $\mathbf{N}$ 等势，即 A 的元素能够与自然数 1-1 对应，则称 A 为可数(或可枚举)无穷集(简称可数集)。

例如，全体偶数组成的集合 $E=\{2k\mid k\in\mathbf{N}\}$，全体奇数组成的集合 $D=\{2k+1\mid k\in\mathbf{N}\}$ 和所有自然数的平方组成的集合 $G=\{k^2\mid k\in\mathbf{N}\}$，都是可数集。

注记 1.1　在上面的例子中，E，D，G 都是自然数集 $\mathbf{N}$ 的真子集，即这些集合并没有将全部的自然数都包含进去，但却和整个自然数的集有"同样多"的元数，岂不"怪"吗？在 17 世纪，人们曾把这一点作为"悖论"，因为对于有穷的集合来说，这种现象是绝不可能发生的。到 19 世纪末，康拓尔根据建立 1-1 对应的可能性，系统地对有穷集与无穷集特性进行比较分析，指出上述现象并不是悖论，它恰恰反映了无穷集和有穷集之间的一个本质区别，即：集合 S 是无穷集当且仅当 S 可以和其自身的某个真子集是等价的。

1.1.2.2　可数集的基本性质

命题 1.5　全体整数组成的集合 $\mathbf{Z}$ 是可数集。

证明：可以将全体整数按以下方法进行枚举。

$$\begin{array}{llllllllll}\mathbf{Z}: & 0, & 1, & -1, & 2, & -2, & 3, & -3, & \cdots \\ & \downarrow & \downarrow & \downarrow & \downarrow & \downarrow & \downarrow & \downarrow & \\ \mathbf{N}: & 0, & 1, & 2, & 3, & 4, & 5, & 6, & \cdots\end{array} \tag{1.2}$$

该枚举过程可视为 $\mathbf{Z}\to\mathbf{N}$ 的一个映射 φ，表示如下。

$$\varphi(k)=\begin{cases}2k-1, & k>0\\ 2|k|, & k\leqslant 0\end{cases} \tag{1.3}$$

容易验证，φ 是 $\mathbf{Z}$ 到 $\mathbf{N}$ 上的 1-1 映射。故 $\mathbf{Z}\simeq\mathbf{N}$，从而 $\mathbf{Z}$ 是可数集。

注记 1.2　证明一个集合是可数集的关键是给出该集合元素的一个枚举办法，称之为"枚举算法"，并保证集合的任意元素在有穷步里被枚举到。在命题 1.5 的证明中，式(1.2)

就是一种枚举算法，而式(1.3)则是该枚举算法的数学表达式。如果一个集合 A 是可数的，那么该集合的元素可表示为 $a_0,a_1,a_2,\cdots$，即 $A=\{a_0,a_1,a_2,\cdots\}$。

命题 1.6 如果 X 和 Y 都是可数集，则 $X\cup Y$ 也是可数集。

证明：因为 X 和 Y 都是可数集，所以它们都与自然数集 $\mathbf{N}$ 等价。设 f 是 X 到 $\mathbf{N}$ 上的 1-1 对应，g 是 Y 到 $\mathbf{N}$ 上的 1-1 对应，作 $X\cup Y$ 到 $\mathbf{N}$ 上的对应如下：

$$\varphi(z)=\begin{cases}2f(z), & z\in X\\ 2g(z)+1, & z\in Y\end{cases} \tag{1.4}$$

则不难验证，φ 是 $X\cup Y$ 到 $\mathbf{N}$ 上的 1-1 映射。

实际上，f 可以看成是对 X 元素的一个枚举：$x_0,x_1,x_2,\cdots$，而 g 可以看成是对 Y 元素的一个枚举：$y_0,y_1,y_2,\cdots$。由此可以构造集合 $X\cup Y$ 元素的枚举：

$$x_0,y_0,x_1,y_1,x_2,y_2,\cdots \tag{1.5}$$

显然，本题开始定义的 φ 是关于枚举(1.5)的数学表达式。

注记 1.3 在命题 1.6 中可以认为 $X\cap Y=\varnothing$。在 $X\cap Y\neq\varnothing$ 的情况下，只要在式(1.5)的枚举过程中，去除前面已出现过的元素，其余元素保持相对次序不变，则所得到的元素序列就是 $X\cup Y$ 的一个枚举。在这种情况下，只能说明一个枚举算法的存在性，却无法给出具体的数学表达式。

推论 1.7 任意有限个可数集的并集是可数的。

证明：设 $X_1,X_2,\cdots,X_m$ 是 m 个可数集。

用数学归纳法。施归纳于集合的个数 m 证明命题的结论。

奠基步：当 $m=1$ 时，只有一个集合 X_1，显然其并集为可数集。命题成立。

归纳推导步：假定 $m-1$ 个可数集的并集为可数集，即 $X=X_1\cup X_2\cup\cdots\cup X_{m-1}$ 是可数集。根据命题 1.6 知，$X\cup X_m$ 是可数集，即：

$$\bigcup_{i=1}^{m} X_i = X_1\cup X_2\cup\cdots\cup X_{m-1}\cup X_m = X\cup X_m \tag{1.6}$$

是可数集。由此推导出命题对 m 个可数集的情形也成立。根据归纳法原理命题得证。

注记 1.4 推论 1.7 可以直接证明，即直接给出集合 $X_1\cup X_2\cup\cdots\cup X_{m-1}\cup X_m$ 的一个枚举算法，不仅如此，还可以给出枚举算法的数学表达式。有兴趣的读者不妨练习一下。

命题 1.8 可数个可数集的并集是可数集。

证明：设可数个可数集分别为 $A_0,A_1,A_2,\cdots$，其中，$A_i=\{a_{i0},a_{i1},a_{i2},\cdots\}(i=0,1,2,\cdots)$。令 $A=\bigcup_{i=0}^{\infty}A_i$，将 A 的元素按照如下次序排成阵列：

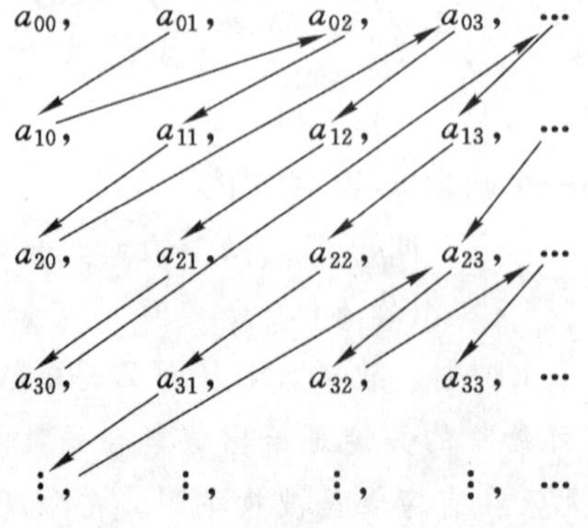

(1.7)

并依据箭头指示的方向顺序对集合 A 的元素进行枚举。不难看出，该枚举算法可以保证 A 的每个元素在有限步内被枚举到，由此说明 A 是可数的。

注记 1.5　可以根据式(1.7)的枚举算法给出相应的数学表达式 φ，使得 φ 为 A 到 $\mathbf{N}$ 上的 1-1 映射。按照箭头指引的顺序方向来枚举 A 的元素，不难看出 $\varphi(a_{00})=0$，$\varphi(a_{01})=1$，$\varphi(a_{10})=2$，$\varphi(a_{02})=3$，$\varphi(a_{11})=4$ 等。照此枚举计算 $\varphi(a_{ij})$，可将阵列(1.7)看成是一些“斜列”组成：第 1 斜列为 a_{00}，第 2 斜列为 a_{01}，a_{10}，第 3 斜列为 a_{02}，a_{11}，a_{20}，…，第 i 斜列为 $a_{0\,i-1}$，$a_{1\,i-2}$，…，$a_{i-1\,0}$ 等。注意到位于第 i 斜列元素的下标之和为 $i-1$，因而知道 a_{ij} 应位于第 $i+j+1$ 斜列，该斜列前有 $i+j$ 个斜列，共有 $1+2+\cdots+(i+j)=\frac{1}{2}(i+j)(i+j+1)$ 个元素，而在第 $i+j+1$ 斜列中，位于 a_{ij} 前面有 i 个元素。由于编号是从 0 开始的，即 $\varphi(a_{00})=0$，所以 a_{ij} 的编号应为 $\frac{1}{2}(i+j)(i+j+1)+i$。因此得到：

$$\varphi(a_{ij})=\frac{1}{2}(i+j)(i+j+1)+i \text{ 或 } \varphi(a_{ij})=\frac{1}{2}[(i+j)^2+3i+j]$$

针对(1.7)阵列，还可以有其他枚举算法，有兴趣者可以试一试。

命题 1.9　设 A 是可数无穷集，B 是有穷集，则 $A\cup B$ 是可数集。

命题 1.10　可数集的任何无穷子集都是可数集。

这两道命题的证明不难，留作读者练习。

1.1.3　可数集概念的延伸

1.1.3.1　可数集的笛卡尔积

笛卡尔(Descartes)是伟大的哲学家、物理学家、数学家和生理学家，17 世纪欧洲哲学界和科学界最具影响力的巨匠之一。笛卡尔不仅是现代西方哲学思想的奠基人，有“现代哲学之父”之美誉，而且又是一位勇于探索的科学家。他所创立的“解析几何学”，将以往相互对立的几何学中的“形”与代数学中的“数”统一起来，使几何曲线与代数方程相结合，为后来牛顿、莱布尼兹发现微积分以及一大批其他数学家的新发现开辟了道路，也为现代计算机科学与技术的发展与应用提供了重要的思想工具。

因为在解析几何直角坐标系中，平面上的“点”是采用形如(x,y)的有序对来表示的，所以当人们用“有序对”的方法构造新的集合时，便自然将它与笛卡尔的名字联系在了一起。

定义 1.8　设 A 和 B 为集合，则由所有的有序对$\langle a,b\rangle$组成的集合，其中 $a\in A$，$b\in B$，称为 A 和 B 的笛卡尔积，即 $A\times B=\{\langle a,b\rangle \mid a\in A \text{ 且 } b\in B\}$。

注记 1.6　有序对$\langle a,b\rangle$也可表示为(a,b)，但不能与$\{a,b\}$混淆。$\{a,b\}$表示以 a,b 为元素的集合。通常有$\{a,b\}=\{b,a\}$，但$\langle a,b\rangle\neq\langle b,a\rangle$。

命题 1.11　如果 A 和 B 都是可数集，那么 $A\times B$ 也是可数集。

证明：由 A，B 均可数，故可将它们的元素分别枚举如下：

$$\begin{aligned} A:&\quad a_0,a_1,a_2,\cdots \\ B:&\quad b_0,b_1,b_2,\cdots \end{aligned} \qquad (1.8)$$

令 $C_i=\{\langle a_i,b_j\rangle \mid j=0,1,2,\cdots\}(i=0,1,2,\cdots)$，则 C_i 是可数集。于是 $A\times B=\bigcup_{i=0}^{\infty}C_i$，即 $A\times B$ 可以看成是可数个可数集的并集，故 $A\times B$ 是可数集。

笛卡尔积的概念可以推广，即由两个集合的笛卡尔积推广到任意有限个（甚至无穷个）集合的笛卡尔积。

定义 1.9 设 $A_1,\cdots,A_m$ 是 m 个集合，则：

$$A_1\times\cdots\times A_m=\{(a_1,\cdots,a_m)\mid a_i\in A_i(i=1,2,\cdots,m)\} \tag{1.9}$$

称为这 m 个集合的笛卡尔积。

命题 1.12 任意有穷个可数集的笛卡尔积是可数集。

证明：设 $A_1,A_2,\cdots,A_m$ 为 m 个可数集。施归纳于 m 来证明命题结论。

奠基步：当 $m=1$ 时，A_1 是可数集，命题成立。

归纳推导步：设 $m-1$ 个可数集的笛卡尔积可数，即 $A_1\times A_2\times\cdots\times A_{m-1}$ 为可数集。引入可数集 A_m，由命题 1.11 知，笛卡尔积 $(A_1\times A_2\times\cdots\times A_{m-1})\times A_m$ 是可数的。

将集合 $A_1\times A_2\times\cdots\times A_m$ 中形如 $(a_1,a_2,\cdots,a_m)$ 的元素与集合 $(A_1\times A_2\times\cdots\times A_{m-1})\times A_m$ 中形如 $((a_1,a_2,\cdots,a_{m-1}),a_m)$ 的元素作对应，则不难验证集合 $A_1\times A_2\times\cdots\times A_m$ 与集合 $(A_1\times A_2\times\cdots\times A_{m-1})\times A_m$ 是等价的，故集合 $A_1\times A_2\times\cdots\times A_m$ 可数。

根据归纳法原理知命题成立。

1.1.3.2 有理数集 Q

有理数（rational number）的真正含义是"成比例的数"，即任何一个有理数都可以写成两个整数比 m/n $(n\neq 0)$ 的形式。有理数通常可分为正有理数、0 和负有理数，所有有理数组成的集合记为 **Q**。每个有理数都可以在数轴上表示，而且它们在数轴上是稠密的。直观上，有理数要比自然数"多得多"，但实际情况并非如此。下面的命题告诉我们，在许多情况下直观的认识并不严谨，甚至是错误的。

命题 1.13 全体有理数组成的集合 **Q** 是可数集。

证明：用 $\mathbf{Q}^+$ 表示全体正有理数的集合。由于对每个有理数 $q>0$ 而言，q 均可表示为两个正整数（自然数）的比，因此，可以用正整数的有序对 $\langle m,n\rangle(n\neq 0)$ 来表示 q，故有 $\mathbf{Q}^+\subseteq\mathbf{N}\times\mathbf{N}$（严格地说，$\mathbf{Q}^+$ 与 $\mathbf{N}\times\mathbf{N}$ 的某个子集等价），从而 $\mathbf{Q}^+$ 是可数集。同理，全体负有理数组成的集合 $\mathbf{Q}^-$ 也是可数集。由 $\mathbf{Q}=\mathbf{Q}^+\cup\{0\}\cup\mathbf{Q}^-$ 及命题 1.9 和推论 1.7 知，**Q** 是可数集。

1.1.3.3 整系数多项式

多项式的研究源于"代数方程求解"，是最古老的数学问题之一。从表现形式上看，多项式只有加法和乘法运算，因而计算相对"简单"；从表达的对象来看，多项式形状"平滑"，无限可微。由于这些特点，使得多项式在数值分析、图论、计算机绘图等领域有着广泛的应用。

定义 1.10 设 x 是一个符号，$a_0,a_1,\cdots,a_n$ 是 $n+1$ 个整数，$a_n\neq 0$。形如：

$$a_nx^n+a_{n-1}x^{n-1}+\cdots+a_1x+a_0 \tag{1.10}$$

的式子称为一个 n 次的整系数多项式。

命题 1.14　全体整系数多项式的集合是可数集。

证明:用 $F(x)$ 表示全体整系数多项式的集合,$F_n(x)$ 表示 n 次整系数多项式的全体。由于每个多项式都有一定的次数,所以有 $F(x)=F_0(x)\cup F_1(x)\cup F_2(x)\cup\cdots=\bigcup\limits_{n=0}^{\infty}F_n(x)$。因此,只要证明每个 $F_n(x)$ 都是可数集即可。

注意到任何 $F_n(x)$ 中的元素 $a_nx^n+a_{n-1}x^{n-1}+\cdots+a_1x+a_0$ 都可以和整数集上形如 $(a_0,a_1,\cdots,a_n)$ 的 $n+1$ 元组对应,而由命题 1.12 可知,所有整数的 $n+1$ 元组集是可数的,故 $F_n(x)$ 可数。而 $F(x)$ 是可数个可数集的并集,根据命题 1.8 知,$F(x)$ 为可数集。

1.1.3.4　自然数有穷子集的集合

定义 1.11　设 A,B 是集合。如果对任意的 $a\in A$ 均有 $a\in B$,则称集合 A 是集合 B 的子集,记为 $A\subseteq B$;如果 $A\subseteq B$ 并且有 $b\in B$ 且 $b\notin A$,则称 A 是 B 的真子集,记为 $A\subset B$。

设 A 是集合,如果有自然数 n,集合 A 中恰好有 n 个元素,则称 A 是有穷集合。

定义 1.12　设 $\mathbf{N}$ 是自然数集,所有 $\mathbf{N}$ 的有穷子集组成的集合记为 $\mathbf{N}^{<\mathbf{N}}$。

命题 1.15　所有自然数集的有穷子集组成的集合 $\mathbf{N}^{<\mathbf{N}}$ 是可数集。

证明:对集合 $\mathbf{N}^{<\mathbf{N}}$ 的元素进行分类:设不含任何元素的自然数子集组成的集合为 $\mathbf{N}_0$ $(\mathbf{N}_0=\{\varnothing\})$,含有 1 个元素的自然数子集的集合为 $\mathbf{N}_1=\{\{n\}\mid n\in\mathbf{N}\},\cdots$,一般地,含 n 个元素的自然数子集的集合为 $\mathbf{N}_n=\{\{a_1,a_2,\cdots a_n\}\mid a_i\in\mathbf{N},i=1,2,\cdots,n\}$。不难看出,所有自然数集的有穷子集组成的集合 $\mathbf{N}^{<\mathbf{N}}=\mathbf{N}_0\cup\mathbf{N}_1\cup\mathbf{N}_2\cup\cdots=\bigcup\limits_{n=0}^{\infty}\mathbf{N}_n$,即为可数个集合的并集。欲证 $\mathbf{N}^{<\mathbf{N}}$ 可数,只要证明每个 $\mathbf{N}_n$ 可数即可。

这里介绍一种编码方法来证明 $\mathbf{N}_n$ 是可数集。对 $\mathbf{N}_n$ 的任一元素 $A=\{a_1,a_2,\cdots,a_n\}$,其中 $a_i(i=1,2,\cdots,n)$ 是自然数,令 $C(A)=2^{a_1}+2^{a_2}+\cdots+2^{a_n}$,则 $C(A)$ 也是一个自然数,称为元素 A 的码。显然 $\mathbf{N}_n$ 的每个元素都有一个自然数码。不仅如此,当 $A=\{a_1,a_2,\cdots,a_n\}$ 和 $B=\{b_1,b_2,\cdots,b_n\}$ 是 $\mathbf{N}_n$ 的两个不同元素时,即 $A\neq B$ 时,它们的码 $C(A)$ 和 $C(B)$ 是不同的。

用 C_n 表示 $\mathbf{N}_n$ 所有元素的码组成的集合,则 $C_n\subseteq\mathbf{N}$ 且不难验证 $\mathbf{N}_n\simeq C_n$,因而可得 $\mathbf{N}_n$ 可数。由此证明 $\mathbf{N}^{<\mathbf{N}}$ 是可数个可数集的并集,根据命题 1.8,$\mathbf{N}^{<\mathbf{N}}$ 为可数集。

注记 1.7　命题 1.15 所涉及的自然数的子集为有穷集,这一点很重要。如果将自然数"有穷子集"的概念换成自然数的"任意子集",则命题的结论将会发生质的变化。实际上,所有自然数集的子集组成的集合是不可数的。

1.1.3.5　符号、语句与程序

语言是人类最重要的交流与沟通工具,而人们与计算机之间的"交流"则是通过"计算机程序设计语言"来实现的。无论何种语言,都可归结为"一组符号"加"一组规则"产生的。在任何一种计算机程序设计语言中,都要事先规定好该语言采用的"符号"有哪些,这些符号按何种规则构成"字",进而形成"语句",又由"语句"最终产生"程序"。所以,无论多复杂的"计算机程序",都可视为按特定规则排列起来的"符号串"。对此,有如下定义。

定义 1.13　计算机程序设计语言采用的符号以及相关概念定义如下。

(1) 符号集。设符号集 S 是由一些符号(如大小写字母,数字,+,-,*,/,=,&,$ 等)

组成的集合。

(2) 符号串。由 S 的元素组成的有穷序列称为符号串。符号串用小写希腊字母 α,β,γ 等表示，特别地，λ 表示空串；符号串 α 中含有符号的个数(相同元素重复计算)称为符号串 α 的长度，记为 $l(\alpha)$；符号串 α 和符号串 β 相等，记为 $\alpha=\beta$，当且仅当 $l(\alpha)=l(\beta)$，且 α 和 β 中符号与其排列的次序完全一样。

(3) 符号串集。所有 S 的符号串组成的集合记为 $\sum^{<S}$。

命题 1.16 如果符号集 S 是可数集，则 $\sum^{<S}$ 也是可数集。

证明：用 $\sum_n$ 表示所有长度为 n 的符号串组成的集合，则对任意的 $\alpha\in\sum_n$，α 可用 S 元素的有序 n 元组表示，所以有：

$$\sum_n \simeq \underbrace{S\times S\times\cdots\times S}_{n} \tag{1.11}$$

根据命题 1.12 知，$\sum_n$ 是可数集。注意到：

$$\sum^{<S}=\sum_0\cup\sum_1\cup\sum_2\cup\cdots=\bigcup_{n=0}^{\infty}\sum_n \tag{1.12}$$

是可数个可数集的并，因而它也是可数集。

计算机程序是一些特定的符号组成的符号序列。由于程序设计语言采用的符号最多是可数的，根据命题 1.16 便有下面的结论：

推论 1.17 所有的计算机程序最多是可数的。

1.2 康拓尔对角线方法

理解了可数集的概念之后，我们自然会关心是否还会有不可数的无穷集？可数集的元素是可以枚举的，如果有“不可数集”，那么对应的概念则可以用较为直接的陈述来描述：所谓“不可数集”就是无法通过枚举的方法将其中的元素完全排列出来的集合。在此基础上若能证明“不可数集”的存在性，就足以表明“无穷”之间是存在差异的。康托尔回答了这一问题，由此产生的理论并非康托尔的“自圆其说”，而是科学的重大发现。康拓尔在证明不可数集存在性过程中采用的方法(简称对角线方法)，已成为数学研究领域一个十分重要的方法。

1.2.1 波尔查诺的无穷观

波尔查诺是捷克数学家、哲学家，其主要数学成就涉及分析学的数学基础问题。19 世纪初期，他对函数性质进行了仔细分析，在柯西之前，就给出了连续性和导数的适当定义，以及序列和级数收敛性的正确概念。在无穷集合论的建立过程中，波尔查诺最先发现了“无穷集”的一个基本性质，即无穷集的部分或真子集可以等价于其整体。例如：区间[0,5]中的实数可以通过公式 $y=12x/5$ 与区间[0,12]中的实数形成 1-1 对应关系，尽管前者只是后者的局部。波尔查诺在无穷集方面的重要见解，对康拓尔创建无穷集合理论产生了积极的影响。康拓尔在用对角线方法证明实数集 $\mathbf{R}$ 是不可数集时，首先对实数集进行了压缩。

1.2.1.1　实数集 **R** 的压缩

命题 1.18　实数集 **R** 和区间[0,1]是等价的。

证明:在直角坐标系中,**R** 中的全体实数和数轴 y 上的点(视为实数)是1-1对应的。我们引进两个符号"$+\infty$"和"$-\infty$",并将它们分别视为全体实数的两个端点(这样做并不影响 **R** 基数的变化)。考虑下面的对应规则:

$$\varphi(x)=\begin{cases}+\infty, & x=1\\ \tan\dfrac{\pi}{2}(2x-1), & 0<x<1\\ -\infty, & x=0\end{cases} \tag{1.13}$$

当 x 在区间[0,1]中变化时,其像 $\varphi(x)$ 在 y 轴上从"$-\infty$"到"$+\infty$"的整个区间中变化。φ 将区间[0,1]中的点与整个 y 轴上的点(包括 $\pm\infty$)1-1对应,因而得到 $\mathbf{R}\simeq[0,1]$。

1.2.1.2　区间[0,1]中实数的 $2^{\#}$ 表示

日常生活中,我们习惯采用十进制($10^{\#}$)的计数方式来表示数,而在计算机科学中,却使用二进制($2^{\#}$)计数方法来表示数。所有 $10^{\#}$ 数均可用 $2^{\#}$ 数来表示,而且这种表示之间是1-1对应的关系。对任意 $x\in[0,1]$,即 $0\leqslant x\leqslant 1$,用 $2^{\#}$ 可表示为如下的形式。

$$0.a_0a_1\cdots a_n\cdots \tag{1.14}$$

其中,每个 a_n 是1或是0,而且可以通过补0的方法使得小数点后面呈0和1的无穷序列。特别地,数1可以表示为0.11111…。据此可知,所有形如(1.14)的 $2^{\#}$ 表示的小数和 **R** 中的实数是1-1对应的。要证明 **R** 不可数,只要证明所有形如(1.14)的 $2^{\#}$ 小数是不可数的。证明过程将用到著名的康拓尔对角线方法。

1.2.2　康拓尔的证明

命题 1.19　实数集 **R** 是不可数集。

证明:根据前面分析,只要证明所有形如(1.14)的 $2^{\#}$ 小数的全体是不可数的。

用反证法证明。如果全体形如(1.14)的 $2^{\#}$ 小数是可数的,则这些数的全体可枚举如下:

$$\begin{array}{l}0.\,x_{00}\,x_{01}\,x_{02}\,x_{03}\cdots\\ 0.\,x_{10}\,x_{11}\,x_{12}\,x_{13}\\ 0.\,x_{20}\,x_{21}\,x_{22}\,x_{23}\cdots\\ 0.\,x_{30}\,x_{31}\,x_{32}\,x_{33}\cdots\\ \cdots\end{array} \tag{1.15}$$

其中,每个 x_{ij} 是0或1。利用枚举(1.15),构造一个 $2^{\#}$ 小数 $y=0.y_0y_1\cdots y_n\cdots$ 满足:如果 $x_{ii}=0$,则令 $y_i=1$;如果 $x_{ii}=1$,则令 $y_i=0$。不难验证,y 不同于(1.15)所枚举出的全体 $2^{\#}$ 小数中的任意一个,由此产生矛盾。此矛盾说明,全体 $2^{\#}$ 小数是不能枚举的,因而它们不可数。由于形如(1.15)的 $2^{\#}$ 数与实数1-1对应,所以 **R** 也是不可数的。

注记 1.8 在命题 1.19 的证明中，所设想的全体 $2^{\#}$ 小数的枚举(1.15)可以视为一个阵列，而 $2^{\#}$ 小数 y 的构造则是依次考虑了该阵列中的 $x_{00}, x_{11}, \cdots, x_{nn}, \cdots$ 由于这些数位好似位于阵列的对角线上，所以将如此构造新的对象的方法称为"对角线方法"。

由命题 1.19 的证明，不难得出下面的结论。

推论 1.20 由所有 0 和 1 无穷序列(0-1 无穷序列)组成的集合是不可数集。

再看一个运用康拓尔对角线方法证明数学命题的例子。

命题 1.21 全体自然数集到自然数集的一元函数组成的集合 $\mathbf{N}^{\mathbf{N}}$ 是不可数集。

证明:运用反证法。如果 $\mathbf{N}^{\mathbf{N}}$ 是可数集，那么它的全体元素可枚举如下：

$$f_0, f_1, \cdots, f_n, \cdots \tag{1.16}$$

构造函数 g 满足：对任意 $n \in \mathbf{N}$, $g(n) = f_n(n) + 1$。则函数 g 是自然数集上的函数，因而 $g \in \mathbf{N}^{\mathbf{N}}$。于是 g 应在枚举(1.16)中出现，即存在某个 n, g 为函数 f_n，但由 g 的定义知 $g(n) = f_n(n) + 1 \neq f_n(n)$，产生矛盾。此矛盾说明 $\mathbf{N}^{\mathbf{N}}$ 是无法枚举的，因而不可数。

注记 1.9

(1) 自然数集上的函数可以是多元函数，但利用编码技术可以将多元函数转化为一元函数。所以，不失一般性，命题 1.21 的集合 $\mathbf{N}^{\mathbf{N}}$ 中只考虑了一元函数的情形。

(2) 在命题 1.21 的证明中，函数 g 的构造依次考虑了所设想枚举(1.16)中的函数值 $f_0(0), f_1(1), \cdots, f_n(n), \cdots$，这和在命题 1.19 证明中使用的对角线方法是一致的。

1.2.3 自然数集的幂集 $\mathscr{P}(\mathbf{N})$

1.2.3.1 自然数集的幂集 $\mathscr{P}(\mathbf{N})$

定义 1.14 自然数集 $\mathbf{N}$ 的所有子集组成的集合称为 $\mathbf{N}$ 的幂集，记为 $\mathscr{P}(\mathbf{N})$，即 $\mathscr{P}(\mathbf{N}) = \{A \mid A \subseteq \mathbf{N}\}$。

注记 1.10 在命题 1.15 中曾经考虑过自然数集的子集，但当时所涉及的是"有穷子集"。而这里的 $\mathscr{P}(\mathbf{N})$ 则包含了自然数集的"所有子集"，要注意其中的变化。在此，将证明"所有自然数集的子集组成的集合 $\mathscr{P}(\mathbf{N})$ 是不可数的"。

为了证明 $\mathscr{P}(\mathbf{N})$ 的不可数性，引入"特征函数"的概念。

1.2.3.2 自然数集子集的特征函数

定义 1.15

(1) 设 $A \subseteq \mathbf{N}$ 是自然数集 $\mathbf{N}$ 的子集，定义 $\mathbf{N}$ 上的函数 χ_A 满足：

$$\chi_A(n) = \begin{cases} 1, & n \in A \\ 0, & n \notin A \end{cases} \tag{1.17}$$

则函数 χ_A 称为子集 A 的特征函数。

(2) 设 $A \subseteq \mathbf{N}$, A 的特征函数为 χ_A。如果将 χ_A 的函数值按照如下次序

$$\chi_A(0), \chi_A(1), \cdots, \chi_A(n), \cdots$$

依次枚举出来，便导出一个 0-1 无穷序列。该 0-1 无穷序列称为子集 A 的表示序列。

命题 1.22　幂集 $\mathscr{P}(\mathbf{N})$和所有 0-1 无穷序列组成的集合等价。

证明:根据定义 1.15,由特征函数的性质可知,每一个自然数子集 A,都有一个 0-1 无穷序列(A 的表示序列)与之对应。

设 $a_0a_1\cdots a_n\cdots$是任一 0-1 无穷序列,其中 $a_i\in\{0,1\}(i=0,1,\cdots)$。利用该序列,定义函数 χ 满足 $\chi(n)=a_n$,则 χ 是定义在 $\mathbf{N}$ 上且取值为 0 和 1 的函数。定义 $\mathbf{N}$ 的子集 A 满足:$n\in A$当且仅当 $\chi(n)=1$。则不难看出,χ 恰好是 A 的特征函数。因此,0-1 无穷序列 $a_0a_1\cdots a_n\cdots$也恰好是 A 的表示序列。此说明,将自然数的子集与 0-1 无穷序列对应是"满的"。

另外,如果自然数的子集 $A\neq B$,则有某个 $n\in\mathbf{N}$,使得 $n\in A,n\notin B$ 或 $n\in B,n\notin A$,无论何种情况均有 $\chi_A(n)\neq\chi_B(n)$,所以 $\chi_A\neq\chi_B$。由此得到,集合 A 和 B 的表示序列是不同的。因此,将自然数的子集与 0-1 无穷序列对应是"单的"。

综上可知,将自然数子集与它的表示序列对应,是幂集 $\mathscr{P}(\mathbf{N})$到所有 0-1 无穷序列组成的集合上的 1-1 对应,进而有命题结论成立。

由命题 1.22,可得到如下命题。

命题 1.23　$\mathscr{P}(\mathbf{N})\simeq\mathbf{R}$。

证明:由于 $\mathscr{P}(\mathbf{N})$的元素和 0-1 无穷序列 1-1 对应,而 0-1 无穷序列和区间[0,1]中的 $2^{\#}$ 小数 1-1 对应,区间[0,1]中的 $2^{\#}$ 小数又与 $\mathbf{R}$ 中的实数 1-1 对应,故有 $\mathscr{P}(\mathbf{N})\simeq\mathbf{R}$。

推论 1.24　所有自然数集的子集组成的集合 $\mathscr{P}(\mathbf{N})$是不可数集。

1.2.3.3　超越数

实数包括有理数和无理数,其中有理数又称代数数,无理数又称非代数数或超越数。由于有理数集是可数集,而实数集是不可数集,因此便可得到如下命题。

命题 1.25　所有超越数组成的集合是不可数集。

该命题揭示了一个事实:绝大部分的实数是无理数。

1.3　基　　数

无穷集可分为可数集和不可数集。直观感觉,不可数集要比可数集大得多。因此,同样是无穷量就出现了差异,这种差异给了人们启示:无穷集是有大小的。这一思想由康拓尔最早引入,并为朴素集合论的研究与发展奠定了基础。为了在"量"上给出集合之间"大"与"小"的描述,康拓尔定义了集合"基数"的概念。

1.3.1　基数的概念

如果集合 A 和 B 的元素之间能够建立 1-1 对应关系,则称集合 A 和集合 B 是等价的,康拓尔将这种等价称为"等势"。命题 1.4 则说明这种"等势"是集合之间的一种"等价关系"。因此,利用这一等价关系,可以将所有的集合进行"分类"。基数的概念正是在这种分类的基础上产生的。

定义 1.16　基数是等势的集合组成的一个等价类,集合 M 和集合 N 同属一个等价类

的充要条件是集合 M 和集合 N 等势，即 $M\simeq N$。集合 M 所在的等价类称为 M 的基数，记为 $\overline{\overline{M}}$（或 $|M|$）。

注记 1.11 康拓尔用“$\overline{\overline{M}}$”表示 M 的基数，意味着由“集”到其“势”的双重抽象。在以后的叙述中，采用现在普遍使用的记号“$|M|$”来表示集合 M 的基数。有道是：把顶在头上的两根“棍子”当“拐杖”使，可以让人感觉轻松些。

命题 1.26 设 $|M|$ 是一基数，如果集合 $N\in|M|$，则 $N\simeq M$，进而有 $|N|=|M|$。

注记 1.12 根据基数的定义，命题 1.26 显然成立。它反映了一个重要事实：如果集合 N 在等价类 $|M|$ 中（或者说具有基数 $|M|$），那么就可以说集合 N 和集合 M 的元素是“一样多”的。特别地，集合 M 具有基数 $|M|$。因此，从某种意义上讲，基数 $|M|$ 的确反映了集合 M 中元素多少的特性。

1.3.2 基数大小关系性质

定义 1.17 设 M 和 N 是集合，如果有 N 的子集 N_1，使得 $M\simeq N_1$，则称 M 的基数不大于（或小于等于）N 的基数，记为 $|M|\leqslant|N|$（或 $|N|\geqslant|M|$）。如果 M 和 N 是集合，且有 N 的子集 N_1 使得 $M\simeq N_1$，但没有 M 的子集 M_1 使得 $N\simeq M_1$，则称 M 的基数小于 N 的基数，记为 $|M|<|N|$（或 $|N|>|M|$）。

命题 1.27 集合基数间的关系“$\leqslant$”是传递的，即当 $|M|\leqslant|N|$ 且 $|N|\leqslant|P|$ 时，有 $|M|\leqslant|P|$。

证明：由 $|M|\leqslant|N|$ 知，存在 $N_1\subseteq N$ 使得 $M\simeq N_1$。同样由 $|N|\leqslant|P|$ 知，存在 $P_1\subseteq P$ 使得 $N\simeq P_1$。再由 $N_1\subseteq N$ 和 $N\simeq P_1$ 可得，存在 $P_2\subseteq P_1$ 使得 $N_1\simeq P_2$。注意到 P_2 也是 P 的子集，利用“$\simeq$”的传递性知，$M\simeq N_1\simeq P_2\subseteq P$，因此 $|M|\leqslant|P|$。

命题 1.28（伯恩斯坦定理） 设 M,N 是集合，若 $|M|\leqslant|N|$ 且 $|M|\geqslant|N|$，则 $|M|=|N|$。

证明：由 $|M|\leqslant|N|$ 知，存在 N 的子集 N_1 使得 $M\simeq N_1(\subseteq N)$；同样由 $|N|\leqslant|M|$ 知，存在 M 的子集 M_1 使得 $N\simeq M_1(\subseteq M)$。

令 g 是 $M\rightarrow N_1$ 的 1-1 映射，f 是 $N\rightarrow M_1$ 的 1-1 映射。注意到 N_1 是 N 的子集，如果 $N_1=N$，则有 $M\simeq N_1=N$，就有 $|M|=|N|$。因此，可假设 $N_1\subset N$，同理假设 $M_1\subset M$。下面将利用 1-1 映射 f 和 g 构造一个 M 到 N 间的 1-1 映射 h，并由此证明 $|M|=|N|$。

令 $A_0=M-M_1$，则 $A_0\subset M$。用 $g[A_0]$ 表示 g 关于集合 A_0 的像的全体，则 $g[A_0]\subseteq g[M]$，其中 $g[M]$ 表示 g 关于集合 M 的像的全体。令 $B_1=g[A_0]$，则 $B_1\subseteq N$ 是 N 的一个子集。依次令 $A_1=f[B_1]$，$B_2=g[A_1]$，$A_2=f[B_2]$，…，这样便分别得到一个 M 的子集序列 $A_0,A_1,A_2,\cdots,A_n,\cdots$ 和一个 N 的子集序列 $B_1,B_2,B_3,\cdots,B_n,\cdots$。注意到 g 和 f 分别是 $M\rightarrow N$ 和 $N\rightarrow M$ 中的单射，故有 $A_0\simeq B_1\simeq A_1\simeq B_2\simeq\cdots$。

令 $A=A_0\cup A_1\cup\cdots\cup A_n\cup\cdots=\bigcup\limits_{i=0}^{\infty}A_i$，则 A 是 M 的子集，同样 $B=\bigcup\limits_{i=1}^{\infty}B_i$ 是 N 的子集。考虑集合 $N-B$ 和 $M-A$。

令 $f_1=f|(N-B)$，即映射 f 在子集 $N-B$ 上的限制。任取 $x\in N-B$，则有 $f_1(x)=$

$f(x)$。如果 $f(x)\in A$，则有某个 i 使得 $f(x)\in A_i$，因为 $A_i=f[B_i]$，所以应有某个 $y\in B_i$ 使得 $f(y)=f(x)$，注意到 $y\notin N-B$，故有 $y\neq x$，这与 f 是单射发生矛盾，此矛盾说明必有 $f(x)\notin A$，进而有 $f(x)\in M-A$，因此可得 f_1 是 $N-B$ 到 $M-A$ 上的映射。

现任取 $y\in M-A$，则 $y\in M$，因而有 $x\in N$ 使得 $f(x)=y$。如果 $x\in B$，那么有某个 i 使得 $x\in B_i$，于是有 $y=f(x)\in f[B_i]=A_i$，这和 $y\notin A$ 矛盾，因此必有 $x\notin B$，从而得 $x\in N-B$，此说明 f 是 $N-B$ 到 $M-A$ 的满射。由 f 为单射，而 f_1 是 f 在 $N-B$ 上的限制，故 f_1 也是单射，从而有 f_1 是 $N-B$ 到 $M-A$ 上的 1-1 映射。于是 f_1^{-1} 就是 $M-A$ 到 $N-B$ 上的 1-1 映射。

对于 M 的元素，有 $x\in A$ 和 $x\in M-A$ 两种可能，定义 $M\to N$ 的对应 h 如下：

$$h(x)=\begin{cases} f_1^{-1}(x), & x\in M-A \\ g(x), & x\in A \end{cases} \tag{1.18}$$

下面证明 h 是 M 到 N 的 1-1 映射。

首先，对任意 $x\in M$，不可能同时有 $x\in A$ 和 $x\in M-A$，故 $h(x)$ 唯一确定，即 h 是 $M\to N$ 的映射。其次，任取 $y\in N$，如果 $y\in B$，则有某个 $i\geqslant 0$ 使得 $y\in B_{i+1}$，而 $B_{i+1}=g[A_i]$，故存在某 $x\in A_i\subseteq A$，使得 $g(x)=y$，即 $h(x)=y$；如果 $y\notin B$，即 $y\in N-B$，则有 $x\in M-A$，使得 $f_1^{-1}(x)=y$，即 $h(x)=y$，故 h 是 $M\to N$ 的满射。最后，如果 $h(x)=h(y)$，则 $g(x)=g(y)$ 或 $f_1^{-1}(x)=f_1^{-1}(y)$，由 g 和 f_1^{-1} 都是单射知必有 $x=y$，故 h 是单射。由于 h 是 M 到 N 的 1-1 映射，所以 $M\simeq N$，因此 $|M|=|N|$。

注记 1.13　命题 1.28 又称为康托尔-伯恩斯坦(Bernstein)-施罗德(Schroeder)定理。康托尔最早给出的证明依赖于选择公理，而上面的证明则表明这个结果的证明可以不使用选择公理。由于康托尔贡献了最初的版本，以及他在集合论中的突出成就，人们更加倾向于加上康托尔的名字。

1.4　自然数与有穷集

自然数是人们认识的所有数中最基本的一类，也是人们在日常生活中接触和使用最多的一类。为了使数的系统有严密的逻辑基础，19 世纪的数学家建立了自然数的两种等价的理论，即自然数的基数理论和自然数的序数理论，使自然数的概念、运算和有关性质得到严格的论述。本节将从集合论的观点来阐述自然数的性质。

1.4.1　集合论观点下的自然数

集合论中，自然数是通过以下方式描述的。

定义 1.18　$\varnothing$是空集(表示 0)记为 $\tilde{0}$，$\{\varnothing\}$是以空集为元素的单点集(又称幺集，表示 1)，记为 $\tilde{1}$；$\{\varnothing,\{\varnothing\}\}$(表示 2) 记为 $\tilde{2}$；$\{\varnothing,\{\varnothing\},\{\varnothing,\{\varnothing\}\}\}$(表示 3) 记为 $\tilde{3}$；如此继续。一般地，如果已有表示 n 的集合 $\tilde{n}$，则表示 $n+1$ 的集合$\widetilde{n+1}$定义为 $\tilde{n}\cup\{\tilde{n}\}$。

根据定义 1.18，任意自然数 n 都有集合 $\tilde{n}$ 与之对应。而且还有：若自然数 $m\neq n$ 则有

$\tilde{m}\neq\tilde{n}$，$m<n$ 的充要条件是 $\tilde{m}\in\tilde{n}$。由此可见，每个自然数都有其集合的表示。今后，依旧用 $0,1,2,\cdots,n,\cdots$ 来表示自然数。以集合论的观点看，自然数 0 是空集 $\varnothing$，且对任意的自然数 $n(n>0)$ 有 $n=\{0,1,2,\cdots,n-1\}$，即自然数 n 是依照通常的自然数次序，由排在它前面的所有自然数组成的集合。

1.4.2 有穷集与有穷基数

有穷集被描述为"由有限的元素组成的集合"，并且说"如果一个集合不是有穷集，那么它就是无穷集"。如此描述是建立在直观基础之上的，从这样的描述中很难分析和研究有穷集与无穷集的性质及其差异。给出自然数的集合论描述之后，问题即可迎刃而解。

1.4.2.1 有穷集

将自然数视为集合，有穷集的定义如下。

定义 1.19 集合 M 是有穷集当且仅当存在某个自然数 n，使得 $M\simeq n$。

1.4.2.2 有穷基数

利用有穷集，可建立有穷基数的概念。

定义 1.20 空集 $\varnothing$ 表示 0，其基数为 0；$\{\varnothing\}$ 表示 1，其基数为 1；一般地，对有穷集 A 而言，如果 $a\notin A$，那么基数 $|A\cup\{a\}|$ 为 $|A|+1$。

命题 1.29 对每个自然数 n 而言，有穷基数 $n=|\{0,1,\cdots,n-1\}|$。

证明：施归纳于 n 证明命题。

奠基步：当 $n=0$ 时，0 为空集 $\varnothing$ 即为 0 的基数。

归纳推导步：假定 n 是集合 $\{0,1,\cdots,n-1\}$ 的基数，令 $A=\{0,1,\cdots,n-1\}$，则 $|A|=n$。由 $n\notin A$，根据有穷集基数的定义知，集合 $A\cup\{n\}$ 的基数为 $|A|+1$，即为 $n+1$。故 $n+1$ 是集合 $\{0,1,\cdots,n-1,n\}$ 的基数。

注记 1.14 通过上面的分析可知，自然数 n 既可视为数，又可视为集合，还可视为基数。

1.4.2.3 有穷集的性质

命题 1.30 集合 M 是有穷集，当且仅当存在自然数 n，使得 $|M|=n$。

该命题可以通过有穷集的定义、有穷基数的描述直接证得。接下来的命题则反映了有穷集的一个重要性质，也是有穷集区别于无穷集的一个本质特征。

命题 1.31 如果 $|M|=n$（n 为自然数），并且 $M\simeq M_1\subseteq M$，则有 $M_1=M$，即有穷集不能与它的任何一个真子集等价。

证明：施归纳于有穷集 M 的基数 n 证明命题。

奠基步：当 $n=0$ 时，$|M|=0$，即 $M=\varnothing$，由 $M_1\subseteq M$ 可得 $M_1=\varnothing=M$。

归纳推导步：假定命题在有穷集 $|M|=n$ 时成立，考虑 $|M|=n+1$ 时的情形。

设 $M_1\subseteq M$ 且 $M\simeq M_1$，同时令 f 是 $M\to M_1$ 的 1-1 映射。任取 $a\in M$，则 $f(a)\in M_1$。由 $M\simeq M_1$ 及映射 f 的定义不难得到 $M-\{a\}\simeq M_1-\{f(a)\}$，同时显然有 $M-\{a\}\simeq M-$

$\{f(a)\}$，因此可推出 $M-\{f(a)\}\simeq M_1-\{f(a)\}$。另外，由 $M_1\subseteq M$ 又可得到 $M_1-\{f(a)\}\subseteq M-\{f(a)\}$，所以便得到了集合 $M-\{f(a)\}$ 与其子集 $M_1-\{f(a)\}$ 等价。注意到 $|M-\{f(a)\}|=n$，根据归纳假设就有 $M-\{f(a)\}=M_1-\{f(a)\}$，又因为 $f(a)\in M$，所以有 $M=M_1$。根据归纳法原理，命题得证。

1.5　无穷集与$\aleph_0$

1.5.1　最小的无穷量

当一个集合是无穷集时，其基数称为无穷基数或超穷基数。

定义 1.21　自然数集合 **N** 的基数记为$\aleph_0$。

由于所有的可数无穷集都和自然数集等价，所以所有可数无穷集的基数均为$\aleph_0$。关于$\aleph_0$有如下命题：

命题 1.32　如果 n 为有穷基数，则 $n<\aleph_0$。

证明：利用自然数的集合表示，n 可看成是自然数集的子集$\{0,1,\cdots,n-1\}$的基数，故有 $n\leqslant\aleph_0$。如果 $n=\aleph_0$，那么 $n+1$ 也是有穷基数，同样 $n+1\leqslant\aleph_0$，这样就有 $n+1\leqslant n$，这与 $n<n+1$ 相矛盾，故必有 $n<\aleph_0$。

命题 1.33　任一无穷集 M 必有一个可数无穷子集。

证明：由于 M 不空，任取 M 的一个元素 a_0，在 $M-\{a_0\}$ 中再取 $a_1,\cdots$，假定已取了 $a_0,a_1,\cdots,a_{n-1}$，由 M 是无穷集，可知 $M-\{a_0,a_1,\cdots,a_{n-1}\}$ 是非空集，因此可以从中再取 a_n，显然 a_n 和前面的元素均不相同。照此下去，便得到 M 的一个子集$\{a_0,a_1,\cdots,a_n,\cdots\}$。显然，它是 M 的一个可数无穷子集。

命题 1.34　如果$|M|$是无穷基数，则$\aleph_0\leqslant|M|$，即$\aleph_0$是无穷基数中的最小者。

证明：由于$|M|$无穷，那么集 M 为无穷。由命题 1.33，M 中有一可数无穷子集，该子集的基数为$\aleph_0$，故$\aleph_0\leqslant|M|$。

1.5.2　无穷集的容量

命题 1.35　任一无穷集 M 必与它的一个真子集等价。

证明：设$\{a_0,a_1,\cdots\}$是 M 的一个可数无穷子集，令 P 是 M 中去掉 $a_0,a_1,\cdots$ 后的余集，则 $M=P\cup\{a_0,a_1,\cdots\}$。不难看出，$\{a_1,a_2,\cdots\}$也是 M 的一个可数无穷子集，且与$\{a_0,a_1,\cdots\}$等价。因此，$P\cup\{a_1,a_2,\cdots\}\simeq P\cup\{a_0,a_1,\cdots\}$，即 M 与其真子集 $M-\{a_0\}$ 等价。

命题 1.36　对任一无穷集 M，引入有穷多个或可数无穷多个元素后，其基数保持不变。

证明：设$\{a_0,a_1,\cdots\}$是 M 的一个可数无穷子集，则 $M=P\cup\{a_0,a_1,\cdots\}$。对任意可数集 B，$B\cup\{a_0,a_1,\cdots\}$也可数，于是有$\{a_0,a_1,\cdots\}\simeq B\cup\{a_0,a_1,\cdots\}$，继而便可得到 $M\cup B\simeq P\cup\{a_0,a_1,\cdots\}$，即$|M|=|M\cup B|$。

命题 1.37　如果 M 是不可数集，则从 M 中抽取出有穷多个或可数无穷多个元素后其基数不变。

证明: 在 M 中抽取可数无穷多个元素为 $a_0,a_1,\cdots,a_n,\cdots$，则 $M=P\cup\{a_0,a_1,\cdots,a_n,\cdots\}$。对余集 P 而言，由命题 1.36 可知 $P\simeq P\cup\{a_0,a_1,\cdots,a_n,\cdots\}$，即 $|P|=|M|$。

注记 1.15 命题 1.35 和命题 1.36 是关于任意无穷集的，而命题 1.37 则是关于不可数无穷集的。如果说前两个命题表现了无穷集的“容量”，那么后一命题则展示了不可数无穷集的“海量”。

1.6 更高的超穷基数

1.6.1 幂集的基数

$\mathscr{P}(\mathbf{N})$ 表示自然数集 $\mathbf{N}$ 的幂集。一般有:

定义 1.22 如果 M 是集合，则所有 M 的子集组成的集合称为 M 的幂集，记为 $\mathscr{P}(M)$，即 $\mathscr{P}(M)=\{A\,|\,A\subseteq M\}$。

命题 1.38 设 A 是含有 n 个元素的集合，则 $\mathscr{P}(A)$ 含有 2^n 个元素。

证明: 只要证明集合 A 恰好有 2^n 个子集。运用组合论知识可知:集合 A 的含 $m(\leqslant n)$ 个元素的子集个数为 C_n^m，m 分别取 $0,1,2,\cdots,n$，即得到 A 的所有子集个数为 $C_n^0+C_n^1+\cdots C_n^n$。利用多项式 $(x+1)^n$ 的展开式 $(x+1)^n=C_n^0x^n+\cdots+C_n^{n-1}x+C_n^n$，并令 $x=1$，即可得 $C_n^0+C_n^1+\cdots C_n^n=2^n$。

根据有穷集及其基数的定义知，如果 A 是有穷集，且 $|A|=n$，那么有 $|\mathscr{P}(A)|=2^n$。将它推广至无穷集的情形，便有如下定义。

定义 1.23 对任意集合 M，若 M 的基数为 $|M|$，则幂集 $\mathscr{P}(M)$ 的基数记为 $2^{|M|}$。

例如，自然数集 $\mathbf{N}$ 的基数为 $\aleph_0$，其幂集 $\mathscr{P}(\mathbf{N})$ 的基数为 $2^{\aleph_0}$。另外，如果 A 是有穷集，可以得到 $|A|<2^{|A|}$，那么对无穷集，结论又将如何呢？康拓尔回答了这一问题。

1.6.2 关于幂集的康拓尔定理

命题 1.39(康拓尔定理) 对任何集合 M，$|M|<|\mathscr{P}(M)|$。

证明: 如果 M 是有穷集，$|M|=n$，则 $|\mathscr{P}(M)|=2^n$，显然有 $|M|<|\mathscr{P}(M)|$。对于一般的情形，从两个方面进行证明。

(1) 首先证明 $|M|\leqslant|\mathscr{P}(M)|$。

对任意 $m\in M$，$\{m\}$ 是 M 的子集，即 $\{m\}\in\mathscr{P}(M)$，令 $M_1=\{\{m\}\,|\,m\in M\}$，则 $M_1\subseteq\mathscr{P}(M)$。显然 $M\simeq M_1$，故有 $|M|\leqslant|\mathscr{P}(M)|$。

(2) 再证明 $|M|\neq|\mathscr{P}(M)|$。

反证。如果有 $|M|=|\mathscr{P}(M)|$，则有 $M\simeq\mathscr{P}(M)$，于是存在 M 到 $\mathscr{P}(M)$ 的 1-1 映射 f，对任意的 $m\in M$，$f(m)\in\mathscr{P}(M)$，$f(m)$ 是 M 的一个子集，即 $f(m)\subseteq M$。

定义 M 的子集 $T=\{m\in M\,|\,m\notin f(m)\}$，则 $T\in\mathscr{P}(M)$。因为 f 是 $M\rightarrow\mathscr{P}(M)$ 的 1-1 映射，所以有 $m_0\in M$ 使得 $f(m_0)=T$，由此可得 $m_0\in T\Leftrightarrow m_0\notin f(m_0)\Leftrightarrow m_0\notin T$，矛盾！此矛盾

表明，不可能有 M 到 $\mathscr{P}(M)$ 的 1-1 映射，所以必有 $|M| \neq |\mathscr{P}(M)|$。

由(1)和(2)便可得到 $|M| < |\mathscr{P}(M)|$。

已经证明实数集 $\mathbf{R}$ 和自然数集的幂集 $\mathscr{P}(\mathbf{N})$ 是等价的，而 $\mathbf{N}$ 的基数是 $\aleph_0$，于是 $\mathbf{R}$ 的基数当为 $2^{\aleph_0}$。根据幂集的康拓尔定理即可得到如下推论：

推论 1.40　$\aleph_0 < 2^{\aleph_0}$。

注记 1.16　$\aleph_0$ 和 $2^{\aleph_0}$ 都是无穷量，而推论 1.40 说明，无穷量也有大小，是可以进行比较的。

1.6.3　其他超穷集的基数

反复运用构造幂集方法便可不断产生新的集合(如：$\mathbf{N}$，$\mathscr{P}(\mathbf{N})$，$\mathscr{P}(\mathscr{P}(\mathbf{N}))$，…)，进而便可得到一个超穷基数的无穷序列(如：$\aleph_0$，$2^{\aleph_0}$，$2^{2^{\aleph_0}}$，…)。由关于幂集的康拓尔定理知，在这样的超穷基数的无穷序列中，后者严格大于前者。超穷基数很多，举例如下。

命题 1.41　全体实平面上的点组成的集合的基数为 $2^{\aleph_0}$。

证明：在笛卡尔平面坐标系中，点可以由实数对(x,y)表示。根据前面分析知，每个实数可以看作一个 0-1 的无穷序列，因此点(x,y)可以用两个 0-1 无穷序列 $x_0x_1x_2\cdots$ 和 $y_0y_1y_2\cdots$ 来表示。用交叉枚举的方式，可以将这两个序列合并成一个序列 $x_0y_0x_1y_1x_2y_2\cdots$，这样每个实平面的点都唯一对应于一个实数。

反之，任何一个实数的 0-1 序列表示，均可按上述的合并法逆向拆分成确定的两个0-1无穷序列而使之与实平面上的点对应。由此证得全体实平面上的点与实数集中的实数是 1-1 对应的，所以命题成立。

在命题 1.41 的基础上，利用数学归纳法不难证明以下命题。

命题 1.42　对任意 $n \geqslant 1$，n 维实欧几里得空间的点组成的集合的势为 $2^{\aleph_0}$。特别地，3 维空间的点组成的集合的基数为 $2^{\aleph_0}$。

有限维空间的概念可以扩展到无限维空间，对此我们有如下结论。

命题 1.43　$\aleph_0$ 维实欧几里得空间的点组成集合的基数为 $2^{\aleph_0}$。

证明：$\aleph_0$ 维实欧几里得空间的点可表示为$(x_0,x_1,x_2,\cdots)$，其中每个 x_i 均为实数，因而都可以表示成 0-1 的无穷序列。对每个 i，设表示 x_i 的 0-1 无穷序列为 $x_{i0}x_{i1}x_{i2}\cdots$，则点$(x_0,x_1,x_2,\cdots)$可以用 $\aleph_0$ 个 0-1 无穷序列表示。将这 $\aleph_0$ 个 0-1 无穷序列按照下列方式重新枚举：

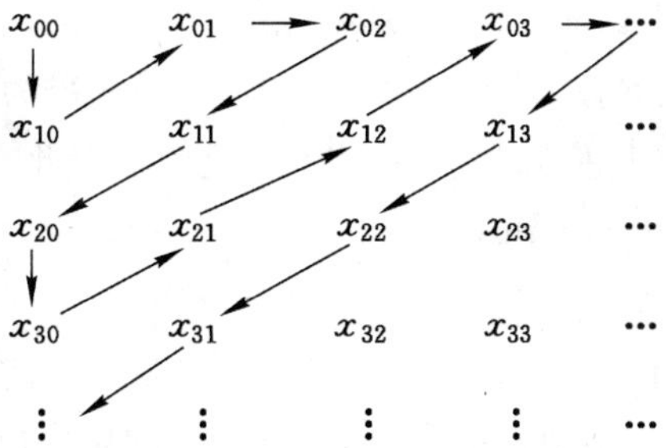

(1.19)

便得到了一个 0-1 的无穷序列。此说明，$\aleph_0$ 维实欧氏空间的点与实数是 1-1 对应的。

命题 1.44 全体实连续函数组成的集合的基数为 $2^{\aleph_0}$。

证明:先证明数学分析中的一道命题:设 f 和 g 是实数上的函数，且有相同的定义域，即 $\mathrm{dom}\ f=\mathrm{dom}\ g$。若对任意的有理数 $x\in\mathrm{dom}\ f\cap\mathrm{dom}\ g$ 都有 $f(x)=g(x)$，则对任意的实数 $y\in\mathrm{dom}\ f\cap\mathrm{dom}\ g$，必有 $f(y)=g(y)$。对此，任取 $x_0\in\mathrm{dom}\ f\cap\mathrm{dom}\ g$，如果 x_0 是有理数，那么 $f(x_0)=g(x_0)$；如果 x_0 是无理数，则可取一有理数的无穷序列 $\{q_n\}$，使得 $\lim\limits_{n\to\infty}q_n=x_0$。由于对所有 n，$f(q_n)=g(q_n)$ 以及 f 与 g 在 x_0 处是连续的，所以有 $f(x_0)=\lim\limits_{n\to\infty}f(q_n)=\lim\limits_{n\to\infty}g(q_n)=g(x_0)$。

上述证明说明，每个实连续函数由它在其定义域中有理数点的取值而完全确定。因此，每个实连续函数可以由一有理数集的子集来确定，而这样的集最多为 $2^{\aleph_0}$ 个。另外，对每个实数 a，取值为 a 的常数函数 f_a 是连续的，这样的函数至少又有 $2^{\aleph_0}$ 个。命题得证。

命题 1.45 全体实函数组成的集合的基数为 $2^{2^{\aleph_0}}$。

证明:由命题 1.41 知，全体实平面(2 维实欧氏空间)上的点所组成的集的基数为 $2^{\aleph_0}$。设此集为 $\mathbf{R}^2$，那么 $|\mathbf{R}^2|=2^{\aleph_0}$，于是 $|\mathscr{P}(\mathbf{R}^2)|=2^{2^{\aleph_0}}$。其中，$\mathscr{P}(\mathbf{R}^2)$ 是所有 $\mathbf{R}^2$ 子集组成的集合，即 $\mathbf{R}^2$ 的幂集。

我们知道，任一实函数 f 都可用平面上的曲线(图形)表示出来，而平面中的曲线又可视为 $\mathbf{R}^2$ 的一个子集，这样的子集最多为 $2^{2^{\aleph_0}}$ 个。因此，所有的实函数最多也只有 $2^{2^{\aleph_0}}$ 个。

另外，对任一实数集 $\mathbf{R}$ 的子集 A，可以定义函数 f_A 满足:$f_A(x)=1$ 当且仅当 $x\in A$，否则 $f_A(x)=0$。而 $\mathbf{R}$ 所有子集的个数为 $2^{2^{\aleph_0}}$ 个，因而至少可定义 $2^{2^{\aleph_0}}$ 个这样的实函数。

综上可得所有实函数组成的集合的基数为 $2^{2^{\aleph_0}}$。

1.6.4 连续统与连续统假设

我们已有基数(势)的概念，并且知道基数是可比较的。由康拓尔定理知道，在某个超穷基数的基础上，可以构造出更大的超穷基数。如 $\aleph_0$，$2^{\aleph_0}$，$2^{2^{\aleph_0}}$ 等。其中，$\aleph_0$ 是所有可数无穷集的基数，而 $2^{\aleph_0}$ 是自然数集幂集的基数。在笛卡尔解析几何中，全体实数与实欧几里得直线上的点的坐标 1-1 对应，此直线上的点组成的集被称为“线连续统”。因此，基数 $2^{\aleph_0}$ 便被称为“连续统的势”。

可数无穷集的基数为 $\aleph_0$，实数集(或连续统)的基数为 $2^{\aleph_0}$，由康拓尔定理知，$\aleph_0<2^{\aleph_0}$。于是便产生了一个问题:是否存在集合，其基数介于 $\aleph_0$ 和 $2^{\aleph_0}$ 之间？如果用 $\aleph_1$ 表示大于 $\aleph_0$ 的最小超穷基数，则 $\aleph_0<\aleph_1$，且显然有 $\aleph_1\leqslant 2^{\aleph_0}$。那么上述问题又可表述为，是否有 $\aleph_1=2^{\aleph_0}$。若 $\aleph_1\neq 2^{\aleph_0}$ 则 $\aleph_1<2^{\aleph_0}$，那么就有集合，其基数为 $\aleph_1$，它介于 $\aleph_0$ 和 $2^{\aleph_0}$ 之间；若 $\aleph_1=2^{\aleph_0}$，则不存在集合，其基数介于 $\aleph_0$ 和 $2^{\aleph_0}$ 之间。对此，便有了如下著名的假设:

连续统假设(Continuum Hypothesis):

$$\aleph_1=2^{\aleph_0}$$

连续统假设是康拓尔在 1874 年提出的。1900 年在法国巴黎召开的世界数学家大会上，著名数学家希尔伯特提出了引领数学发展的 23 个问题，其中第一问题即为连续统假设问题。

20 世纪 30 年代，德国著名数学家、逻辑学家哥德尔(Gödel)证明了连续统假设的协调性，即承认$\aleph_1=2^{\aleph_0}$和现行的集合论公理体系不矛盾。

20 世纪 60 年代，美国著名数学家科恩(Choen)证明了连续统假设的独立性，即承认$\aleph_1\neq 2^{\aleph_0}$和现行的集合论公理体系也不矛盾。

本 章 习 题

习题 1.1　试证明集合之间的等价关系满足下列性质。

(1) 自反性，即对任意集合 A，有 $A\simeq A$。

(2) 对称性，即对任意集合 A 和 B，如果 $A\simeq B$，那么 $B\simeq A$。

(3) 传递性，即对任意集合 A,B 和 C，如果 $A\simeq B$ 且 $B\simeq C$，那么 $A\simeq C$。

习题 1.2　证明如果 A 是可数集，B 是有穷集，那么 $A\cup B$ 是可数集。

习题 1.3　证明任何可数集的无穷子集都是可数集。

习题 1.4　试证明在实平面中圆 $x^2+y^2=1$ 上的点组成的集合与区间$[0,1]$等价。

习题 1.5　证明所有无理数组成的集合的基数为 $2^{\aleph_0}$。

习题 1.6　设 $A_0,A_1,\cdots$是一组两两不交的集合，且每个集合的基数都是 $2^{\aleph_0}$。令 $A=\bigcup\limits_{i=0}^{\infty}A_i$，证明$|A|=2^{\aleph_0}$。

习题 1.7　设 $\mathbf{R}[x]$是由全体实系数多项式组成的集合，证明 $\mathbf{R}[x]$的基数为 $2^{\aleph_0}$。

习题 1.8　设 $\mathbf{R}$ 是实数集，如果 $R\subseteq\mathbf{R}\times\mathbf{R}$，则称 R 为一个实二元关系。试计算所有实二元关系组成的集合的基数。

习题 1.9　设 $\mathbf{Q}$ 是有理数集。证明存在 $\mathbf{Q}$ 上的序关系“$\prec$”，如果对任意有理数 p 和 q，当 $p\prec q$ 时，则称“p 小于 q”，那么对 $\mathbf{Q}$ 的任意非空子集 $P\subseteq\mathbf{Q}$，P 都有在序关系“$\prec$”下的“最小元”。

第2章　可计算性理论基础

“计算”是人类基本的思维活动和行为方式，也是人们认识世界与改造世界的基本方法。随着计算机的诞生和计算机科学技术的发展，计算学科已成为一个极其活跃的学科领域，计算技术的发展已成为现代技术的重要标志之一和世界各国经济增长的主要动力。

“计算”无处不在，而作为一门学科却是在20世纪末才为人们真正认识的。这要归功于美国计算机学会(ACM)和美国电气电子工程师学会计算机分会(IEEE-CS)联合组成的攻关组成员艰苦卓绝的工作①。目前，计算学科正以令人惊异的速度发展，涉及范围已大大超出传统的计算机科学与技术的研究领域，成为一门内容丰富、应用范围极广的学科②。如今，“计算”已不再是一个一般意义上的概念，而是“各门科学研究的一种基本视角、观念和方法，并已上升到一种具有世界观和方法论特征的哲学范畴”③。

可计算性理论(Computability Theory)是研究计算一般性质的数学理论，也称算法理论或能行性理论。可计算性理论的重要课题之一是通过建立计算的数学模型，给出“计算”这一直观概念的数学描述，并明确区分哪些问题是可计算的，哪些问题是不可计算的。

可计算性理论是计算机软件与理论的重要组成部分之一，也是计算机科学的理论基础。20世纪30年代，图灵在可计算性理论方面取得的研究成果，对后来出现的存储程序计算机，即冯·诺伊曼型计算机的设计思想产生了重要影响。目前，可计算性理论的基本概念、思想和方法已被广泛应用于计算机科学的各个领域，如算法设计与分析、计算机体系结构、数据结构、编译方法与技术、程序设计语言语义分析等。

本章介绍可计算性理论的基础知识，主要包括计算概念的形成与发展和计算概念的数学描述两个部分。介绍内容有能行计算的概念与基本性质，递归函数、图灵可计算函数和理想计算机可计算函数的定义以及它们之间的关系等。在学习过程中，我们将感受数学的魅力和数学家们在建立可计算性理论基础过程中所展现出的高超思维方式。通过本章学习，要充分认识可计算性概念本质，深入理解可计算性概念的数学表示和定义的基本思想方法，初步弄清各类可计算性函数之间的关系，重点掌握递归函数的概念与基本性质。

---

① Denning P J, et al. Computing as a discipline[J]. Communications of the ACM, 1989, 32(1): 9-23.

② 董荣胜，古天龙. 计算机科学技术与方法论[M]. 北京：人民邮电出版社，2002.

③ 郝宁湘. 计算：一个新的哲学范畴[J]. 哲学动态，2000(11)：32-36.

2.1　计算概念的形成与发展

计算概念的形成与发展经历了漫长的历史，它是计算科学思想史研究的主要线索之一。尽管目前还无法考证人类究竟是从什么时期开始计数和进行数的运算的，但从现有的考古发现和有文字记载的史料中，我们仍然可以捕捉到早期人类在计算领域取得的成就以及从中体现出的智慧。在《力量：改变人类文明的50大科学定理》一书中，公式“1+1=2”被列为之首是有充分道理的，人类对数的可加性的发现和推广应用正是数学科学的全部根基[①]，称之为计算概念的形成与发展的雏形也未尝不可。目前对计算概念的形成与发展尚无系统的研究成果，不过我们可以从以下几个方面加以认识。

2.1.1　计算概念的初识——抽象思维的进步

人类的计算是伴随着人类文明的起源与进步而产生并发展的。最初计算的表现形式是“计数”，“数”的概念是人们通过“计数”认识的。在漫长的进化和发展过程中，人类的大脑逐渐具有了一种特殊的本领，就是把直观的形象变成抽象的“数字”，即所谓抽象思维活动。正是由于能够在“象”和“数”之间互相转换，人类才真正具备了认识世界的“特殊”能力。从“计数”到“数”的概念形成，是人类在抽象思维领域迈出的辉煌一步。

考古发现，最早人类留有计数痕迹的东西是一些带有刻痕的骨头，这些骨头出土于欧洲西部，属法国旧石器时代前期的文物，距今已有2万至3万年的历史。当时，生活在这一地区的是奥里尼雅克(Aurignacian)时期的克罗麦昂(Cro-Magnon)人。将形象事物以刻痕的形式表示并记录在骨头上，表明当时的人类已或多或少地认识了“映射”的概念，而这一概念却是数学科学中最为基本也是十分重要的一个概念。人类最早使用计数系统的证据，是1937年在捷克斯诺伐克出土的2万年前的狼的腭骨，腭骨上“逢5一组”，共有55条刻痕。这样的计数方式被人类沿用至今，“正”字计数法便是例证。

在人类历史的探索与发现过程中，研究地球构造及历史的地质学家和观察人类体质与社会特征的人类学家向我们提供了早期人类活动的种种遗迹。他们通过地层里各个时期堆积物的相对位置来估测远古至今各个时代的顺序，并以此来探索人类科学的起源[②]。而研究科学思想史的科学家们则倾向于从自然科学最初形成的学科体系中寻觅人类科学思想史的根源，认为“古代科学最先发展起来的是天文学与数学，其次是力学，此外还有一些生物学与医学方面的研究，因为这几个学科同古代人类的生产与生活关系最为密切。”[③]无论从哪个角度出发，探索人类科学的起源都无法回避在古埃及通过人们反复测量土地而诞生的最初的几何学，以及古巴比伦人最早认识的“金星运动周期”和对日食、月食的预报等。但是，如果没有更早期人类在数的认识、数的表示和数的计算等方面取得的成就，那么所谓

---

① 李啸虎，田廷彦，马丁玲．力量：改变人类文明的50大科学定理[M]．上海：上海文化出版社，2005.

② 丹皮尔．科学史及其与哲学与宗教的关系[M]．4版．李珩，译．北京：商务出版社，1987.

③ 林德宏．科学思想史[M]．南京：江苏科学技术出版社，1985.

古代最先发展起来科学，无论是“数学”还是“天文学”，便无从谈起，这是一个可想而知的事实。人类计算历史的发展为探寻人类科学发展提供线索。计算科学思想史研究关注早期人类的“计算”行为方式，并以此为线索探寻和揭示人类在计算科学领域的重要思想以及计算科学进步的基本规律，这对促进人类科学思想史研究与发展有着重要意义。

2.1.2 计算概念的定义——计算本质的揭示

在数学科学领域，与“计算”密切相关的概念之一是“算法”。任何计算都是在一定算法支持下进行的。公元前3世纪，古希腊和中国的数学家就有了算法的概念，如欧几里得辗转相除法就是最好的例子。大约在公元9世纪初期，阿拉伯著名数学家、天文学家和地理学家花剌子密(al-Khwārizmī)[①]就给出了现在人们所熟悉的自然数运算规则。在一个相当长的时期里，人们把“确定关于数学对象(如整数、实数、连续函数等)的各种命题是否正确”作为数学的基本任务。随着社会的发展以及生产实际的需要，人们逐步开始关心另一类数学任务，“其中之一是在数学发展早期就被认为有极大的重要性，而且至今还在产生着具有重大数学意义的问题，即解决各种问题的算法或能行的计算过程的存在性问题。”[②]显然要想真正解决这一问题，就必须对“计算”的概念有一个清楚的认识。到20世纪30至40年代，该问题的解决有了突破性进展。一些著名的数学家几乎同时完全独立地给出了相当于能行可计算函数概念的各种确切定义，其中包括邱奇的λ-可定义性概念[③]、赫尔布兰德-哥德尔-克林(Herbrand-Gödel-Kleene)的一般递归性概念[④]、图灵的可计算性概念[⑤]等。经证明，这些形式上完全不同的计算概念描述是等价的。20世纪50至60年代，随着计算机程序设计语言的发展，人们又从不同的角度给出了可计算性函数的一些定义，其中有基于基本字符集算法的马尔科夫(Markov)可计算函数，以及基于URM(Unlimited Register Machine)理想计算机的谢菲尔德森-史特吉斯(Shepherdson-Sturgis)可计算函数等。同样，后者所描述的可计算函数类与前面所提到的是相一致的[⑥]。

从不同角度对“计算”概念的定义可谓殊途同归。这些描述揭示了“计算”的本质，为人们研究计算、应用计算、解决计算问题奠定了坚实的理论基础。同时，也充分展示了科学大家们的智慧，使得计算作为一门科学的发展变得“能行”。

2.1.3 计算概念的发展——计算方式的进化

人们在计算领域的探索和追求，导致了计算工具的发展，而计算工具的发展，特别是电子计算机的出现以及它在各个领域的广泛应用，又促进了计算方式的不断进化。人类的计

---

① 花剌子密(al-Khwārizmī)的拉丁文译名为“Algoritmi”，后成为Algorithm即“算法”一词的由来。

② 戴维斯.可计算性与不可解性[M].沈泓，译.北京：北京大学出版社，1984.

③ Church A. The Calculi of Lambda-conversion[M]. Princeton：Princeton University Press，1941.

④ Kleene S C. General Recursive Function's of Natural Numbers[J]. Mathematische Ann.，1936(112)：727-742.

⑤ Turing A M. On Computable Numbers，with an Application to the Entscheidungs problem[J]. Proceedings of London Mathematical Society，1936-1937(45-46)：230-256，544-546.

⑥ Cutland N. Computability—An introduction to recursive function theory[M]. London：Cambridge Uni. Press，1980.

算方式已由早期的手工和机械方式，进化到了现代的电子计算方式。计算理论如何发展，计算方式如何进一步演变，是当今人类十分关注的问题。20 世纪 90 年代，美国计算机科学家艾德曼（Adleman）博士在美国《科学》杂志上发表文章，针对组合数学的有关问题，提出了分子计算模型，即 DNA 计算模型，并以解决 7 个结点的汉密尔顿问题为实例，成功地在 DNA 溶液的试管中进行了运算实验①。与此同时，量子计算在理论上取得重大进展。量子计算概念是由美国阿冈国家实验室的保罗・贝尼奥夫（Paul Benioff）在 20 世纪 80 年代初提出的②。到了 1994 年，贝尔（Bell）实验室的应用数学家彼得・肖尔（Peter W. Shor）于 IEEE 基础计算理论年会发表突破性工作报告——快速整数因数分解方法③，使量子计算的潜在应用实力迅速引起广泛关注。虽然 DNA 计算和量子计算目前在理论上尚在雏形，但是我们相信，随着历史的前进和人类科技的进步，人们在新型计算理论研究与应用方面必将取得辉煌的成就，这些成就将表明，人类在计算领域的探索是永无止境的，其前景是广阔的。

2.2　算法与能行过程

"计算"是解决问题的最基本手段。随着计算机科学与技术的发展，"计算"的内涵与外延均发生了巨大的变化，其应用范围涉及社会发展的各个领域。"计算"离不开计算的规则与方法，正确的计算规则建立与可行的计算方法设计是正确地解决问题的关键所在。这其中便涉及"算法"的概念。

2.2.1　算法概念的由来

"算法"在中国古代文献中称为"术"，最早在《周髀算经》、《九章算术》等数学名著中均有充分体现，如《周髀算经》中的勾股定理、分数运算和《九章算术》中的四则运算、求最大公约数、最小公倍数、开平方根、开立方根的方法，以及求素数的埃拉托斯特尼（Eratosthenes）筛选法、线性方程组求解方法等，都是现在人们所熟悉的算法。

现在人们普遍使用的英文算法 Algorithm 一词与阿拉伯数学家花剌子密以及他在代数和算术领域作出的重要贡献密切相关。花剌子密在数学领域最主要贡献是他在 9 世纪 30 年代完成的著作《代数学》，该书首次系统地给出了解决一次方程及一元二次方程的理论与方法，大大扩展了此前的数学概念，为数学的发展开辟了一条新路径。正是因为在代数领域的特殊贡献，使他获得了"代数创造者"的殊荣，这一美誉与较之早 500 多年的古希腊数学家丢番图（Diophantus）所获得的"代数之父"美称齐名。花剌子密在数学领域的另一项重要贡献是关于"算术"的。在 825 年他所著的《印度数字算术》一书中，采用了印度-阿拉伯数字系统，即十进制进位制的记数系统，并给出了数的运算规则。花剌子密在印度数字方面的

① Adleman L. Molecular computation of solutions to combinatorial problems[J]. Science, 1994(266): 1021-1024.

② Benioff P. The computer as a physical system: A microscopic quantum mechanical Hamiltonian model of computers as represented by Turing machines[J]. Journal of Stat. Phys., 1980(22): 563-591.

③ Shor P W. Algorithms for quantum computation: discrete log and factoring[C]. Proc. of the 35th Annual Symposium on Foundations of Computer Science(IEEE Computer Society Press, Los Alamitos, CA), 1994: 12.

著作被翻译成拉丁文，并在中世纪时传入中东和西方，对西方中世纪的科学发展起到了重要的作用。花剌子密的拉丁文音译为 Algorithm，而《印度数字算术》的拉丁语翻译是"Algoritmi de numero Indorum"，其中包含了"花剌子密"运算法则之意，这正是英文中"算法"(Algorithm)一词的由来。如今 Algorithm 已由一个数学家名字的音译变成了一个十分重要的数学概念。

2.2.2 算法概念的描述

迄今为止，尚无算法概念的确切定义，这是因为几乎所有问题的解决方法都可由所谓的算法来描述。面对问题的多样性和复杂性，当我们试图用语言对"变化莫测"的算法给出一个系统而又明确的定义时，总有"此消彼长"或"顾此失彼"的感觉。对此，人们通常以"共性"给出算法的一般性描述，而在特定的学科或应用领域再将相关的算法概念具体化。

定义 2.1 算法(Algorithm)是解决一类问题的方法，可以理解为由基本运算及规定的运算顺序所构成的完整和有限的解题步骤。

算法的执行过程是针对一类问题中的特例而进行的，即能够对一定规范的特定输入，在有限时间内获得所要求的输出结果，从而达到解决问题的目的。

算法的表示方法很多，通常有自然语言、伪代码、流程图、程序设计语言、控制表等。用自然语言描述算法往往显得冗长且容易引起歧义，因此很少用于在技术层面上较为复杂的算法描述。伪代码、流程图和控制表等以结构化的方法来表示算法，可以避免自然语言描述中普遍存在的二义性问题，因而是算法表示的常用工具。用程序设计语言的主要目的是通过对算法进行编程使之在计算机上得以实现。

在实际应用中，算法应具有以下几个方面的特征：

(1) 输入项。一个算法有 0 个或多个输入，根据解决问题需要由人为设定。0 输入的情形通常发生在算法的初始状态，由算法本身来设定的情况之下。

(2) 输出项。一个算法必须有一个或多个输出，以反映算法对输入数据加工后的结果。没有输出的算法是毫无意义的。

(3) 明确性。算法的描述必须是无歧义的，并且每一步骤都有确切的定义，以保证算法实际执行结果的正确性，即能够符合人们的希望和要求。

(4) 可行性。也称有效性或能行性。算法中描述的任何计算步骤都可以分解成一些可以实现的基本运算，并通过这些基本运算的有限次执行来完成。从直观上讲，每个计算步骤至少在原理上能由人用纸和笔在有限的时间内完成。

(5) 有穷性。算法有穷性是指算法的执行过程必须在有限的步骤和时间内终止。

注记 2.1 满足前 4 个特征的一组指令序列在实际应用中不能称为算法，只能称为计算过程。例如，计算机的操作系统就是一个典型的计算过程，操作系统用来管理计算机资源，控制作业的运行，没有作业运行时，计算过程并不停止，而是处于"等待"状态。

在计算机应用技术领域，算法通常是针对实际问题而设计，并且通过编程的手段实现的，其目的是运用计算机解决实际问题。在此情况下，一个无休止运行而无结果的算法是毫无意义的。因此，在计算机应用领域，掌握算法设计与分析的理论和方法是十分重要的。

一方面，要求我们针对实际问题设计出正确的算法，如果一个算法有缺陷，或不适合于某个问题，执行这个算法将不能正确解决这个问题。另一方面，又要求我们学会选择和改进已有的算法，同样的问题可以有不同的算法，算法的优劣可以用空间复杂度与时间复杂度来衡量。不断提高算法的效率始终是人们不懈努力的追求。随着存储技术的发展，最能反映算法效率的时间复杂度已成为人们在算法设计与分析过程中关注的最主要方面之一。

注记 2.2　算法设计与分析已形成一套较为完整的理论与方法体系，对于从事计算机应用与研发工作的技术人员来说，这些理论与方法是必须掌握的。目前，有大量关于算法设计与分析的文献、专著和教材，然而作为算法设计与分析的基础，首先必须弄清楚的问题是：计算的本质是什么？“可计算”的确切定义是什么？究竟哪些问题是可计算的？而这些问题，正是“可计算性理论”要回答的问题。

2.2.3　能行过程与可计算性

在数学与计算机科学中，算法又可以说成是一个“能行过程”(effective procedure)或“能行方法”(effective method)。能行过程是针对“问题”的，通常的说法是“解决某某问题的能行过程”。解决问题的过程是一个问题状态变化的过程。如果用参数的形式来描述问题的状态，那么解决问题的过程就可以看作一个参数变化的过程。

定义 2.2　解决问题开始时的状态称为初始状态，初始状态的参数称为输入参数；解决问题结束时的状态称为结果状态，结果状态的参数称为输出参数或输出结果。

注记 2.3　对一个问题而言，其“输出结果”与“输入参数”之间的关系应该是明确的。但允许有下述情形：有这样的“问题”，它们对输入范围内的有些“输入参数”(有效输入)有明确的“输出结果”，而对有些“输入参数”(无效输入)则没有明确的“输出结果”，甚至“结果”根本就不存在。对这类“问题”，在考虑其能行解决方法时，只要针对有效的输入即可。

定义 2.3　如果存在解决某问题的能行过程，那么该问题称为是可解的或可计算的。

注记 2.4　如果要说明一类问题是“不可解”或“不可计算的”，那么就必须给出该类问题不存在能行过程的证明。

下面通过实例进一步认识“能行过程”的概念。

例题 2.1　设 m 和 n 是两个正整数，且 $m \geqslant n$。求 m 和 n 的最大公因子的欧几里得算法可以通过下列过程表示。

步骤(1)　以 n 除 m 得余数 r；　　//求余数

步骤(2)　若 $r=0$，则输出答案 n，过程终止，否则转步骤(3)；　　//判断余数是否为 0

步骤(3)　将 m 的值变为 n，n 的值变为 r，转至步骤(1)。　　//变换参数值

题意分析：例题 2.1 计算过程由 3 个步骤组成，输入参数为正整数 m 和 n，每个步骤的描述是明确的并且可以证明过程终止时输出数据为 m 和 n 的最大公因子。过程中的每一步骤都是可以通过一些可实现的基本运算(相除、判断、赋值)完成，整个过程在有穷步终止。因此，求 m 和 n 最大公因子的欧几里得算法是一个能行过程。所以，求 m 和 n 最大公因子问题是可计算的。

例题 2.2　考虑函数

$$g(n)=\begin{cases}1, \text{如果}\pi\text{小数部分有}n\text{个连续的数字 7}\\0, \text{否则}\end{cases} \tag{2.1}$$

绝大多数数学家会接受 g 是合法定义的函数。同时也存在能行的过程逐位生成 π 小数点后面的数字①。用 $\pi(k)$ 表示 π 小数点后面第 k 位数字，C 作为计数器，则可以采用下面的过程来计算 $g(n)$：

给定 n，令 $g(n)=0$，计数器 $C=0$，参数 $k=1$。

步骤(1) 计算 $\pi(k)$； //求 π 小数点后第 k 位数字

步骤(2) 如果 $\pi(k)=7$，则 $C \leftarrow C+1$，否则 $C \leftarrow 0$； //计数器逢 7 加 1，否则清 0

步骤(3) 如果 $C=n$，则输出 $g(n)=1$，过程终止；若 $C<n$，则 $k \leftarrow k+1$，转步骤(1)。

题意分析：例题 2.2 计算过程由 3 个步骤组成，对给定的输入 n，如果 π 小数点后面有 n 个连续的 7，那么过程一定会在有限步终止并输出 $g(n)=1$。问题是：如果 π 小数点后面没有 n 个连续的 7，那么上述过程将无休止地运行下去，而且在任何时候都无法得到我们想要的 $g(n)=0$ 的结论。因此，上述过程不是能行过程。

注记 2.5 在例题 2.2 中，虽然我们给出的函数 g 的计算过程不是能行过程，但却不能以此断言没有计算函数 g 的能行过程，除非能够给出严格的证明。也许存在计算函数 g 的能行过程，只是至今尚无人知晓。有趣的是，如果将例题 2.2 中定义的函数改成如下函数：

$$g^*(n)=\begin{cases}1, \text{如果}\pi\text{小数部分有}n\text{个连续的数字 7}\\\uparrow, \text{否则}\end{cases} \tag{2.2}$$

其中，$g^*(n)=\uparrow$ 表示函数 g^* 在输入 n 时无定义。那么计算函数 g 的过程对于 g^* 来说就是一个能行过程。这是因为对给定的输入 n，如果 π 小数点后面有 n 个连续的 7，那么过程一定会在有限步终止并输出 $g(n)=1$；如果 π 小数点后面没有 n 个连续的 7，那么 $g^*(n)$ 是没有定义的，无须考虑“输出结果”的问题。

2.2.4 停机问题

算法也好，能行过程也罢，它们的基本表达形式都可以用一组合适指令(well-defined instructions)的有穷序列来描述。换句话说，在计算机科学领域，它们都可以表示为计算机“程序”。由第 1 章推论 1.17 知，所有的计算机程序最多是可数的，因此可以将所有的程序枚举如下：

$$P_0, P_1, P_2, \cdots, P_e, \cdots \tag{2.3}$$

其中，P_e 的下标 e 可视为该程序的编号或编码。通过上面的分析知道，对任意的程序 P_e 而言，它对某些输入是有明确输出的，运行有穷步后“停机”并给出结果，而对另一些输入可能是没有结果的，并因此进入“死循环”而“不停机”。因此，人们自然会关心下面的问题。

停机问题：是否存在一个能行过程 H，对任意的程序 P_e 和输入 x，H 能判断 P_e 对输入 x 是否停机？

① Cutland N. Computability—An introduction to recursive function theory [M]. London: Cambridge Uni. Press, 1980:69.

为了回答这一问题，首先需要对程序输入与输出的概念做些处理。程序通常有输入和输出，如果一个程序 P_e 的输入是 x，那么经运行后 P_e 的输出可表示为 $P_e(x)$。运用编码技术，可以将程序的输入和输出用自然数表示。因此，任何程序都可以视为是自然数上的“函数”。

命题 2.1　停机问题是不可解的。即不存在能行过程 H，对任意的程序 P_e 和输入 x，H 能判断 P_e 对输入 x 是否停机。

证明：运用反证法。如果停机问题是可解的，那么就存在能行过程 H，对任意程序 P_e 和输入 x，当 P_e 对输入 x 停机时有 $H(P_e,x)=1$，当 P_e 对输入 x 不停机时有 $H(P_e,x)=0$，其中“1”和“0”分别表示“停机”和“不停机”。

利用 H 定义计算过程 F，对任意自然数 n 满足：

(1) 如果 $H(P_n,n)=1$，则 $F(n)=P_n(n)+1$；

(2) 如果 $H(P_n,n)=0$，则 $F(n)=0$。

因为过程 H 是能行的，所以过程 F 也是能行可计算的。因此，计算 F 的程序一定会在程序的枚举(2.3)中出现。设计算 F 的程序编号为 e_0，则 F 可表示为 P_{e_0}，即对任意的 n 均有 $F(n)=P_{e_0}(n)$。接下来考察程序 P_{e_0} 关于输入 e_0 的停机情况。如果程序 P_{e_0} 关于输入 e_0 停机，则有 $H(P_{e_0},e_0)=1$，此时有 $F(e_0)=P_{e_0}(e_0)+1\neq P_{e_0}(e_0)$；如果程序 P_{e_0} 关于输入 e_0 不停机，则 $P_{e_0}(e_0)$ 无定义，由 $H(P_{e_0},e_0)=0$ 却可以得到 $F(e_0)=0\neq P_{e_0}(e_0)$，这和 P_{e_0} 是计算 F 的能行过程矛盾。此矛盾表明判定停机问题的能行过程是不存在的。

注记 2.6　需要指出的是，计算过程可以用“程序”来表述。一个计算过程是否能行，在于相应“程序”的运行是否能得到人们所需要的计算结果。所以“能行过程”的概念是针对“程序”的，即能行过程的考察对象是“程序”。但是，“停机问题”是针对所有“程序”的，它的考察对象应该是所有“程序”的汇集。据此可认为，在一般意义下考虑的“能行过程”不能与所谓“停机问题”同“域”而论，否则，就难以避免引起矛盾。

2.3　可计算性概念的数学描述

在 20 世纪以前，人们普遍认为，所有的问题类都是有算法的，人们关于计算问题的研究就是找出解决各类问题的算法来。随着时间的推移，人们发现有许多问题虽然经过长期的研究仍然找不到算法，于是开始怀疑：是否有些问题根本就不存在算法，它们是不可计算的。那么究竟什么是可计算的，什么又是不可计算的呢？要回答这一问题，最关键的就是要给出“可计算性”概念的精确定义。

20 世纪 30 年代，一些著名的数学家和逻辑学家从不同的角度分别给出了“可计算性”概念的确切定义，为计算科学的研究与发展奠定了重要基础。随着计算机的出现和计算科学的发展，科学家们将“可计算性”概念与“程序设计”思想有机结合，从而使“可计算性”的能行过程更加明显，进而大大促进了人们对“可计算性”概念的理解和认识。本节将选择其中的一些描述方法做简单介绍。

由于计算问题均可通过自然数编码的方法用“函数”的形式加以表示，所以可以通过对定义在自然数集上的“可计算性函数”的认识来理解“可计算性”的概念。

2.3.1 递归函数

递归函数是递归论这门学科中最基本的概念,其产生可以追溯到原始递归式的使用,如我们所熟知的数的加法与乘法。现代计算机应用技术中,大量的计算过程都是运用递归的形式来描述的,可以说递归技术已经成为计算机科学与技术研究与应用领域的重要技术之一。

2.3.1.1 原始递归函数

原始递归函数是定义在自然数集上的函数,其值域是自然数集的子集。一般用 $f(x_1, \cdots, x_n)$ 表示函数 f 在变量 $x_1, \cdots, x_n$ 处的取值,并称 f 为 n 元函数。为方便书写,可记 $x=(x_1, \cdots, x_n)$,函数值 $f(x_1, \cdots, x_n)$ 表示为 $f(x)$。原始递归函数的定义如下。

定义 2.4 按下述规则产生的函数称为原始递归函数。

(1) 基本函数。下列基本函数是原始递归函数。

① 零函数 O,即对任意的 $x \in \mathbf{N}$, $O(x)=0$;

② 后继函数 S,即对任意的 $x \in \mathbf{N}$, $S(x)=x+1$;

③ 投影函数 P_i^n,即对任意的 $n \geqslant 0, 1 \leqslant i \leqslant n, P_i^n(x_1, \cdots, x_n)=x_i$。

(2) 合成模式。经过合成模式产生的函数是原始递归函数,即:

如果 $f(y_1, \cdots, y_k)$ 和 $g_1(x), \cdots, g_k(x)$ 是原始递归函数,其中 $x=(x_1, \cdots, x_n)$,那么运用合成模式产生的函数 $h(x)=f(g_1(x), \cdots, g_k(x))$ 是原始递归函数。

(3) 递归模式。经过递归模式产生的函数是原始递归函数,即:

如果 $f(x)$ 和 $g(x, y, z)$ 是原始递归函数,其中 $x=(x_1, \cdots, x_n)$,那么运用递归模式产生的函数 $h(x, 0)=f(x), h(x, y+1)=g(x, y, h(x, y))$ 是原始递归函数。

注记 2.7 哥德尔在 1931 年证明著名的不完全性定理时,给出了原始递归函数的描述。并以原始递归式为主要工具,运用编码技术将所有元数学的概念进行了算术化表示。原始递归函数的重要性一直受到数学家和逻辑学家的关注和重视。通常,人们将能够用“纸”和“笔”在有限步里可以“完成”计算的函数称为“直观可计算函数”或“可计算函数”。显然,原始递归函数都是直观可计算的。

例题 2.3 证明自然数加法 $f(x, y)=x+y$ 是原始递归函数。

证明:首先注意到自然数集上的恒等函数 $I(x)=x$ 是原始递归函数,因为 $I(x)=P_1^1(x)$。$f(x, y)=x+y$ 可以通过递归模式 $f(x, 0)=I(x), f(x, y+1)=S(f(x, y))$ 定义。所以加法函数 $f(x, y)=x+y$ 是原始递归函数。

例题 2.4 证明自然数乘法 $g(x, y)=x \cdot y$ 是原始递归函数。

证明:已经证明 $x+y$ 是原始递归的。在此基础上,$g(x, y)=x \cdot y$ 可以通过递归模式 $g(x, 0)=O(x), g(x, y+1)=g(x, y)+x$ 定义。所以 $g(x, y)=x \cdot y$ 是原始递归函数。

其实,早在哥德尔给出不完备性定理之前,原始递归函数就已成为数学研究的重要内容。在研究中人们发现,几乎所有的初等函数都是原始递归的。于是便猜测,原始递归函数可能穷尽一切可计算的函数。不幸的是，人们很快发现这一猜想是不成立的。在 19 世纪 20 年代，就有数学家构造出了可计算的但却不是原始递归的函数，其中最著名的是德国著名数学家阿克曼(Ackermann)在 1928 年给出的函数——阿克曼函数，其定义如下：

定义 2.5　阿克曼函数由下列式子定义。

$$\begin{cases}\psi(0,y)=y+1 \\ \psi(x+1,0)=\psi(x,1) \\ \psi(x+1,y+1)=\psi(x,\psi(x+1,y))\end{cases} \tag{2.4}$$

注记 2.8　首先阿克曼函数的定义是无二义的。对任意的 $x,y\in\mathbf{N}$，如果 $x=0$，则 $\psi(0,y)=y+1$；如果 $x>0$，则函数值 $\psi(x,y)$ 可以通过其“前面”的函数值 $\psi(x_1,y_1)$ 来计算，其中，$x_1<x$ 或 $x_1=x$ 并且 $y_1<y$。由于这些“前面”的函数值是有穷的，所以总可以在有限步里计算出函数值 $\psi(x,y)$。例如：$\psi(1,1)=3$ 和 $\psi(2,1)=5$ 等。由此而知，阿克曼函数是直观可计算的，然而却有下面结论。

命题 2.2　阿克曼函数不是原始递归函数。

注记 2.9　阿克曼函数有一个很特别的性质，即对任何一个一元原始递归函数 $f(y)$，总可找出一个数 a，使得对所有的 y 均有 $f(y)<\psi(a,y)$。这样函数 $\psi(y,y)+1$ 便不可能是原始递归函数，否则将可找出一个数 e 使得对所有的 y，均有 $\psi(y,y)+1<\psi(e,y)$，令 $y=e$，即得 $\psi(e,e)+1<\psi(e,e)$，从而引起矛盾。

当然，也可以通过其他方式证明存在可计算函数不是原始递归的。例如，运用原始递归函数最多只有可数无穷多个这一断言，采用康拓尔对角线方法就可以形式化构造出可计算但却不是原始递归的函数。问题是除了原始递归函数以外，究竟还有哪些可计算函数呢？又如何给出一个能够穷尽所有可计算函数的数学定义呢？

2.3.1.2　部分递归函数

1934 年，哥德尔在法国逻辑学家赫尔布兰德(Herbrand)早期工作的启示之下，提出了一般递归函数的定义。1936 年，美国逻辑学家克林(Kleene)又将一般递归函数的概念加以具体化，最终形成了所谓赫尔布兰德-哥德尔-克林(Herbrand-Gödel-Kleene)部分递归函数(partial recursive function)的概念。

定义 2.6　部分递归函数除包括由定义 2.4 (1)、(2)和(3)描述的全体原始递归函数外，还包括无界搜索模式描述的函数。其中，无界搜索模式定义如下。

如果 $f(x,y)$ 是部分递归函数，其中 $x=(x_1,\cdots,x_n)$，那么通过无界搜索模式定义的函数

$$g(x)=\begin{cases}\text{满足 } \forall z<y(f(x,z)\downarrow \wedge f(x,y)=0) \text{ 的最小 } y, & \text{如果有此 } y \\ \text{无定义}, & \text{否则}\end{cases} \tag{2.5}$$

是部分递归函数。可记为 $g(x)=\mu y(f(x,y)=0)$。

注记 2.10　“无界搜索模式”中的符号“μ”称为“μ 算子”，表示“最小”之意。表达式 $\mu y(f(x,y)=0)$ 表示“最小 y，满足 $f(x,y)=0$”。此外，定义中出现的 $f(x,z)\downarrow$ 表示 $f(x,z)$ 有定义。部分递归函数的定义是在原始递归函数的基础上通过引入“无界搜索模

式”加以扩充给出的，因此，所有原始递归函数都是部分递归函数。注意到，原始递归函数是全函数，即处处有定义，而部分递归函数则可能在有些地方没有定义。例如：当不存在 y 使得 $f(x,y)=0$ 或者存在某个 $z<y$ 使得 $f(x,z)\uparrow$（$f(x,z)$ 无定义）时，$g(x)=\mu y(f(x,y)=0)$ 就没有定义。这便是“部分”的真正含义。部分递归函数也称递归函数或一般递归函数。

给出部分递归函数的定义后，可以证明下面的结论。

命题 2.3 阿克曼函数是递归函数①。

2.3.1.3 递归谓词

在数学与计算机科学中，“判定问题”与“计算问题”关系密切，两者在形式上常常可以相互转化。例如：“给定 $x,y\in \mathbf{N}$，判定 x 是否为 y 的因子”就是一个判定问题，如果针对这一问题定义如下函数

$$f(x,y)=\begin{cases}1,\text{如果 } x \text{ 是 } y \text{ 的因子}\\0,\text{否则}\end{cases} \tag{2.6}$$

则判定问题便转化成了一个计算问题。如果函数 $f(x,y)$ 是可计算的，那么它对应的判定问题就是“可判定”的。由于可判定问题通常是用“谓词”描述的，因而可建立“递归谓词”的概念。

定义 2.7 设 $M(x)$ 是关于自然数的 n 元谓词，其中 $x=(x_1,\cdots,x_2)$。其特征函数 $c_M(x)$ 定义为：

$$c_M(x)=\begin{cases}1,\text{如果 } M(x) \text{ 成立}\\0,\text{否则}\end{cases} \tag{2.7}$$

如果 $c_M(x)$ 是递归函数，则称 n 元谓词 $M(x_1,\cdots,x_n)$ 是递归谓词。

2.3.2 图灵机与图灵可计算函数

虽然部分递归函数给出了可计算函数的严格数学定义，但是在具体计算过程的每个步骤中，选用什么样的初始函数和执行怎样的基本运算仍然是不明确的。为了消除这些不确定的因素，英国数学家图灵“以人为本”，全面分析了人在计算过程中的行为特点，将计算归结在了一些简单、明确的基本操作之上，并于 1936 年发表文章②，给出了一种抽象的自动机计算模型。该计算模型有自己的“指令系统”，每条“指令”代表一种基本操作，任何算法可计算函数都可通过由指令序列组成的“程序”在自动机上完成计算。图灵的工作第一次将计算和自动机联系起来，对以后计算科学和人工智能的发展产生了巨大的影响。这种“自动机”就是现在人们熟知的“图灵机”。

① Cutland N. Computability-An introduction to recursive function theory[M]. London: Cambridge Uni. Press, 1980:46-47.

② Turing A M. On Computable Numbers, with an Application to the Entscheidungs problem[J]. Proceedings of London Mathematical Society, 1936-1937(45-46):230-256, 544-546.

2.3.2.1　图灵机

图灵的基本思想是用机器来模拟人们用纸和笔进行数学运算的过程，他将这样的过程进行分解，对过程的组成“要素”给出如下概括：

(1) 两个简单动作。即人们在计算时要做的基本动作。

① 在纸上写上或擦除某个符号；

② 将注意力从纸的一个位置移动到另一个位置。

(2) 两种基本状态。即在计算的每个阶段，状态发生变化依赖于两个基本方面。

① 当前状态：此人当前所关注的纸上某个位置的符号；

② 后继状态：此人当前的思维趋向。

对应于上述4个要素，一台图灵机应由以下4个部分组成：

(1) 存储装置。作为“纸”的无穷的“带子”，被分割成类似“寄存器”小格。

(2) 移动装置。能够在“纸”上移动，从一个“寄存器”到另一个“寄存器”。

(3) 读写装置。能够“读出”和“改写”某个“寄存器”中的内容。

(4) 记录装置。有一个状态存储器，能够记录当前的状态。

将上述4个部分组装起来便是一台图灵机。图2.1是图灵机模型的示意图。

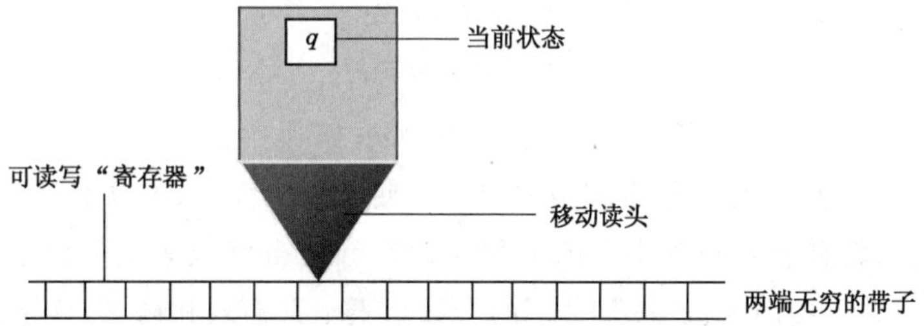

图2.1　图灵机示意图

2.3.2.2　图灵程序

同现代计算机一样，图灵机是通过编写“程序”的方法进行计算的。因此，图灵机也有相应的“程序设计语言”、“指令系统”、“程序”等概念。不妨分别称之为“图灵机语言”、“图灵机指令”与“图灵程序”。定义如下：

定义 2.8

(1) 图灵机语言使用的基本符号。

① 状态符：$q_0, q_1, \cdots, q_n, \cdots$，用以表示计算过程中每一时刻图灵机的状态，其中 q_0 专门用来表示停机状态；

② 数字符：1和0，用于写入或修改“寄存器”的内容；

③ 移位符：R 和 L，分别表示移动装置的“右移”和“左移”。

(2) 图灵机指令。程序设计语言中的指令通常表示机器所能执行的“基本运算”或“基本动作”，图灵机的指令是以“语句”的形式表示的，有下列两种基本类型。

① 读写指令：$q_i s_j \rightarrow s_k q_l$，其中 $s_j, s_k \in \{0,1\}$，q_i 和 q_l 表示状态。其语义为：如果在状态

q_i，读头读到的寄存器内容为 s_j，则将该寄存器的内容改成 s_k 并进入状态 q_l。

② 移位指令：$q_i s_j \to \alpha q_l$，其中 $s_j \in \{0,1\}$，$\alpha \in \{R,L\}$，q_i 和 q_l 表示状态。其语义为：如果在状态 q_i，读头读到的寄存器内容为 s_j，则将移动装置右移(如果 α 是 R)或左移(如果 α 是 L)一格并进入状态 q_l。

(3) 图灵程序。由图灵机指令组成的有穷序列称为图灵程序。

注记 2.11 通常图灵机指令的表达形式为 $q_i s_j s_k q_l$ 或 $q_i s_j \alpha q_l$，而并无符号"→"。引入符号"→"的目的是为了便于分析和理解图灵指令的含义。在指令 $q_i s_j \to s_k q_l$ 或 $q_i s_j \to \alpha q_l$ 中，位于符号"→"左端的部分 $q_i s_j$ 称为指令的前件，位于符号"→"右端的部分 $s_k q_l$ 或 αq_l 称为指令的后件。指令的实际含义是：由前件的"判断"决定后件规定的"动作"。

例如，下面指令的有穷序列是一个图灵程序。

$$
\begin{aligned}
&I_1.\ q_1 0 \to R q_1\\
&I_2.\ q_1 1 \to 1 q_2\\
&I_3.\ q_2 1 \to 0 q_3\\
&I_4.\ q_2 0 \to R q_4\\
&I_5.\ q_3 1 \to R q_2\\
&I_6.\ q_3 0 \to R q_4\\
&I_7.\ q_4 1 \to R q_2\\
&I_8.\ q_4 0 \to 0 q_0
\end{aligned}
\tag{2.8}
$$

其中，I_k. 是指令的编号。指令编号的目的是便于分析程序，可以不写。

既然是程序，就有输入和输出。图灵程序通常针对自然数集上的函数。因此，其输入和输出都是自然数。用图灵机"带"上"1"的个数来表示其输入和输出，具体如下：

定义 2.9 关于图灵机程序执行过程的约定如下：

(1) 图灵程序输入。如果某图灵程序在开始时的输入是 $n_1,\cdots,n_k$，那么在图灵机"带"上将分别用 n_1+1 个连续的"1"，…，n_k+1 个连续的"1"表示它们。输入数据之间用"0"隔开。

(2) 图灵程序输出。图灵程序运行至停机状态，图灵机"带"上"1"的个数即为该图灵程序的输出。

(3) 初始状态约定。图灵程序运行之前图灵机的状态称为程序的初始状态。图灵程序在初始状态时，其所有的输入数据都位于图灵机"读头"的右端，程序的初始状态一般用 q_1 表示。

(4) 图灵程序执行。图灵程序从初始状态开始运行，每执行完一条指令就会进入下一个状态，须满足：当前指令后件末尾出现的状态，如出现 q_i，那么下一条指令必须是以 $q_i s_k$ 为前件的指令。如果此时程序中没有以 $q_i s_k$ 为前件的指令，则程序自动"停机"，否则程序将一直进行下去，直到进入停机状态 q_0 终止。

下面通过对式(2.8)表示程序的分析，来理解和认识一个图灵程序的执行过程。设该程序为 P，初始状态为 q_1，输入数据为 6(带上由 7 个连续的 1 表示)。程序 P 的初始状态如图 2.2 所示。

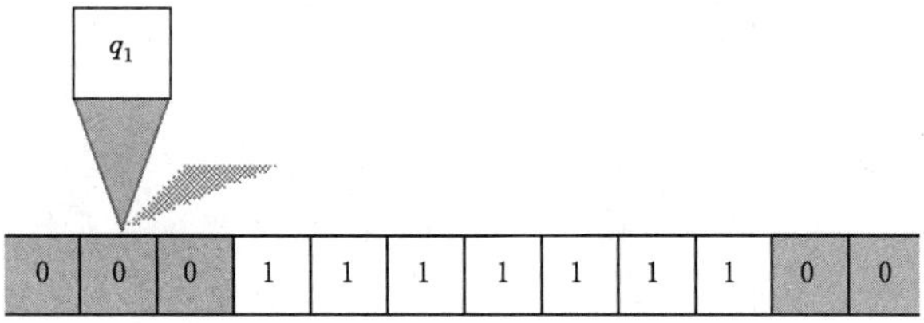

图 2.2　程序 P 初始状态示意

程序的执行过程描述如下：

步骤(1)　程序从第一条指令 I_1 开始执行，读头不断地在“带”上右移，直到发现第一个不为 0 的单元格为止，执行指令 I_2 并进入状态 q_2；

步骤(2)　在状态 q_2，如果遇到 1，则将其改为 0 进入状态 q_3，执行步骤(3)；如果遇到 0，则读头右移一格，进入状态 q_4，执行步骤 4(不难看出，首次进入步骤(2)执行 I_3 时，将“带”上的第一个 1 改成了 0)；

步骤(3)　在状态 q_3，如果遇到 0，则右移一格，进入状态 q_4，执行步骤(4)；如果遇到 1，则右移一格，进入状态 q_2，执行步骤(2)；

步骤(4)　在状态 q_4，如果遇到 0，则停机；如果遇到 1，则右移一格，进入状态 q_2，执行步骤(2)。

对程序运行经过分析不难看出，该程序的执行过程是读头沿着“带”子从左到右依次交替地将两个 1 中之一改为 0。程序执行完成后的状态见图 2.3。

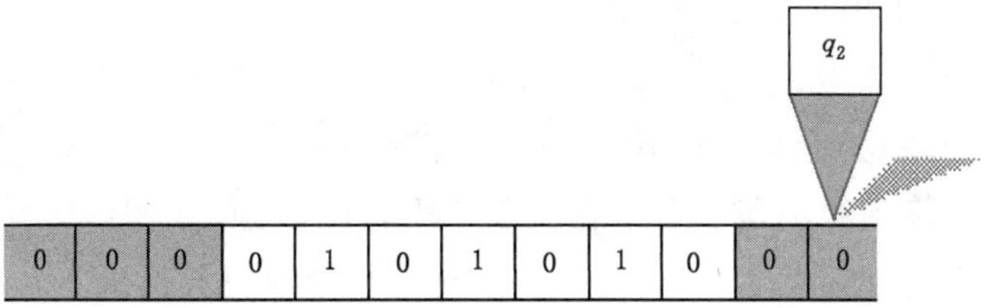

图 2-3　程序 P 完成状态示意

从结果可看出，当输入为 6(“带”上 7 个连续的 1)时，结果为 3(“带”上剩下的 3 个 1)。一般地，如果输入数据为 $2k$(“带”上 $2k+1$ 个连续的 1)，则程序运行的结果为 k(“带”上剩下的 k 个 1)；如果输入数据为 $2k+1$(“带”上 $2(k+1)$个连续的 1)，则程序运行的结果为 $k+1$(“带”上剩下的 $k+1$ 个 1)。由此可见，式(2.8)表示的图灵程序可以用来计算函数 $f(n)=\lceil n/2 \rceil$，其中符号$\lceil * \rceil$表示对数 $*$ 向上取整。

2.3.2.3　图灵可计算函数

由式(2.8)给出的图灵程序 P 可以用来计算函数 $f(n)=\lceil n/2 \rceil$。因而称该函数是图灵可计算函数。一般地，有如下定义。

定义 2.10　设 $f(x_1,\cdots,x_n)$是定义在自然数集上的函数。如果存在图灵程序 P_f，对任意输入 $x_1,\cdots,x_n$，如果 $f(x_1,\cdots,x_n)\downarrow=y$，$P_f$ 的执行在有限步终止并且输出 y，那么就称

P_f 是计算 $f(x_1,\cdots,x_n)$ 的图灵程序，函数 $f(x_1,\cdots,x_n)$ 称为图灵可计算函数。

注记 2.12

(1) 在图灵可计算函数的描述中，$f(x_1,\cdots,x_n)\downarrow=y$ 表示函数 f 在 $x_1,\cdots,x_n$ 处收敛并且函数值为 y。函数 f 可能在某些地方没有定义，造成 P_f 在相应输入的运行过程中进入“死循环”而不会终止。这种情况是允许的，因此图灵可计算函数未必是全函数，可以是部分函数。

(2) 对一个图灵可计算函数而言，计算该函数的图灵程序不是唯一的，这与人们解决问题的思路和程序设计的风格有关。

(3) 图灵可计算函数是通过图灵程序计算的，根据第 1 章的推论 1.17 知，所有图灵可计算函数最多是可数的。

图灵机是以“读”、“写”和“移位”作为基本动作，用“状态”的变化将这些基本动作有序地组织起来，通过“程序”的执行完成运算过程。无论是计算模型，还是计算的基本动作，图灵机都给人一种“简洁”之感。然而，就是这样一个简洁的计算模型，它的计算能力却是巨大的，下面的命题[①]足可说明这一点。

命题 2.4 部分递归函数是图灵可计算函数。

递归函数和图灵可计算函数都是对直观可计算函数的精确描述。此外，还有一些其他的表述形式，较早的有邱奇在 1932 年给出的 λ-可定义函数的概念[②]。一个显见的事实是：凡由数学精确定义的可计算函数都是直观可计算的。

问题是，直观可计算函数是否恰好就是这些精确定义的可计算函数呢？对此邱奇认为，凡直观可计算函数都是 λ-可定义的。1937 年，图灵证明了图灵可计算函数与 λ-可定义函数是等价的[③]，从而拓展了邱奇的论点，即：

$$\text{直观可计算函数} \equiv \text{部分递归函数} \equiv \lambda\text{-可定义函数} \equiv \text{图灵可计算函数}$$

这就是著名的邱奇-图灵论题(Church-Turing Thesis)。

因为直观可计算函数不是一个精确的数学概念，所以邱奇-图灵论题是不能够证明的。从 20 世纪 30 年代起直到当今的计算机时代，计算科学取得长足进步，人们也提出了许多不同的精确计算模型，并且证明了这些模型都是与图灵机等价的。这充分表明了图灵机和其他等价的计算模型确实合理地定义了可计算性概念。因此，邱奇-图灵论题得到了计算机科学界和数学界的公认。从理论上讲，现代计算设备所能完成的计算在图灵机上都能实现，这一点充分展示了先辈科学大家的伟大智慧与灵感。

2.4 理想计算机

20 世纪 30 年代图灵机的诞生可以说为人类计算注入了一种全新的理念，而电子计算

① Turing A M. On Computable Numbers, with an Application to the Entscheidungs problem[J]. Proceedings of London Mathematical Society, 1936-1937(45-46): 230-256, 544-546.

② Church A. A set of postulates for the foundation of logic[J]. Annals of Mathematics, Series 2, 1932(33): 346-366.

③ Turing A M. Computability and λ-definability[J]. J. Symb. Logic., 1937(2): 153-163.

机的出现及其在各个领域的广泛运用，又使得这一理念得到进一步的发展。到了 20 世纪 50 至 60 年代，先后出现了许多以“计算机”为背景、“指令和程序”为基础的理想计算机计算模型。1963 年，由谢菲尔德森(Shepherdson)和史特吉斯(Strugis)构想的无穷寄存器计算机(URM)便是其中的一种①。由于 URM 所采用的指令系统和计算方式与现代计算机的计算形式十分相似，可以通过对它的介绍，使我们对现代计算机的计算本质有一个更好的认识。

2.4.1　URM 模型与指令系统

2.4.1.1　URM 计算模型

URM 的结构非常简单，实际上就是一个无穷的存储装置。该装置由无穷多个寄存器组成，每个寄存器可视为一个存储单元，用 $R_1, R_2, \cdots, R_n, \cdots$ 表示这些寄存器的标号，其下标可视为存储单元的“地址”，其中 R_n 表示第 n 个寄存器或存储单元；用 $r_1, r_2, \cdots, r_n, \cdots$ 表示寄存器或存储单元的内容，其中 r_n 为存储单元 R_n 的内容。URM 计算模型如图 2.4 所示。

R_1	R_2	R_3	R_4	R_5	R_6	R_7	…
r_1	r_2	r_3	r_4	r_5	r_6	r_7	…

图 2.4　URM 计算模型示意图

2.4.1.2　URM 指令

URM 包括 4 种类型的指令：

(1) 置零指令 $Z(n)$：将 R_n 单元内容置零，可表示为 $0 \to R_n$ 或 $r_n := 0$。符号“:=”称为赋值符，表示将 R_n 的内容 r_n 用符号“:=”右边的数替代。

例如，执行指令 $Z(3)$，寄存器的状态变化如图 2.5 所示。

R_1	R_2	R_3	R_4	R_5	R_6	R_7	…
9	6	5	23	5	8	1	…

(初始状态)

R_1	R_2	R_3	R_4	R_5	R_6	R_7	…
9	6	0	23	5	8	1	…

(执行 $Z(3)$ 后状态)

图 2.5　指令 $Z(3)$ 执行过程示意图

(2) 后继指令 $S(n)$：将 R_n 单元内容加 1，可表示为 $r_n+1 \to R_n$ 或 $r_n := r_n+1$。

例如，执行指令 $S(5)$，寄存器的状态变化如图 2.6 所示。

(3) 传送指令 $T(m, n)$：将 R_n 单元内容替换成 R_m 的内容，可表示为 $r_m \to R_n$ 或 $r_n := r_m$。

例如，执行指令 $T(5,1)$，寄存器的状态变化如图 2.7 所示。

① Shepherdson J C, Strugis H E. Computability of recursive functions[J]. Assoc. Computing Machinery, 1963 (10): 217-255.

R_1	R_2	R_3	R_4	R_5	R_6	R_7	…
9	6	0	23	5	8	1	…

(初始状态)

R_1	R_2	R_3	R_4	R_5	R_6	R_7	…
9	6	0	23	6	8	1	…

(执行 $S(5)$ 后状态)

图 2.6　指令 $S(5)$ 执行过程示意图

R_1	R_2	R_3	R_4	R_5	R_6	R_7	…
9	6	0	23	6	8	1	…

(初始状态)

R_1	R_2	R_3	R_4	R_5	R_6	R_7	…
6	6	0	23	6	8	1	…

(执行 $T(5,1)$ 后状态)

图 2.7　指令 $T(5,1)$ 执行过程示意图

URM 通过程序进行计算。所谓 URM 程序是指由 URM 指令组成的序列，程序中的指令用 $I_1, I_2, \cdots, I_n$ 等进行编号，其中 $I_k(1 \leqslant k \leqslant n)$ 表示程序的第 k 条指令。一般情况下，程序的执行是按照指令排列的顺序依次逐条进行的，但在有些情况下我们需要进行“判断”，并且根据判断的结果改变程序执行的顺序。URM 由跳转指令提供这样的功能。

(4) 跳转指令 $J(m,n,q)$：如果 R_m 的内容与 R_n 的内容相等，即当 $r_m = r_n$ 时，则从程序的第 q 条指令开始执行，否则顺序执行下一条指令。

例题 2.5　分析如下 URM 程序

$$
\begin{aligned}
&I_1.\ J(1,2,6)\\
&I_2.\ S(2)\\
&I_3.\ S(3)\\
&I_4.\ J(1,2,6)\\
&I_5.\ J(1,1,2)\\
&I_6.\ T(3,1)
\end{aligned}
\tag{2.9}
$$

执行结果。设存储器的初始状态如图 2.8 所示。

R_1	R_2	R_3	R_4	R_5	
9	7	0	0	0	…

图 2.8　存储器初始状态

分析：依次执行(2.9)程序中的指令，通过存储器各个单元的数据变化，分析程序运行结果。程序执行过程中存储器单元数据变化如图 2.9 所示。

程序执行时，反复比较 R_1 和 R_2 中的内容，如果不等，则将 R_2 中的内容加 1，直到 R_1 和 R_2 中的内容相等为止，同时用 R_3 记录加 1 的次数，程序结束前，将 R_3 的内容送至 R_1。显然，运行结束时，R_1 中的内容是原先 R_1 和 R_2 内容的“差”。所以，程序(2.9)是关于减法运算的 URM 程序。

注记 2.13

(1) 程序(2.9)在执行完指令 I_6 后已经没有了下一条指令，按照顺序执行的原则，默认

	R_1	R_2	R_3	R_4	R_5		下一条指令
初始状态	9	7	0	0	0	…	I_1
	9	7	0	0	0		I_2（因为 $r_1 \neq r_2$）
	9	8	0	0	0		I_3
	9	8	1	0	0		I_4
	9	8	1	0	0		I_5（因为 $r_1 \neq r_2$）
	9	8	1	0	0		I_2（因为 $r_1 = r_1$）
	9	9	1	0	0		I_3
	9	9	2	0	0		I_4
	9	9	2	0	0		I_6（因为 $r_1 = r_2$）
最终状态	2	9	2	0	0		I_7（停机）

图 2.9　程序(2.9)执行过程中存储器内容变化示意图

有下条指令 I_7 表示停机。

(2) 程序中可以设计强行转移操作，指令 $J(1,1,2)$ 就可以实现这一操作。强行转移操作指令一般地可以表示为 $J(r_n, r_n, q)$。

2.4.1.3　URM 程序

定义 2.11　URM 程序就是 URM 指令的序列。通常用 P,Q,G 等大写英文字母表示。如果程序 P 由 s 条指令组成，则 P 可表示为 $P=I_1,\cdots,I_s$，其中指令的条数 s 称为程序 P 的长度，记为 $l(P)$。

针对 URM 程序在执行过程中的相关事宜，做如下约定。

(1) 程序收敛与发散。对程序 P 而言，如果其输入为 $a_1,\cdots,a_n$，运行结束输出结果为 b，则称 $P(a_1,\cdots,a_n)$ 收敛于 b，记为 $P(a_1,\cdots,a_n)\downarrow b$；如果对输入 $a_1,\cdots,a_n$，P 的运行无法终止，则称 $P(a_1,\cdots,a_n)$ 发散，记为 $P(a_1,\cdots,a_n)\uparrow$。

(2) 输入和输出。任何程序的输入和输出都放在存储单元里。对一个程序 P，可以根据情况为其输入和输出安排存储单元。表达式 $P[m+1,\cdots,m+n\rightarrow k]$ 表示程序 P 的输入 $a_1,\cdots,a_n$ 安排在存储器的 $R_{m+1},\cdots,R_{m+n}$ 单元，运行结束后的结果放在 R_k 单元。对主程序约定：在初始状态时，其输入依次放在存储器开始的若干个单元，其他单元的内容为 0；运行的最终结果放在存储器的第一个单元 R_1 中。

(3) 程序的合并。设 $P=I_1,\cdots,I_s$ 和 $Q=I_1',\cdots,I_t'$ 是两个程序，则 PQ 表示程序 $I_1,\cdots,I_s,I_{s+1}',\cdots,I_{s+t}'$，称为程序 P 和 Q 的合并。其中，$I_{s+1}',\cdots,I_{s+t}'$ 是原先程序 Q 的指令 $I_1',\cdots,I_t'$，并且输入和输出数据寄存器单元地址已经过适当调整。特别地，原先 Q 中转移指令 $J(m,n,q)$ 在 PQ 中已替换成了 $J(m,n,s+q)$。

注记 2.14　在一个程序中，转移指令往往会跳出本程序执行的指令范围，这在程序的合并过程中会产生问题。为此约定:以后使用的URM程序均为标准程序,即其中的转移指令不会跳出本程序执行的指令范围。

2.4.2 URM可计算函数

定义 2.12 设 $f:\mathbf{N}^n\to\mathbf{N}$ 是部分函数。若有URM程序 P,对任意的 $a_1,\cdots,a_n,b\in\mathbf{N}$,当 $(a_1,\cdots,a_n)\in\mathrm{Dom}(f)$ 时,$f(a_1,\cdots,a_n)=b$ 当且仅当 $P(a_1,\cdots,a_n)\downarrow b$,则称 P 是计算部分函数 f 的URM程序。若存在计算 f 的URM程序,则称 f 是URM可计算的。

命题 2.5 下列基本函数是URM可计算的。

(1) 零函数 O,即对任意的 $x\in\mathbf{N}$,$O(x)=0$。

(2) 后继函数 S,即对任意的 $x\in\mathbf{N}$,$S(x)=x+1$。

(3) 投影函数 P_i^n,即对任意的 $n,x_1,\cdots,x_n\in\mathbf{N}$,$n\geqslant 0$,$1\leqslant i\leqslant n$,$P_i^n(x_1,\cdots,x_n)=x_i$。

证明:这些函数对应于URM的基本指令。计算它们的URM程序分别为:

(1) 零函数 O:程序 $Z(1)$。

(2) 后继函数 S:程序 $S(1)$。

(3) 投影函数 P_i^n:程序 $T(i,1)$。

命题 2.6 如果 $f(y_1,\cdots,y_k)$ 和 $g_1(x),\cdots,g_k(x)$ 是URM可计算函数,其中 $x=(x_1,\cdots,x_n)$,则运用合成模式产生的函数 $h(x)=f(g_1(x),\cdots,g_k(x))$ 也是URM可计算函数。

证明:设 $F,G_1,\cdots,G_k$ 分别是计算 $f,g_1,\cdots,g_k$ 的URM程序。由于在计算函数 $h(x)$ 的过程中会产生一些中间结果,所以在设计计算 $h(x)$ 的程序时,需要安排存储器中的某些寄存器单元来存放这些中间结果。对此可以约定:凡是为中间结果安排的存储单元都是其他程序不会使用的单元。计算函数 $h(x)$ 的URM程序 H 设计如下:

设输入数据 $x=(x_1,\cdots,x_n)$ 存放在 $R_1,\cdots,R_n$ 单元。取 m 使得从 R_m 之后的存储器单元不为其他程序使用,并用它们存放中间结果。

步骤(1) 将输入数据 $x=(x_1,\cdots,x_n)$ 从 $R_1,\cdots,R_n$ 单元分别传送至 $R_{m+1},\cdots,R_{m+n}$ 单元;

步骤(2) 以 $R_{m+1},\cdots,R_{m+n}$ 单元的内容(即 $x=(x_1,\cdots,x_n)$)为输入,调用程序 $G_1,\cdots,G_k$,分别计算 $g_1(x),\cdots,g_k(x)$,并将计算结果依次存放在 $R_{m+n+1},\cdots,R_{m+n+k}$ 单元;

步骤(3) 以 $R_{m+n+1},\cdots,R_{m+n+k}$ 单元的内容,即 $(g_1(x),\cdots,g_k(x))$ 为输入数据,调用程序 F 计算 $f(g_1(x),\cdots,g_k(x))$ 并将计算结果存放至 R_1 单元。

计算函数 $h(x)=f(g_1(x),\cdots,g_k(x))$ 的程序 H 为:

$$
\begin{aligned}
&T(1,m+1),\cdots,T(n,m+n)\\
&G_1[m+1,\cdots,m+n\to m+n+1]\\
&\quad\vdots\\
&G_k[m+1,\cdots,m+n\to m+n+k]\\
&F[m+n+1,\cdots,m+n+k\to 1]
\end{aligned}
\tag{2.10}
$$

由此证得 $h(x)=f(g_1(x),\cdots,g_k(x))$ 是 URM 可计算的。

命题 2.7　如果 $f(x)$ 和 $g(x,y,z)$ 是 URM 可计算函数，其中 $x=(x_1,\cdots,x_n)$，则运用递归模式产生的函数 $h(x,0)=f(x)$，$h(x,y+1)=g(x,y,h(x,y))$ 也是 URM 可计算函数。

证明： 设 F，G 分别是计算 $f(x)$，$g(x,y,z)$ 的 URM 程序，输入数据 $x=(x_1,\cdots,x_n)$ 和 y 存放在 $R_1,\cdots,R_n$ 和 R_{n+1} 单元。取 m 如命题 2.6 证明所示。

在计算 $h(x,y)$ 过程中，某时刻存储器的数据状态如图 2.10 所示。

R_1 … R_m	R_{m+1} … R_{m+n}	R_{m+n+1}	R_{m+n+2}	R_{m+n+3}	…
…	x	y	k	$h(x,k)$	…

图 2.10　计算 $h(x,y)$ 某时刻存储器内容示意图

计算函数 $h(x,y)$ 的过程描述如下：

首先用程序 F 计算 $h(x,0)$ 并将结果存放在 R_{m+n+3} 单元；如果 $y\neq 0$，则用程序 G 依次计算 $h(x,1),\cdots,h(x,k),\cdots$，直到算出 $h(x,y)$。

在此计算过程中有一个变化的量 k，k 放在单元 R_{m+n+2} 中，初值为 0。在依次计算 $h(x,1),\cdots,h(x,k),\cdots,h(x,y)$ 的过程中，用 k 与 y（存放在 R_{m+n+1} 单元）比较。如果 $k<y$，则用程序 G 来计算 $g(x,k,h(x,k))$，得到 $h(x,k+1)$ 的值，存放在 R_{m+n+3} 单元，执行 $k\leftarrow k+1$（即 $S(m+n+2)$）操作；如果 $k=y$，则说明上一步已经计算出了 $g(x,y-1,h(x,y-1))$ 的值 $h(x,y)$，且存放在单元 R_{m+n+3} 中。此时，只要将 R_{m+n+3} 的内容送至 R_1 即可。

计算函数 $h(x,y)$ 的程序 H 如下。

$$\begin{array}{ll}
 & T(1,m+1),\cdots,T(n+1,m+n+1) \\
 & Z(m+n+2) \\
 & F[1,2,\cdots,n\rightarrow m+n+3] \\
I_q. & J(m+n+2,m+n+1,p) \\
 & G[m+1,\cdots,m+n,m+n+2,m+n+3\rightarrow m+n+3] \\
 & S(m+n+2) \\
 & J(1,1,q) \\
I_p. & T(m+n+3,1)
\end{array} \tag{2.11}$$

所以 $h(x,y)$ 是 URM 可计算的。

命题 2.8　如果 $f(x,y)$ 是 URM 可计算函数，其中 $x=(x_1,\cdots,x_n)$，则通过无界搜索模式定义的函数

$$\begin{aligned} g(x) &= \mu y(f(x,y)=0) \\ &= \begin{cases} 满足\ \forall z<y(f(x,z)\downarrow \wedge f(x,y)=0)\ 的最小\ y, & 如果有此\ y \\ 无定义, & 否则 \end{cases} \end{aligned}$$

也是 URM 可计算函数。

证明： 设 F 是计算 $f(x,y)$ 的 URM 程序。计算 $g(x)$ 的输入数据 $x=(x_1,\cdots,x_n)$ 存放

在 $R_1,\cdots,R_n$ 单元。如命题 2.6 证明取 m。

在计算 $g(x)$ 过程中，某时刻存储器的数据状态如图 2.11 所示。

$R_1 \cdots R_m$	$R_{m+1} \cdots R_{m+n}$	R_{m+n+1}	R_{m+n+2}	$\cdots$
$\cdots$	x	k	0	$\cdots$

图 2.11　计算 $g(x)$某时刻存储器内容示意图

算法的基本过程是：依次计算 $f(x,0),f(x,1),\cdots,f(x,k),\cdots$，直到发现某个 k 满足 $f(x,k)=0$，则此 k 即为 $g(x)$的值。计算过程中变化量 k(放在单元 R_{m+n+1} 中)从 0 开始逐步加 1，在计算收敛的情况下，k 的最终值就是输出结果。为判断是否有 $f(x,k)=0$，将单元 R_{m+n+2} 的内容置零，并在每一步将计算出的中间结果 $f(x,k)$(存放在 R_1 中)与 R_{m+n+2} 中的 0 进行比较，若相等，则终止计算并将当前的 k 传送至 R_1 单元，否则 $k \leftarrow k+1$ 继续计算 $f(x,k)$。

计算函数 $g(x)$的程序 G 如下。

$$
\begin{aligned}
& T(1,m+1),\cdots,T(n,m+n) \\
& Z(m+n+1) \\
& Z(m+n+2) \\
I_q.\ & F[m+1,\cdots,m+n+1 \rightarrow 1] \\
& J(1,m+n+2,p) \\
& S(m+n+1) \\
& J(1,1,p) \\
I_p.\ & T(m+n+1,1)
\end{aligned}
\tag{2.12}
$$

所以 $g(x)$是 URM 可计算的。

由命题 2.5 至 2.8，可得下面结论。

命题 2.9　部分递归函数都是 URM 可计算函数。

本章习题

习题 2.1　试证明下列定义在自然数集上的函数是递归函数。

(1) $x+y$

(2) $x \cdot y$

(3) x^y

(4) $x!$

习题 2.2　试证明定义在自然数集上的函数 $x \dot{-} y=\begin{cases}0, & \text{如果 } x \leqslant y \\ x-y, & \text{如果 } x>y\end{cases}$是递归函数。

习题 2.3　试证明绝对值函数$|x-y|$是递归函数。

习题 2.4　试证明符号函数

$$\mathrm{sg}(x)=\begin{cases}0, & \text{如果 } x=0 \\ 1, & \text{如果 } x\neq 0\end{cases} \text{和} \overline{\mathrm{sg}}(x)=\begin{cases}1, & \text{如果 } x=0 \\ 0, & \text{如果 } x\neq 0\end{cases}$$

是递归函数。

习题 2.5　试证明函数 $\min(x,y)$ 与 $\max(x,y)$ 是递归函数，其中 $\min(x,y)$ 表示取 x 和 y 中较小者，$\max(x,y)$ 表示取 x 和 y 中较大者。

习题 2.6　设函数 $f_1(x),\cdots,f_k(x)$ 是递归函数，$M_1(x),\cdots,M_k(x)$ 是递归谓词。证明分情形定义的函数

$$g(x)=\begin{cases}f_1(x), & \text{如果 } M_1(x) \text{ 成立} \\ f_2(x), & \text{如果 } M_2(x) \text{ 成立} \\ \quad\vdots & \qquad\vdots \\ f_k(x), & \text{如果 } M_k(x) \text{ 成立}\end{cases}$$

是递归函数。

习题 2.7　试证明如果谓词 $M(x)$ 和 $Q(x)$ 是递归谓词，那么 $\sim M(x)$，$M(x)\wedge Q(x)$，$M(x)\vee Q(x)$ 和 $M(x)\rightarrow Q(x)$ 都是递归的。

习题 2.8　试证明函数

$$g(x)=\begin{cases}\sqrt{x}, & \text{如果 } x \text{ 是某自然数的平方} \\ \uparrow, & \text{如果 } x \text{ 不是某自然数的平方}\end{cases}$$

是部分递归函数。

习题 2.9　试编写计算 $x+y$ 的图灵机程序。

习题 2.10　试编写计算 $x\cdot y$ 的 URM 程序。

第3章 形式命题演算

数理逻辑又称符号逻辑，是数学基础研究不可缺少的组成部分。“利用计算的方法来代替人们思维中的逻辑推理过程”是数理逻辑研究的主要思想基础。早在17世纪，德国数学家莱布尼茨(Leibniz)就曾经设想过建立一种“通用的科学语言”，将推理过程像数学一样用“公式”来进行计算并最终得出正确的结论。正是沿着莱布尼兹的这一思想，传统逻辑研究的数学化方法得到发展。以符号为元素、公式为基本对象、形式公理为基础、推理规则为手段，构建逻辑演算形式系统，通过“证明”和“定理”等概念的形式化描述建立形式系统推理机制，并在此基础上讨论形式系统的可靠性、协调性与充分性，是数理逻辑基础研究的主要思想方法。到了19世纪末20世纪初，随着符号系统与理论基础的不断完善，数理逻辑逐步成为一门独立的学科。数理逻辑包括的内容很多，其中“命题演算”与“谓词演算”是两个最基本也是最重要的组成部分。

本章介绍形式命题演算的有关概念、思想和方法。内容包括命题演算形式系统的构建机制，形式系统中“定理”与“证明”的表达形式，以及形式化演绎推理的基本方法和技术。同时，对命题演算形式系统的特性加以分析，证明了命题演算形式系统的可靠性与充分性定理。通过本章学习，了解命题和命题演算的基本概念与基本性质，知晓命题演算形式系统形成的基本原理，掌握形式化命题演算的基本方法，理解命题演算形式系统“可靠性”与“充分性”性质的思想含义。

3.1 命题与命题演算形式系统

3.1.1 命题与复合命题

3.1.1.1 命题的概念

命题是数理逻辑中的一个原始概念，是高度抽象的产物，可描述如下。

命题是用陈述语句表达的有具体意义、无矛盾，且在特定领域与时间范围内能够明确其真假、非真即假的断言。

注记 3.1 关于命题须注意以下几点。

(1) 陈述语句是命题表达的基本形式。因此，用“疑问”、“感叹”和“祈使”语气表达的内容均不能成为命题。

(2) 命题是断言，凡断言一定是针对特定领域和特定对象的，通常与时间和空间的因素有关。因此，将在特定领域与时间范围内能够明确其真假的断言称为命题是有道理的。

(3)“非真即假”是经典逻辑的一个重要特征。因此，经典逻辑又称“二值逻辑”。

例如：

(1) 中华民族是伟大的民族。

(2) 北京是中华人民共和国的首都。

(3) 拿破仑是联合国秘书长。

(4) 雪是黑色的。

上述语句都是命题，而下列语句则不是命题。

(5) 今天天气真好啊！(感叹句)

(6) 全体立正！(祈使句)

(7) 最近股市行情如何？(疑问句)

(8) 我正在说谎。(悖论)

分析：表述(5)、(6)和(7)不是用陈述语句表达的，因而不是命题；(8)“我正在说谎”的表述无法明确其本身内容的真假。如果“我正在说谎”为“真”，那么就表明“我”是在“说谎”，因此，“我”所说的“我正在说谎”就不能为“真”；如果“我正在说谎”为“假”，那么就说明“我”没有“说谎”，因此，“我”所说的“我正在说谎”就该为“真”。

还有一些有争议的陈述，如：

(9) $1+1=10$。

分析：该陈述在 $2^{\#}$ 运算中是对的，而在其他数制的运算中却不正确。也就是说它的“真”与“假”需要有先决条件。因此，有些学者认为它不是命题。但是，根据我们对命题的理解，只要在特定的领域可以明确真假，就应该是命题。“$1+1=10$”是关于 $2^{\#}$ 数运算的一道命题。

(10) 别的星球上存在着生命。

分析：该陈述的真假现在还无人知道。因此，有些学者理所当然地认为它不是命题。但是，我们可以就此陈述从“存在生命”和“不存在生命”两个方面分别做出“假设”，并形成相应的“理论体系”。就像“连续统假设”，目前的数学理论还不能证明其真假，可以认为它是“真”的，也可以认为它“不真”，无论如何“连续统假设”都是一道实实在在的命题。

(11) 张山是个高个子同学。

分析：该陈述中“高个子”是一个模糊的概念，所以有人会认为它不应该是经典逻辑考虑的问题。但我们知道，“高个子”实际上是一个相对的概念，如果在特定环境中考虑一些特殊的对象，明确“张山是个高个子同学”是“对”或“错”应该是没有问题的。例如，谁都不会否认：“姚明是个高个子球员”。

注记 3.2 “命题”作为概念是抽象的，对命题概念的理解和表述可因人而异。在数理逻辑中，“命题”将以符号化的形式描述，“命题公式”成为考虑的基本对象，命题之间的关系性质与推理演算的基本规律成为关注的主要方面。在此过程中，人们的思想趋于统一，使得最初对命题概念的描述所存在的差异自然而然也就成了“过往烟云”。

3.1.1.2 复合命题

上面例子中列出的命题有一个特点，即它们是单一主谓结构的陈述句，这样的命题称之为简单命题。如果将简单命题用连词结合起来，就可得到复合命题的概念。

例如：

(1) 中国不是超级大国。(否定)

分析：此句虽然只有一套主语和谓语，但由于加入了“否定”的成分“不”，所以将之规定为复合命题。

(2) 你们学习计算机，而且也学数学。(并且)

分析：此句用“而且”将两个句子联结起来，表示“学习计算机”与“学习数学”同时发生。是一种“并且”关系的复合命题。

(3) 小李来，或者小王来。(或者)

分析：此句用“或者”将两个句子联结起来，表示“小李”和“小王”只要来一个即可，当然也可以都来。是一种“或”关系的复合句。

(4) 如果你刻苦学习，那么你就会取得好的成绩。(如果……那么……)

分析：此句用“如果……那么……”将两个句子联结起来，表示“刻苦学习”与“取得好成绩”之间的“因果”关系。是一种“条件”关系的复合句。

注记 3.3 利用连词构造复合语句的方式很多，但基本上都可以归结为上述例子中给出的 4 种基本形式。在数理逻辑中，这 4 种基本形式分别被称为“否定”、“合取”、“析取”与“条件”复合命题。

3.1.2 命题的表示与翻译

3.1.2.1 命题的符号化表示

数理逻辑所关心的是命题的构成方式与命题之间的关系，而对命题的具体内容可以忽略。换句话说，就是在数理逻辑中，命题只是一个抽象的概念。因此，可采用符号化的形式予以描述。

一般情况下，可用小写英文字母 p,q,r 或 $p_1,\cdots,p_n$ 等表示简单命题，用$\sim$(非)、$\wedge$(并且)、$\vee$(或)、$\rightarrow$(蕴含)等作为“连词”。所谓“连词”在逻辑学中被称为“联结词”或“逻辑运算符”，其名称分别为否定词、合取词、析取词和条件(或蕴含)词。

简单命题通过联结词$\sim$(非)，$\wedge$(并且)，$\vee$(或)，$\rightarrow$(蕴含)构成复合命题。用符号表示的复合命题又称复合命题公式，主要有下列几种基本形式。

(1) $\sim p_1$(可理解为“非 p_1”，“不是 p_1”等)。

(2) $p_1 \wedge p_2$(可理解为“p_1 并且 p_2”，“p_1 和 p_2”等)。

(3) $p_1 \vee p_2$(可理解为“p_1 或者 p_2”，“不是 p_1 就是 p_2”等)。

(4) $p_1 \rightarrow p_2$(可理解为“p_1 蕴含 p_2”，“如果 p_1，那么 p_2”等)。

注记 3.4

(1) 简单命题又称原子命题，原子命题是命题演算中不能再分解的最基本对象，特别地，原子命题不能含“否定”因素。

(2) 原子命题通过联结词形成复合命题，复合命题又可通过联结词继续生成更加复杂的命题形式。例如：$(p_1 \wedge (\sim p_2)) \to (p_3 \vee p_4)$ 等。它们统称为命题公式，在命题演算形式系统中会给出严格定义，并用花体英文大写字母 $\mathscr{A}, \mathscr{B}, \mathscr{C}$ 等表示。

(3) 在用联结词形成复杂命题公式的过程中，用括号“(”和“)”表明联结词的运算次序。就像四则运算中的“先乘除、后加减”那样，逻辑运算联结词也有联结强度的概念。通常，联结词运算的次序约定为：$\sim, \wedge, \vee, \to$ 等。

(4) 在形如 $p_1 \to p_2$ 的命题公式中，p_1 称为“前件”或“前提”，p_2 称为“后件”或“结论”。

3.1.2.2　命题的翻译

在实际生活中，命题通常是用自然语言表达的。但在实际应用过程中，如：计算机应用系统的分析、设计与开发等，“系统需求”往往以“命题”给出。因此，对命题的处理所采取的方法十分重要，其中，形式化表示过程往往是一个不可缺少的环节。

将自然语言表达的命题用命题公式表示的过程，或将命题公式表达的命题含义用自然语言表述的过程统称为命题的翻译。

注记 3.5　命题翻译包括了“自然语言表达”与“命题公式表示”互相转换的两个方面。在计算机应用领域，能够将自然语言陈述的“事实”或“需求”，用符号化的方法准确地表示出来，是一项非常重要的工作，也是一项需要掌握的技术。在此将着重予以介绍。

例题 3.1　将下列陈述用命题公式表示。

(1) 中国不是超级大国。

(2) 我是教师，你们也是教师。

(3) 不是小李没来，就是小王没来。

(4) 如果你刻苦学习，那么你就会取得好的成绩。

翻译：

(1) 用命题符号 p 表示“中国是超级大国”，则“中国不是超级大国”可表示为 $\sim p$。

(2) 用 p 表示“我是教师”，q 表示“你们是教师”，则“我是教师，你们也是教师”可表示为 $p \wedge q$。

(3) 用 p 表示“小李来”，q 表示“小王来”，则“不是小李没来，就是小王没来”可表示为 $(\sim p) \vee (\sim q)$。

(4) 用 p 表示“你刻苦学习”，q 表示“你取得好成绩”，则对应命题可表示为 $p \to q$。

通过例题 3.1 可以看出，将自然语言陈述的“事实”用命题公式表示的过程大致分为以下两个步骤。

(1) 认真分析句子，找出句子中的“原子命题”，并分别引入命题符号予以表示。需要强调的是，原子命题不能有否定的成分。

(2) 仔细分析句子结构，理解和把握“原子命题”之间的逻辑关系，正确运用联结词将整个句子用命题公式表示出来。

例题 3.2　将下列陈述用命题公式表示。

(1) 如果你好好学习，那么你就能通过考试。

(2) 只有通过考试，你才能毕业。

(3) 仅当你毕业了，你才能找到工作。

翻译：首先，分析并找出各句中的原子命题，引入命题符号如下。

s：表示“你好好学习”；

e：表示“你通过考试”；

g：表示“你毕业”；

w：表示“你找到工作”。

其次，分析原子命题之间的关系，将各句用命题公式表示。具体分析如下。

(1) “如果…那么…”的形式，典型的条件语句，可表示为：$s \to e$。

(2) 句型应该是条件句，用联结词$\to$。关键是e(通过考试)和g(毕业)“熟因熟果”的问题，即e和g，哪个是联结词$\to$的前件，哪个是联结词$\to$的后件。若将“只有通过考试，你才能毕业”用“如果…那么…”的形式表示，其意应该为“如果你没有通过考试，那么你就不能毕业”，因而，原句的意思可表示为$(\sim e) \to (\sim g)$或者$g \to e$。

(3) 与(2)的分析类似，其意可理解为“如果你找到工作，那么你一定毕业了”。因此，可翻译为$w \to g$。

注记 3.6 在形如$p \to q$的句子里，前件p称为后件q的“充分条件”，可理解为：如果有了p，那么一定有q；后件q称为前件p的“必要条件”，可理解为：如果没有q，那么就没有p。因此，$p \to q$也可表示为$\sim q \to \sim p$。在命题翻译过程中，正确分析条件的充分性与必要性，是建立条件之间的正确因果关系的基础。

例题 3.3 用命题公式表示“要想建设社会主义强国，必须要经济建设与文明建设一起抓，而经济建设是文明建设的基础。”

翻译：原子命题分析。句子包括两个部分，都是条件语句，其中涉及的原子命题有：

“建设社会主义强国”，用s表示；“抓文明建设”，用c表示；“抓经济建设”，用e表示。需要强调的是，不能把“经济建设与文明建设一起抓”看成是一个简单句。

句子“要想建设社会主义强国，必须要经济建设与文明建设一起抓”中，“经济建设”与“文明建设”应视为“建设强国”的两个必须“同时具备”的必要条件。因此，该句可表示为：$s \to e \wedge c$。

句子“经济建设是文明建设的基础”中，“经济建设”应看作“文明建设”的必要条件，其意为“如果没有经济建设，那么就没有文明建设”。因此，可表示为$(\sim e) \to (\sim c)$或$c \to e$。

因为题中句子的两个部分“同为事实”，所以用合取$\wedge$联结。于是题中整句可表示为$(s \to e \wedge c) \wedge (c \to e)$。

例题 3.4 用命题公式表示下面陈述。

(1) 你要么向东走，要么向西走。

(2) 负负得正。

翻译：(1)用p表示“你向东走”，q表示“你向西走”。“要么…要么…”给人的第一感觉是“或”的关系，于是命题的翻译似乎为$p \vee q$。但仔细分析会发现，这里的“或”与通常理解的“或”是有区别的，原因在于“向东”与“向西”不可能同时发生。因此，“你要么向东走，要么向西走”的准确表达应该为：

$$(p\wedge\sim q)\vee(\sim p\wedge q)\text{或者}(p\vee q)\wedge(\sim(p\wedge q))$$

(2)“负负得正”看似一个简单句，其实不然。首先，该句有“否定”成分。其次，该句还蕴含了“一个事物连续否定两次便会回到原先状态”的因果关系。所以“负负得正”应表示为 $(\sim(\sim p)\rightarrow p)$，其中命题符号 p 表示“正”。

注记 3.7

(1) 例题 3.3 中的公式 $(p\wedge\sim q)\vee(\sim p\wedge q)$ 或 $(p\vee q)\wedge(\sim(p\wedge q))$ 可以用 $p\bar{\vee}q$ 表示，其中，$\bar{\vee}$ 称为“异或”联结词。有时“异或”运算也可用运算符 $\oplus$ 表示。相对于“异或”，通常意义下的或“$\vee$”运算称为“兼容或”。

(2) 命题的翻译不是一件容易的事情，需要经过长期的摸索与实践才能越做越好。以后在学习谓词演算时也会遇到类似的问题。然而，作为数学基础研究的对象，人们更关心的问题是如何建立这些对象，即命题之间的逻辑与推理关系。

3.1.3　命题演算形式系统

3.1.3.1　逻辑演算形式系统的基本要素

形式系统是现实世界实际事物及其相互间关系高度抽象的产物，形式系统的分析与研究在各类学科中都是一项十分重要的工作。以构建形式系统的方式开展研究的方法称为形式化研究方法。形式化方法是将事物的共性与关系研究提升到理论研究高度的重要手段。在数理逻辑中，形式化方法通常采用一些“符号”来描述和定义研究的基本对象，并以“公理”为基础，通过“推理规则”的运用来构建整个形式系统的理论体系。构成形式系统的基本要素一般包括以下几个方面：

(1) 一集符号。也称符号集，用于描述形式系统研究的基本对象以及对象间的基本关系和运算。

(2) 生成规则。依据明确的“语法”规则，对研究的基本对象进行扩展。在逻辑演算形式系统中，运用生成规则产生的基本对象称为合适公式，所有合适公式组成的集合称为公式集。“生成规则”产生的对象全体也称“一集公式”。

(3) 一集公理。“公理”是形成形式系统理论体系的基础。“公理”也称“公设”，一般情况下，不同的“公设”所形成的形式系统理论体系是不同的。

(4) 推理规则。推理规则是形成形式系统理论体系的演绎规则。以公理为基础，运用推理规则产生的结果，称为形式系统的“定理”。形式系统的“公理”和“定理”构成形式系统的全部理论体系。

3.1.3.2　命题演算形式系统定义

定义 3.1　命题演算形式系统，记为 L，定义如下。

(1) L 的符号。命题演算形式系统使用的符号有 $\sim$，$\wedge$，$\vee$，$\rightarrow$，(，)，p_1，p_2 等。其中，

符号～,∧,∨,→称为逻辑运算符,$p_1,p_2,\cdots$称为命题变元或命题符号。命题变元也可用$p,q,r,\cdots$来表示。括号“(”和“)”称为技术性符号,用来指明逻辑运算的次序。

(2) L 的公式。L 的公式又称 L 的合适公式(well-formed formula,简写为 wff),依据如下规则生成。

① 任意命题变元 p_i 是 wff;

② 如果 $\mathscr{A}$ 是 wff,则 $\sim\mathscr{A}$ 也是 wff;

③ 如果 $\mathscr{A},\mathscr{B}$ 是 wffs,则 $\mathscr{A}\wedge\mathscr{B},\mathscr{A}\vee\mathscr{B},\mathscr{A}\rightarrow\mathscr{B}$ 都是 wffs;

④ 只有经①、②和③产生的公式是 wffs。

(3) L 的公理。L 包含如下公理。

$(L_1)\ \mathscr{A}\rightarrow(\mathscr{B}\rightarrow\mathscr{A})$

$(L_2)\ (\mathscr{A}\rightarrow(\mathscr{B}\rightarrow\mathscr{C}))\rightarrow((\mathscr{A}\rightarrow\mathscr{B})\rightarrow(\mathscr{A}\rightarrow\mathscr{C}))$

$(L_3)\ (\sim\mathscr{A}\rightarrow\sim\mathscr{B})\rightarrow(\mathscr{B}\rightarrow\mathscr{A})$

$(L_4)\ \mathscr{A}\rightarrow(\mathscr{B}\rightarrow\mathscr{A}\wedge\mathscr{B})$

$(L_5)\ \mathscr{A}\wedge\mathscr{B}\rightarrow\mathscr{A},\mathscr{A}\wedge\mathscr{B}\rightarrow\mathscr{B}$

$(L_6)\ \mathscr{A}\rightarrow\mathscr{A}\vee\mathscr{B},\mathscr{B}\rightarrow\mathscr{A}\vee\mathscr{B}$

$(L_7)\ (\mathscr{A}\rightarrow\mathscr{C})\rightarrow((\mathscr{B}\rightarrow\mathscr{C})\rightarrow(\mathscr{A}\vee\mathscr{B}\rightarrow\mathscr{C}))$

(4) L 的推理规则。

由 $\mathscr{A}$ 和 $\mathscr{A}\rightarrow\mathscr{B}$ 可得到 $\mathscr{B}$。该推理规则称为假言推理(Modus Ponens),简称 MP 推理规则。

注记 3.8

(1) 花体英文大写字母 $\mathscr{A},\mathscr{B},\mathscr{C}$ 等表示一般意义上的合适公式。合适公式的定义是以归纳的形式给出的,其中,①是初始部分,又称奠基部分;②和③为归纳导出部分;④则是“界”,指出作为合适公式的必要条件。今后,凡是涉及一般合适公式的命题,都可以采用数学归纳法并施归纳于合适公式的结构予以证明。

(2) 在命题演算形式系统中,公理以及推理规则都是以形式化的方法给出的,故又称为形式化公理和形式化推理规则。其中,出现的公式 $\mathscr{A},\mathscr{B},\mathscr{C}$ 等可以用任意其他的合适公式作一致性替换。例如,$(\mathscr{A}\rightarrow\mathscr{B})\rightarrow((\mathscr{C}\rightarrow\mathscr{D})\rightarrow(\mathscr{A}\rightarrow\mathscr{B}))$ 可以作为公理(L_1)来使用,而 $(\mathscr{C}\vee\mathscr{D})\wedge(\sim\mathscr{C}\wedge\mathscr{D})\rightarrow(\mathscr{C}\vee\mathscr{D})$可以看成公理$(L_5)$;由$(\mathscr{C}\rightarrow\mathscr{D})\rightarrow(\mathscr{A}\rightarrow\mathscr{B})$和 $\mathscr{C}\rightarrow\mathscr{D}$ 经过 MP 推理规则可得到 $\mathscr{A}\rightarrow\mathscr{B}$ 等。

3.2 命题演算形式推理

3.2.1 命题演算形式证明与定理

在形式系统 L 中,从公理出发,经过 MP 推理可不断产生新的“结论”。这一过程称为形式系统 L 的“证明”,“证明”产生的结论称为形式系统的“定理”。具体定义如下。

定义 3.2 形式系统 L 的“证明”是一合适公式的序列

$$\mathscr{A}_1, \mathscr{A}_2, \cdots, \mathscr{A}_n \tag{3.1}$$

其中，每个公式 $\mathscr{A}_i(1 \leqslant i \leqslant n)$ 或者是形式系统的公理，或者由位于其前面的两个公式 $\mathscr{A}_j$ 和 $\mathscr{A}_k(1 \leqslant j, k < i)$ 经使用 MP 得到。

如果合适公式序列 $\mathscr{A}_1, \mathscr{A}_2, \cdots, \mathscr{A}_n$ 是形式系统的证明，那么该序列中最后一个公式 $\mathscr{A}_n$ 称为形式系统的“定理”，记为 $\vdash_L \mathscr{A}_n$。在不会引起混淆的情况下，符号 $\vdash_L$ 中的下标 L 可以省略。

注记 3.9

(1) 如果 $\mathscr{A}_1, \mathscr{A}_2, \cdots, \mathscr{A}_n$ 是形式系统 L 的证明，那么对任意 $k < n$，$\mathscr{A}_1, \cdots, \mathscr{A}_k$ 也是 L 的一个证明。因此，证明序列中任意公式 $\mathscr{A}_k$ 都是 L 的定理。特别地，L 的公理是定理，它的证明是由它自身(一个公式)组成的公式序列。

(2) 如果称某公式，如 $\mathscr{A}_i$，是由公式 $\mathscr{A}_j$ 和 $\mathscr{A}_k$ 经使用 MP 得到，那么 $\mathscr{A}_j$ 和 $\mathscr{A}_k$ 必定是两个形如 $\mathscr{B}$ 和 $\mathscr{B} \to \mathscr{A}_i$ 的公式，其中 $\mathscr{B}$ 可设为 $\mathscr{A}_j$ 和 $\mathscr{A}_k$ 中的任一个。

(3) 式子 $\vdash_L \mathscr{A}_n$ 中的符号“$\vdash_L$”并非形式系统 L 的符号，它用来表示“公式 $\mathscr{A}_n$ 为形式系统的定理”这一说法。

(4) 形式系统的“定理”是一种形式定理，它不同于通常定理的概念。因而不妨称这种定理为“元定理”。

例题 3.5　下面的公式序列是 L 的一个证明。

① $p_1 \to (p_2 \to p_1)$　　//(L_1)

② $(p_1 \to (p_2 \to p_1)) \to ((p_1 \to p_2) \to (p_1 \to p_1))$　　//(L_2)

③ $(p_1 \to p_2) \to (p_1 \to p_1)$　　//①、②MP

由此可以得，$(p_1 \to p_2) \to (p_1 \to p_1)$ 是 L 的定理。

命题 3.1　试证明对任意合适公式 $\mathscr{A}$ 和 $\mathscr{B}$ 有下列式子成立。

(1) $\vdash (\mathscr{A} \to \mathscr{A})$

(2) $\vdash (\sim\mathscr{B} \to (\mathscr{B} \to \mathscr{A}))$

证明：证明公式 $(\mathscr{A} \to \mathscr{A})$ 和 $\sim\mathscr{B} \to (\mathscr{B} \to \mathscr{A})$ 是 L 中的定理，需要构造其证明的公式序列。

(1) 证明的公式序列如下。

① $(\mathscr{A} \to ((\mathscr{A} \to \mathscr{A}) \to \mathscr{A})) \to ((\mathscr{A} \to (\mathscr{A} \to \mathscr{A})) \to (\mathscr{A} \to \mathscr{A}))$　　//(L_2)

② $\mathscr{A} \to ((\mathscr{A} \to \mathscr{A}) \to \mathscr{A})$　　//(L_1)

③ $(\mathscr{A} \to (\mathscr{A} \to \mathscr{A})) \to (\mathscr{A} \to \mathscr{A})$　　//①、②MP

④ $\mathscr{A} \to (\mathscr{A} \to \mathscr{A})$　　//(L_1)

⑤ $\mathscr{A} \to \mathscr{A}$　　//④、③MP

故有 $(\mathscr{A} \to \mathscr{A})$ 是 L 的定理，即 $\vdash (\mathscr{A} \to \mathscr{A})$。

(2) 证明的公式序列如下。

① $(\sim\mathscr{B} \to (\sim\mathscr{A} \to \sim\mathscr{B}))$　　//(L_1)

② $(\sim\mathscr{A} \to \sim\mathscr{B}) \to (\mathscr{B} \to \mathscr{A})$　　//(L_3)

③ $((\sim\mathscr{A} \to \sim\mathscr{B}) \to (\mathscr{B} \to \mathscr{A}))$
　　$\to (\sim\mathscr{B} \to ((\sim\mathscr{A} \to \sim\mathscr{B}) \to (\mathscr{B} \to \mathscr{A})))$　　//(L_1)

④ $\sim\mathscr{B}\to((\sim\mathscr{A}\to\sim\mathscr{B})\to(\mathscr{B}\to\mathscr{A}))$ //②、③MP

⑤ $(\sim\mathscr{B}\to((\sim\mathscr{A}\to\sim\mathscr{B})\to(\mathscr{B}\to\mathscr{A})))$
$\to((\sim\mathscr{B}\to(\sim\mathscr{A}\to\sim\mathscr{B}))\to(\sim\mathscr{B}\to(\mathscr{B}\to\mathscr{A})))$ //(L_2)

⑥ $(\sim\mathscr{B}\to(\sim\mathscr{A}\to\sim\mathscr{B}))\to(\sim\mathscr{B}\to(\mathscr{B}\to\mathscr{A}))$ //④、⑤MP

⑦ $\sim\mathscr{B}\to(\mathscr{B}\to\mathscr{A})$ //①、⑥MP

故有 $\vdash(\sim\mathscr{B}\to(\mathscr{B}\to\mathscr{A}))$。

注记 3.10 要证明一个合适公式是 L 的定理，通常的方法是构造关于该公式"证明"的公式序列。由于 L 的定理是在公理的基础上产生的，因此在构造"证明"的过程中，凡是已被证明为"定理"的合适公式均可作为"公理"使用。

3.2.2 相对证明与演绎定理

3.2.2.1 基于假设的证明

L 中的证明是从 L 的公理出发构造证明的公式序列，因而也称是基于公理的证明。有时，除了运用公理外，还可以将一些公式(未必是公理)作为"假设"在证明中直接运用，并由此推出其他的结论(公式)，这样的证明过程称为基于假设的证明，具体定义如下：

定义 3.3 设 Γ 是一合适公式的集合，其中的公式可以是公理、定理或一般公式。如果合适公式序列 $\mathscr{A}_1,\mathscr{A}_2,\cdots,\mathscr{A}_n$ 满足：每个 $\mathscr{A}_i(1\leqslant i\leqslant n)$ 或者是形式系统的公理，或者是 Γ 的成员(即 $\mathscr{A}_i\in\Gamma$)，或者由位于其前面的两个公式 $\mathscr{A}_j$ 和 $\mathscr{A}_k(1\leqslant j,k<i)$ 经使用 MP 得到，那么该公式序列就称为是由 Γ 推导出的证明(或基于 Γ 的证明)。

如果合适公式序列 $\mathscr{A}_1,\mathscr{A}_2,\cdots,\mathscr{A}_n$ 是由 Γ 推导出的证明，则该序列的最后一个公式 $\mathscr{A}_n$ 称为可由 Γ 推导出的结论(或基于 Γ 的结论)，记为 $\Gamma\vdash_L\mathscr{A}_n$ 或 $\Gamma\vdash\mathscr{A}_n$。

注记 3.11

(1) 由 Γ 推导出的证明 $\mathscr{A}_1,\mathscr{A}_2,\cdots,\mathscr{A}_n$ 和一般证明 $\mathscr{A}_1,\mathscr{A}_2,\cdots,\mathscr{A}_n$ 的区别在于：前者可用 Γ 中的公式。如果 Γ 为空集 $\varnothing$，那么 $\varnothing\vdash\mathscr{A}_n$ 和 $\vdash\mathscr{A}_n$ 是一样的。所以，基于 Γ 的证明是基于公理证明的推广形式。由于证明的结论相对于 Γ 中的公式，因此这样的证明称为"相对证明"。

(2) 如果 $\Gamma\vdash_L\mathscr{A}_n$，则在基于 Γ 的证明公式序列 $\mathscr{A}_1,\mathscr{A}_2,\cdots,\mathscr{A}_n$ 中，所使用到的 Γ 中的公式称为"假设"。

例题 3.6 设 $\Gamma=\{\mathscr{A},(\mathscr{B}\to(\mathscr{A}\to\mathscr{C}))\}$，其中 $\mathscr{A},\mathscr{B},\mathscr{C}$ 是任意合适公式。试证明 $\Gamma\vdash\mathscr{B}\to\mathscr{C}$。

证明：构造一个由 Γ 推导出的公式序列(即基于 Γ 的证明)，最后产生 $\mathscr{B}\to\mathscr{C}$。

① $\mathscr{A}$ //(假设)(即 $\mathscr{A}\in\Gamma$)

② $\mathscr{B}\to(\mathscr{A}\to\mathscr{C})$ //(假设)(即 $\mathscr{B}\to(\mathscr{A}\to\mathscr{C})\in\Gamma$)

③ $\mathscr{A}\to(\mathscr{B}\to\mathscr{A})$ //(L_1)

④ $\mathscr{B}\to\mathscr{A}$ //①、③MP

⑤ $(\mathscr{B}\to(\mathscr{A}\to\mathscr{C}))\to((\mathscr{B}\to\mathscr{A})\to(\mathscr{B}\to\mathscr{C}))$ //(L_2)

⑥ $(\mathscr{B}\to\mathscr{A})\to(\mathscr{B}\to\mathscr{C})$ //②、⑤MP

⑦ $\mathscr{B}\to\mathscr{C}$　　//④、⑥MP

故有$\{\mathscr{A},(\mathscr{B}\to(\mathscr{A}\to\mathscr{C}))\}\vdash\mathscr{B}\to\mathscr{C}$，即 $\Gamma\vdash\mathscr{B}\to\mathscr{C}$。

3.2.2.2　演绎定理

在形式系统 L 中，要证明某个公式是 L 的定理，通常需要构造出证明的公式序列，而这往往不是一件容易的事情。相对证明的手段在一定程度能够缓解这种情况。对此，我们给出命题演算的演绎定理。

命题 3.2(演绎定理)　如果 $\Gamma\cup\{\mathscr{A}\}\vdash\mathscr{B}$，那么 $\Gamma\vdash\mathscr{A}\to\mathscr{B}$。

分析：$\Gamma\cup\{\mathscr{A}\}\vdash\mathscr{B}$ 的含义是有一个公式的序列

$$\mathscr{A}_1,\mathscr{A}_2,\cdots,\mathscr{A}_n\text{（源公式序列）}\tag{3.2}$$

其中，$\mathscr{A}_i$ 或是 Γ 中的公式，或是 $\mathscr{A}$，或是公理，或是由排在它前面的两公式 $\mathscr{A}_k,\mathscr{A}_j(k,j<i)$经 MP 得到，并且 $\mathscr{A}_n$ 是公式 $\mathscr{B}$。

要证明 $\Gamma\vdash\mathscr{A}\to\mathscr{B}$，就要给出另一个公式序列

$$\mathscr{A}_1',\mathscr{A}_2',\cdots,\mathscr{A}_m'\text{（目标公式序列）}\tag{3.3}$$

要求 $\mathscr{A}_i'$ 或是 Γ 的公式，或是公理，或是由前面 $\mathscr{A}_j'$ 与 $\mathscr{A}_k'$ $(j,k<i)$经 MP 得到，并且 $\mathscr{A}_m'$ 是公式 $\mathscr{A}\to\mathscr{B}$。

证明：采用数学归纳法。施归纳于源公式序列的长度(即序列中公式个数)n 证明。

奠基步：$n=1$ 时，源公式序列中只有一个公式，它必为 $\mathscr{B}$。

情形(1)　$\mathscr{B}$ 是公理或是 Γ 的公式。则目标公式序列构造如下：

① $\mathscr{B}$　　//($\mathscr{B}$ 是公理)或($\mathscr{B}\in\Gamma$)

② $\mathscr{B}\to(\mathscr{A}\to\mathscr{B})$　　//(L_1)

③ $\mathscr{A}\to\mathscr{B}$　　//①、②MP

注意到上述证明公式序列①、②、③中的公式，或是 Γ 的元素，或是公理，或是经 MP 推理所得，且结果为 $\mathscr{A}\to\mathscr{B}$，所以有 $\Gamma\vdash(\mathscr{A}\to\mathscr{B})$。

情形(2)　$\mathscr{B}$ 是 $\mathscr{A}$。由命题 3.1(1)知 $\vdash\mathscr{A}\to\mathscr{A}$，即有 $\Gamma\vdash(\mathscr{A}\to\mathscr{B})$。

归纳推导步：假定命题在源序列长度$<n$ 的情况下成立。考虑长度为 n 的源序列 $\mathscr{A}_1,\mathscr{A}_2,\cdots,\mathscr{A}_n$，其中 $\mathscr{A}_n$ 是公式 $\mathscr{B}$。

情形(1)　$\mathscr{B}$ 是公理或是 Γ 的公式。

情形(2)　$\mathscr{B}$ 是 $\mathscr{A}$。

这两种情形可以仿照奠基步中构造目标公式序列的方法给出基于 Γ 的证明，从而得到 $\Gamma\vdash(\mathscr{A}\to\mathscr{B})$。

情形(3)　$\mathscr{B}$ 在源公式序列中由某两个先前的公式 $\mathscr{A}_k,\mathscr{A}_j(k,j<n)$经 MP 得到。

根据推理规则 MP 的形式结构，公式 $\mathscr{A}_k$ 和 $\mathscr{A}_j$ 必定是两个形如 $\mathscr{C}$ 和 $\mathscr{C}\to\mathscr{B}$ 的公式。不妨假设 $\mathscr{A}_k$ 是 $\mathscr{C}\to\mathscr{B}$，$\mathscr{A}_j$ 是 $\mathscr{C}$。由于 $\mathscr{A}_j$ 和 $\mathscr{A}_k$ 是源公式序列中的公式，因此有

$$\Gamma\cup\{\mathscr{A}\}\vdash\mathscr{A}_j,\ \Gamma\cup\{\mathscr{A}\}\vdash\mathscr{A}_k\tag{3.4}$$

注意到 $k,j<n$，即基于 $\Gamma\cup\{\mathscr{A}\}$证明的公式序列 $\mathscr{A}_1,\cdots,\mathscr{A}_j$ 和 $\mathscr{A}_1,\cdots,\mathscr{A}_k$ 的长度均小于 n。因而根据归纳假定就有

$$\Gamma\vdash\mathscr{A}\to\mathscr{A}_j,\ \Gamma\vdash\mathscr{A}\to\mathscr{A}_k \tag{3.5}$$

即

$$\Gamma\vdash\mathscr{A}\to\mathscr{C},\ \Gamma\vdash\mathscr{A}\to(\mathscr{C}\to\mathscr{B}) \tag{3.6}$$

由此可以得到一个基于Γ证明的公式序列，使得$\mathscr{A}\to\mathscr{C}$和$\mathscr{A}\to(\mathscr{C}\to\mathscr{B})$在该序列中出现。设此序列如下。

① $\mathscr{A}_1{}'$

⋮

ⓜ $\mathscr{A}\to\mathscr{C}$　　由Γ推导出的公式序列

⋮

ⓛ $\mathscr{A}\to(\mathscr{C}\to\mathscr{B})$

在此基础上接着构造公式序列：

(l+1) $(\mathscr{A}\to(\mathscr{C}\to\mathscr{B}))\to((\mathscr{A}\to\mathscr{C})\to(\mathscr{A}\to\mathscr{B}))$　　//(L_2)

(l+2) $(\mathscr{A}\to\mathscr{C})\to(\mathscr{A}\to\mathscr{B})$　　//ⓛ、(l+1) MP

(l+3) $\mathscr{A}\to\mathscr{B}$　　//ⓜ、(l+2) MP

显然，整个公式序列是一个基于Γ的证明，且最后一个公式为$\mathscr{A}\to\mathscr{B}$。所以有$\Gamma\vdash\mathscr{A}\to\mathscr{B}$。根据数学归纳法原理，命题得证。

演绎定理为构造L的证明带来了方便。在命题3.1(1)中证明$\vdash\mathscr{A}\to\mathscr{A}$颇费了一番周折。如果运用演绎定理，则由$\mathscr{A}\vdash\mathscr{A}$，便可立即得到$\vdash\mathscr{A}\to\mathscr{A}$。可谓方便之极。

演绎定理的"逆"定理也是成立的。

命题3.3　如果$\Gamma\vdash(\mathscr{A}\to\mathscr{B})$，则$\Gamma\cup\{\mathscr{A}\}\vdash\mathscr{B}$。

证明：因为$\Gamma\vdash(\mathscr{A}\to\mathscr{B})$，所以我们有一个基于$\Gamma$的证明，结论为$\mathscr{A}\to\mathscr{B}$，即：

① $\mathscr{A}_1$

⋮　　由Γ推导出的公式序列

ⓛ $\mathscr{A}\to\mathscr{B}$

在此基础上继续构造序列：

(l+1) $\mathscr{A}$　　//(假设)

(l+2) $\mathscr{B}$　　//ⓛ、(l+1) MP

最终得到一个基于$\Gamma\cup\{\mathscr{A}\}$的证明，且结论为$\mathscr{B}$，故$\Gamma\cup\{\mathscr{A}\}\vdash\mathscr{B}$。

注记3.12　命题3.2和命题3.3都称为演绎定理。演绎定理为我们提供了一种相对证明的方法和手段，其基本思想是：要证明形如$\mathscr{A}\to\mathscr{B}$的公式是定理，可以在假设$\mathscr{A}$的基础上推证$\mathscr{B}$。这一证明过程的转换在"增加"更多前提的基础上"简化"了结论，以"一增一简"之变化，为构造形式系统证明提供了便利。基于"假设"构造证明的方式，又称为"自然推理"方式。

利用演绎定理，很容易得到下面的命题。

命题3.4　对任意的合适公式$\mathscr{A},\mathscr{B},\mathscr{C}$，有$\{(\mathscr{A}\to\mathscr{B}),(\mathscr{B}\to\mathscr{C})\}\vdash\mathscr{A}\to\mathscr{C}$。

证明:构造证明公式序列。

① $\mathscr{A}\to\mathscr{B}$ //(假设)

② $\mathscr{B}\to\mathscr{C}$ //(假设)

③ $\mathscr{A}$ //(假设)

④ $\mathscr{B}$ //①、③MP

⑤ $\mathscr{C}$ //②、④MP

故$\{(\mathscr{A}\to\mathscr{B}),(\mathscr{B}\to\mathscr{C}),\mathscr{A}\}\vdash\mathscr{C}$,运用演绎定理即得$\{(\mathscr{A}\to\mathscr{B}),(\mathscr{B}\to\mathscr{C})\}\vdash\mathscr{A}\to\mathscr{C}$。

注记 3.13 命题 3.4 又称假言三段论(Hypothetical Syllogism,简称 HS)。在今后的命题演算中,HS 可以作为推理规则使用。

在$\{(\mathscr{A}\to\mathscr{B}),(\mathscr{B}\to\mathscr{C})\}\vdash\mathscr{A}\to\mathscr{C}$的基础上,两次运用演绎定理可以得到

$$\vdash(\mathscr{A}\to\mathscr{B})\to((\mathscr{B}\to\mathscr{C})\to(\mathscr{A}\to\mathscr{C}))\tag{3.7}$$

故有公式$(\mathscr{A}\to\mathscr{B})\to((\mathscr{B}\to\mathscr{C})\to(\mathscr{A}\to\mathscr{C}))$是形式系统 L 的定理。

接下来将通过一些命题的证明给出 L 中一些重要的定理,同时也了解一些构造形式系统 L 证明的基本方法和技巧。

命题 3.5

(1) $\sim\sim\mathscr{A}\vdash\mathscr{A}$

(2) $\mathscr{A}\vdash\sim\sim\mathscr{A}$

证明:(1) 的证明序列如下:

① $\sim\sim\mathscr{A}$ //(假设)

② $\sim\sim\mathscr{A}\to(\sim\sim\sim\sim\mathscr{A}\to\sim\sim\mathscr{A})$ //(L_1)

③ $(\sim\sim\sim\sim\mathscr{A}\to\sim\sim\mathscr{A})\to(\sim\mathscr{A}\to\sim\sim\sim\mathscr{A})$ //(L_3)

④ $\sim\sim\mathscr{A}\to(\sim\mathscr{A}\to\sim\sim\sim\mathscr{A})$ //②、③HS

⑤ $(\sim\mathscr{A}\to\sim\sim\sim\mathscr{A})\to(\sim\sim\mathscr{A}\to\mathscr{A})$ //(L_3)

⑥ $\sim\sim\mathscr{A}\to(\sim\sim\mathscr{A}\to\mathscr{A})$ //④、⑤HS

⑦ $(\sim\sim\mathscr{A}\to\mathscr{A})$ //①、⑥MP

⑧ $\mathscr{A}$ //①、⑦MP

所以$\sim\sim\mathscr{A}\vdash\mathscr{A}$。

(2) 的证明序列如下。

① $\sim\sim(\sim\mathscr{A})\to(\sim\mathscr{A})$ //由(1)的证明可得

② $(\sim\sim\sim\mathscr{A}\to\sim\mathscr{A})\to(\mathscr{A}\to\sim\sim\mathscr{A})$ //(L_3)

③ $(\mathscr{A}\to\sim\sim\mathscr{A})$ //①、②MP

最后,运用演绎定理即可得到 $\mathscr{A}\vdash\sim\sim\mathscr{A}$。

注记 3.14 由命题 3.5 可知,$\sim\sim\mathscr{A}\to\mathscr{A}$ 和 $\mathscr{A}\to\sim\sim\mathscr{A}$ 都是形式系统 L 的定理。此表明,一道命题与其否定的再否定后得到的命题是等价的。实际上它们正是所谓"负负得正"的基本原理的形式化描述。

命题 3.6 在形式系统 L 中,下列各式成立。

(1) $\sim\mathscr{B}\to\sim\mathscr{A}\vdash\mathscr{A}\to\mathscr{B}$

(2) $\mathscr{A}\to\mathscr{B}\vdash\sim\mathscr{B}\to\sim\mathscr{A}$

(3) $\mathscr{A}\to\sim\mathscr{B}\vdash\mathscr{B}\to\sim\mathscr{A}$

(4) $\sim\mathscr{A}\to\mathscr{B}\vdash\sim\mathscr{B}\to\mathscr{A}$

证明:(1)可以由公理(L_3)运用演绎定理直接得到。

(2) 的证明序列如下。

① $\mathscr{A}\to\mathscr{B}$ //假设

② $\mathscr{B}\to\sim\sim\mathscr{B}$ //命题 3.5(2)

③ $\mathscr{A}\to\sim\sim\mathscr{B}$ //①、②HS

④ $\sim\sim\mathscr{A}\to\mathscr{A}$ //命题 3.5(1)

⑤ $\sim\sim\mathscr{A}\to\sim\sim\mathscr{B}$ //④、③HS

⑥ $(\sim\sim\mathscr{A}\to\sim\sim\mathscr{B})\to(\sim\mathscr{B}\to\sim\mathscr{A})$ //(L_3)

⑦ $\sim\mathscr{B}\to\sim\mathscr{A}$ //⑤、⑥MP

所以 $\mathscr{A}\to\mathscr{B}\vdash\sim\mathscr{B}\to\sim\mathscr{A}$, 或 $\vdash(\mathscr{A}\to\mathscr{B})\to(\sim\mathscr{B}\to\sim\mathscr{A})$。

类似可证(3)和(4),留作练习。

注记 3.15 在数学证明中,一道命题与其逆否命题是等价的。故欲证"如果 $\mathscr{A}$ 那么 $\mathscr{B}$"可以通过证"若无 $\mathscr{B}$ 则无 $\mathscr{A}$"完成,因为后者是前者的逆否命题,所用的证明方法称为"反证法"。命题 3.6 中的诸式给出了各种类型反证过程的形式化表示,不妨将它们称为"反证原理"。

命题 3.7 在形式系统 L 中,有 $\vdash(\sim\mathscr{A}\to\mathscr{A})\to\mathscr{A}$。

证明:构造证明序列如下。

① $\sim\mathscr{A}\to\mathscr{A}$ //假设

② $\sim\mathscr{A}\to(\mathscr{A}\to\sim(\sim\mathscr{A}\to\mathscr{A}))$ //命题 3.1(2)

③ $\sim\mathscr{A}\to(\mathscr{A}\to\sim(\sim\mathscr{A}\to\mathscr{A}))$
$\to((\sim\mathscr{A}\to\mathscr{A})\to(\sim\mathscr{A}\to\sim(\sim\mathscr{A}\to\mathscr{A})))$ //(L_2)

④ $(\sim\mathscr{A}\to\mathscr{A})\to(\sim\mathscr{A}\to\sim(\sim\mathscr{A}\to\mathscr{A}))$ //②、③MP

⑤ $\sim\mathscr{A}\to\sim(\sim\mathscr{A}\to\mathscr{A})$ //①、④MP

⑥ $(\sim\mathscr{A}\to\mathscr{A})\to\mathscr{A}$ //⑤利用反证原理

⑦ $\mathscr{A}$ //①、⑥MP

故$(\sim\mathscr{A}\to\mathscr{A})\vdash\mathscr{A}$,由演绎定理得 $\vdash(\sim\mathscr{A}\to\mathscr{A})\to\mathscr{A}$。

注记 3.16 命题 3.7 是数学证明中一个非常有趣的证明原理的形式化描述,即如果我们假设 $\mathscr{A}$ 不成立又能推出 $\mathscr{A}$ 成立,那么 $\mathscr{A}$ 就一定成立。这实际上也是一种"反证"的手段,与命题 3.6 表示的"因果命题"反证手段不同的是,本命题是关于单一命题的。

命题 3.8 设 $\mathscr{A}$ 是合适公式,则对任意合适公式 $\mathscr{B}$ 均有 $\mathscr{A},\sim\mathscr{A}\vdash\mathscr{B}$。

证明:构造证明序列如下。

① $\sim\mathscr{A}$ //假设

② $\mathscr{A}$ //假设

③ $\sim\mathscr{A}\to(\mathscr{A}\to\mathscr{B})$ //命题 3.1(2)

④ $\mathscr{B}$　　//(①、③MP)、②MP

故 $\mathscr{A},\sim\mathscr{A}\vdash\mathscr{B}$。

注记 3.17　命题 3.8 告诉我们，在数学证明中有一个不可忽视的重要问题，那就是“如果将相互矛盾的命题作为前提，那么所有的命题都为真”。如果在一个形式系统中所有的“命题”都为真，那么这个形式系统也就没有任何价值了。因此，“无矛盾性”是我们建立形式系统的基本要求，无矛盾的形式系统称为是“协调的”。

由命题 3.8，通过演绎定理即可得到下面的结论。

命题 3.9　在形式系统 L 中，下列各式成立。

(1) $\sim\mathscr{A}\vdash\mathscr{A}\to\mathscr{B}$

(2) $\mathscr{A}\vdash\sim\mathscr{A}\to\mathscr{B}$

注记 3.18　到目前为止，用命题 3.1 至命题 3.9 给出了形式系统 L 中的一些重要“定理”。这些“定理”在以后构造形式系统 L 的证明时可以直接使用。需要特别提醒的是，在这些命题的证明构造过程中，只用到了公理(L_1)，(L_2)和(L_3)。这一点非常重要，它将在以后我们重新认识形式系统 L 时用到。

命题 3.10　在形式系统 L 中，下列各式成立。

(1) $\mathscr{A}\to(\mathscr{B}\to\mathscr{C})\vdash\mathscr{A}\wedge\mathscr{B}\to\mathscr{C}$

(2) $\mathscr{A}\wedge\mathscr{B}\to\mathscr{C}\vdash\mathscr{A}\to(\mathscr{B}\to\mathscr{C})$

证明：(1)的证明。

① $\mathscr{A}\to(\mathscr{B}\to\mathscr{C})$　　//假设

② $\mathscr{A}\wedge\mathscr{B}$　　//假设

③ $\mathscr{A}\wedge\mathscr{B}\to\mathscr{A}$　　//(L_5)

④ $\mathscr{A}$　　//②、③MP

⑤ $\mathscr{B}\to\mathscr{C}$　　//①、④MP

⑥ $\mathscr{A}\wedge\mathscr{B}\to\mathscr{B}$　　//(L_5)

⑦ $\mathscr{B}$　　//②、⑥MP

⑧ $\mathscr{C}$　　//⑤、⑦MP

故有 $\mathscr{A}\to(\mathscr{B}\to\mathscr{C}),\mathscr{A}\wedge\mathscr{B}\vdash\mathscr{C}$，由演绎定理得 $\mathscr{A}\to(\mathscr{B}\to\mathscr{C})\vdash\mathscr{A}\wedge\mathscr{B}\to\mathscr{C}$。

(2) 的证明。

① $\mathscr{A}\wedge\mathscr{B}\to\mathscr{C}$　　//假设

② $\mathscr{A}$　　//假设

③ $\mathscr{B}$　　//假设

④ $\mathscr{A}\to(\mathscr{B}\to\mathscr{A}\wedge\mathscr{B})$　　//(L_4)

⑤ $\mathscr{B}\to\mathscr{A}\wedge\mathscr{B}$　　//②、④MP

⑥ $\mathscr{A}\wedge\mathscr{B}$　　//③、⑤MP

⑦ $\mathscr{C}$　　//①、⑥MP

故有 $\mathscr{A}\wedge\mathscr{B}\to\mathscr{C},\mathscr{A},\mathscr{B}\vdash\mathscr{C}$，由演绎定理得 $\mathscr{A}\wedge\mathscr{B}\to\mathscr{C}\vdash\mathscr{A}\to(\mathscr{B}\to\mathscr{C})$。

命题 3.11　在形式系统 L 中，下列各式成立。

(1) $\mathscr{A}\to\mathscr{B}\vdash(\mathscr{A}\wedge\mathscr{C})\to(\mathscr{B}\wedge\mathscr{C})$

(2) $\mathscr{A}\to\mathscr{B}\vdash(\mathscr{C}\wedge\mathscr{A})\to(\mathscr{C}\wedge\mathscr{B})$

(3) $\mathscr{A}\to\mathscr{B}\vdash\mathscr{A}\vee\mathscr{C}\to\mathscr{B}\vee\mathscr{C}$

(4) $\mathscr{A}\to\mathscr{B}\vdash\mathscr{C}\vee\mathscr{A}\to\mathscr{C}\vee\mathscr{B}$

证明:(1)的证明。

① $\mathscr{A}\to\mathscr{B}$ //假设

② $\mathscr{A}\wedge\mathscr{C}$ //假设

③ $\mathscr{A}\wedge\mathscr{C}\to\mathscr{A},\mathscr{A}\wedge\mathscr{C}\to\mathscr{C}$ //(L_5)

④ $\mathscr{A},\mathscr{C}$ //②、③MP

⑤ $\mathscr{B}$ //①、④MP

⑥ $\mathscr{B}\to(\mathscr{C}\to(\mathscr{B}\wedge\mathscr{C}))$ //(L_4)

⑦ $\mathscr{C}\to(\mathscr{B}\wedge\mathscr{C})$ //⑤、⑥MP

⑧ $\mathscr{B}\wedge\mathscr{C}$ //④、⑦MP

故有 $\mathscr{A}\to\mathscr{B},\mathscr{A}\wedge\mathscr{C}\vdash\mathscr{B}\wedge\mathscr{C}$,进而有 $\mathscr{A}\to\mathscr{B}\vdash(\mathscr{A}\wedge\mathscr{C})\to(\mathscr{B}\wedge\mathscr{C})$。

(2)、(3)和(4)的证明留作习题。

注记 3.19 命题 3.10 和命题 3.11 涉及公理 L_4 至 L_7,主要反映合取"$\wedge$"和析取"$\vee$"两个逻辑运算的基本性质。

3.3 命题公式的等价与替换

3.3.1 命题公式等价

3.3.1.1 命题公式等价的定义

定义 3.4 设 $\mathscr{A},\mathscr{B}$ 是合适公式,用 $\mathscr{A}\leftrightarrow\mathscr{B}$ 表示公式 $(\mathscr{A}\to\mathscr{B})\wedge(\mathscr{B}\to\mathscr{A})$ 的缩写,称为 $\mathscr{A}$ 和 $\mathscr{B}$ 的等价式。显然,等价式 $\mathscr{A}\leftrightarrow\mathscr{B}$ 是合适公式,其中符号"$\leftrightarrow$"可读作"等价于"。如果在形式系统 L 中有 $\vdash(\mathscr{A}\leftrightarrow\mathscr{B})$,则称公式 $\mathscr{A}$ 和 $\mathscr{B}$ 在形式系统 L 中是等价的。

注记 3.20 符号"$\leftrightarrow$"又称为"等词",它并非最初给出的形式系统 L 的符号。为更好地揭示命题与命题之间的关系,通过引进一些符号简化命题的表达形式,以便于讨论和研究,这一点是十分必要的,也是数学形式化研究的重要手段之一。符号"$\leftrightarrow$"可视为逻辑运算符,并可作为联结词使用,运算次序在其他联结词之后。

3.3.1.2 等价命题公式的基本性质

命题 3.12 对任意合适公式 $\mathscr{A},\mathscr{B}$,若 $\mathscr{A}\vdash\mathscr{B}$ 并且 $\mathscr{B}\vdash\mathscr{A}$,则 $\vdash\mathscr{A}\leftrightarrow\mathscr{B}$。

证明:构造证明序列:

① $\mathscr{A}\vdash\mathscr{B}$ //(假设)

② $\mathscr{B}\vdash\mathscr{A}$ //(假设)

③ $\mathscr{A}\to\mathscr{B}$ //①演绎定理

④ $\mathscr{B}\to\mathscr{A}$　　//②演绎定理

⑤ $(\mathscr{A}\to\mathscr{B})\to((\mathscr{B}\to\mathscr{A})\to(\mathscr{A}\to\mathscr{B})\wedge(\mathscr{B}\to\mathscr{A}))$　　//(L_4)

⑥ $(\mathscr{B}\to\mathscr{A})\to(\mathscr{A}\to\mathscr{B})\wedge(\mathscr{B}\to\mathscr{A})$　　//③、⑤MP

⑦ $(\mathscr{A}\to\mathscr{B})\wedge(\mathscr{B}\to\mathscr{A})$　　//④、⑥MP

⑧ $\mathscr{A}\leftrightarrow\mathscr{B}$　　//⑦ 根据"$\leftrightarrow$"的定义

故若有 $\mathscr{A}\vdash\mathscr{B}$ 和 $\mathscr{B}\vdash\mathscr{A}$，就有 $\vdash\mathscr{A}\leftrightarrow\mathscr{B}$。

注记 3.21　在命题 3.12 的证明中，用 $\mathscr{A}\vdash\mathscr{B}$ 和 $\mathscr{B}\vdash\mathscr{A}$ 作为假设，这种证明也叫作辅助证明。实际上，假设"$\mathscr{A}\vdash\mathscr{B}$"可以看成由假设 $\mathscr{A}$ 出发推导出 $\mathscr{B}$ 的一个公式序列。

命题 3.13　等价命题公式满足"自反性"、"对称性"和"传递性"，即

(1) $\vdash\mathscr{A}\leftrightarrow\mathscr{A}$

(2) $\mathscr{A}\leftrightarrow\mathscr{B}\vdash\mathscr{B}\leftrightarrow\mathscr{A}$

(3) $\mathscr{A}\leftrightarrow\mathscr{B},\mathscr{B}\leftrightarrow\mathscr{C}\vdash\mathscr{A}\leftrightarrow\mathscr{C}$

命题 3.14　等价命题公式具有下列推理性质。

(1) $\mathscr{A}\to\mathscr{B},\mathscr{B}\to\mathscr{A}\vdash\mathscr{A}\leftrightarrow\mathscr{B}$

(2) $\mathscr{A}\leftrightarrow\mathscr{B}\vdash\mathscr{B}\to\mathscr{A}$

(3) $\mathscr{A}\leftrightarrow\mathscr{B}\vdash(\mathscr{A}\to\mathscr{B})\wedge(\mathscr{B}\to\mathscr{A})$

(4) $\mathscr{A}\leftrightarrow\mathscr{B},\mathscr{A}\vdash\mathscr{B}$

(5) $\mathscr{A}\leftrightarrow\mathscr{B}\vdash\mathscr{A}\to\mathscr{B}$

(6) $\mathscr{A}\leftrightarrow\mathscr{B},\mathscr{B}\vdash\mathscr{A}$

命题 3.13 和命题 3.14 的证明不难，有兴趣者可以自行证明。

3.3.2　命题替换定理

3.3.2.1　命题公式的子公式

定义 3.5　设 $\mathscr{A}$ 和 $\mathscr{C}$ 是合适公式。如果满足下列条件，则称 $\mathscr{A}$ 是 $\mathscr{C}$ 的子公式。

(1) 若 $\mathscr{C}$ 是命题符号 p，则 $\mathscr{A}$ 只能是 p；

(2) 若 $\mathscr{C}$ 是 $\sim\mathscr{M}$，则 $\mathscr{A}$ 是 $\sim\mathscr{M}$ 或是 $\mathscr{M}$ 的子公式；

(3) 若 $\mathscr{C}$ 是 $\mathscr{M}\to\mathscr{N}$，$\mathscr{M}\wedge\mathscr{N}$ 或 $\mathscr{M}\vee\mathscr{N}$，则 $\mathscr{A}$ 是 $\mathscr{C}$，或者 $\mathscr{A}$ 是 $\mathscr{M}$ 或 $\mathscr{N}$ 的子公式；

(4) 凡子公式必满足规则(1)、(2)和(3)之一。

例如，设公式 $\mathscr{C}$ 为 $(\mathscr{P}\to\mathscr{Q})\to((\mathscr{R}\to\mathscr{Q})\to(\mathscr{P}\to\mathscr{Q}))$。则公式 $\mathscr{P}\to\mathscr{Q}$ 为 $\mathscr{C}$ 的子公式，而且子公式 $\mathscr{P}\to\mathscr{Q}$ 在 $\mathscr{C}$ 中有两处出现。

为了明确 $\mathscr{A}$ 是 $\mathscr{C}$ 的子公式这一事实，通常将 $\mathscr{C}$ 写成 $\mathscr{C}_{\mathscr{A}}$ 的形式。

3.3.2.2　子公式替换

定义 3.6　设 $\mathscr{A}$ 是 $\mathscr{C}_{\mathscr{A}}$ 的子公式，用公式 $\mathscr{B}$ 替换 $\mathscr{C}_{\mathscr{A}}$ 中子公式 $\mathscr{A}$ 的一处或多处出现的过程称为子公式替换，简称公式替换。用公式 $\mathscr{B}$ 替换 $\mathscr{C}_{\mathscr{A}}$ 中子公式 $\mathscr{A}$ 的一处或多处出现而得到的公式记为 $\mathscr{C}_{\mathscr{B}}$。

注记 3.22　子公式替换是用某个公式 $\mathscr{B}$ 去替换另一个公式 $\mathscr{C}_{\mathscr{A}}$ 中的子公式 $\mathscr{A}$，替换的

方式可以是完全替换，即对子公式 $\mathscr{A}$ 所有出现处都用 $\mathscr{B}$ 进行替换，也可以是局部替换，即对子公式 $\mathscr{A}$ 的某些出现处进行替换，替换后的公式都记为 $\mathscr{C}_{\mathscr{B}}$。

例如：设 $\mathscr{C}_{\mathscr{A}}$ 为 $(\mathscr{P}\to\mathscr{D})\wedge((\mathscr{P}\to\mathscr{D})\vee\sim\mathscr{R})$，其中，子公式 $\mathscr{A}$ 为 $\mathscr{P}\to\mathscr{D}$。用公式 $\sim\mathscr{A}\vee\mathscr{B}$（设为 $\mathscr{B}$）去替换 $\mathscr{C}_{\mathscr{A}}$ 中的子公式 $\mathscr{A}$，则 $\mathscr{C}_{\mathscr{B}}$ 可以是

(1) $(\mathscr{P}\to\mathscr{D})\wedge((\sim\mathscr{A}\vee\mathscr{B})\vee\sim\mathscr{R})$，也可以是

(2) $(\sim\mathscr{A}\vee\mathscr{B})\wedge((\sim\mathscr{A}\vee\mathscr{B})\vee\sim\mathscr{R})$

前者(1)是局部替换，而后者(2)是完全替换。

3.3.2.3　等价替换定理

命题 3.15（替换定理）　设 $\mathscr{A},\mathscr{B},\mathscr{C}_{\mathscr{A}}$ 是公式，其中 $\mathscr{A}$ 是 $\mathscr{C}_{\mathscr{A}}$ 的子公式。将 $\mathscr{C}_{\mathscr{A}}$ 中 $\mathscr{A}$ 的一处或多处出现用 $\mathscr{B}$ 替换后得到公式 $\mathscr{C}_{\mathscr{B}}$。则有 $\mathscr{A}\leftrightarrow\mathscr{B}\vdash\mathscr{C}_{\mathscr{A}}\leftrightarrow\mathscr{C}_{\mathscr{B}}$。

证明：施归纳于 $\mathscr{C}_{\mathscr{A}}$ 的长度（即 $\mathscr{C}_{\mathscr{A}}$ 中含符号的个数）证明。

奠基步：由于 $\mathscr{A}$ 是 $\mathscr{C}_{\mathscr{A}}$ 的子公式，故可假定 $\mathscr{C}_{\mathscr{A}}$ 即为 $\mathscr{A}$。此时 $\mathscr{C}_{\mathscr{A}}$ 经替换后得到的 $\mathscr{C}_{\mathscr{B}}$ 即为 $\mathscr{B}$。此时 $\mathscr{C}_{\mathscr{A}}\leftrightarrow\mathscr{C}_{\mathscr{B}}$ 即为 $\mathscr{A}\leftrightarrow\mathscr{B}$，显然有 $\mathscr{A}\leftrightarrow\mathscr{B}\vdash\mathscr{C}_{\mathscr{A}}\leftrightarrow\mathscr{C}_{\mathscr{B}}$。

归纳推导步：假定 $\mathscr{C}_{\mathscr{A}}$ 的长度为 n，并且命题对所有长度小于 n 的公式成立。根据合适公式的归纳定义，分情形归纳证明。

情形(1)　$\mathscr{C}_{\mathscr{A}}$ 为 $\sim\mathscr{M}$。那么 $\mathscr{A}$ 是 $\mathscr{M}$ 的子公式。记 $\mathscr{M}$ 为 $\mathscr{M}_{\mathscr{A}}$，经替换后为 $\mathscr{M}_{\mathscr{B}}$。根据归纳假定有 $\mathscr{A}\leftrightarrow\mathscr{B}\vdash\mathscr{M}_{\mathscr{A}}\leftrightarrow\mathscr{M}_{\mathscr{B}}$。注意到 $\mathscr{M}_{\mathscr{A}}\leftrightarrow\mathscr{M}_{\mathscr{B}}$ 当且仅当 $\sim\mathscr{M}_{\mathscr{A}}\leftrightarrow\sim\mathscr{M}_{\mathscr{B}}$，所以由 $\mathscr{A}\leftrightarrow\mathscr{B}$ 可推出 $\mathscr{C}_{\mathscr{A}}\leftrightarrow\mathscr{C}_{\mathscr{B}}$。

情形(2)　$\mathscr{C}_{\mathscr{A}}$ 为 $\mathscr{M}_{\mathscr{A}}\wedge\mathscr{N}_{\mathscr{A}}$。由归纳假定，$\mathscr{A}\leftrightarrow\mathscr{B}$ 可推出 $\mathscr{M}_{\mathscr{A}}\leftrightarrow\mathscr{M}_{\mathscr{B}}$ 和 $\mathscr{N}_{\mathscr{A}}\leftrightarrow\mathscr{N}_{\mathscr{B}}$，由此可推出 $\mathscr{M}_{\mathscr{A}}\wedge\mathscr{N}_{\mathscr{A}}\leftrightarrow\mathscr{M}_{\mathscr{B}}\wedge\mathscr{N}_{\mathscr{B}}$，所以有 $\mathscr{A}\leftrightarrow\mathscr{B}\vdash\mathscr{C}_{\mathscr{A}}\leftrightarrow\mathscr{C}_{\mathscr{B}}$。

情形(3)　$\mathscr{C}_{\mathscr{A}}$ 为 $\mathscr{M}_{\mathscr{A}}\vee\mathscr{N}_{\mathscr{A}}$。由归纳假定，$\mathscr{A}\leftrightarrow\mathscr{B}$ 可推出 $\mathscr{M}_{\mathscr{A}}\leftrightarrow\mathscr{M}_{\mathscr{B}}$，$\mathscr{N}_{\mathscr{A}}\leftrightarrow\mathscr{N}_{\mathscr{B}}$，进而可推出 $\mathscr{M}_{\mathscr{A}}\vee\mathscr{N}_{\mathscr{A}}\leftrightarrow\mathscr{M}_{\mathscr{B}}\vee\mathscr{N}_{\mathscr{B}}$，所以有 $\mathscr{A}\leftrightarrow\mathscr{B}\vdash\mathscr{C}_{\mathscr{A}}\leftrightarrow\mathscr{C}_{\mathscr{B}}$。

情形(4)　$\mathscr{C}_{\mathscr{A}}$ 为 $\mathscr{M}_{\mathscr{A}}\to\mathscr{N}_{\mathscr{A}}$。根据归纳假定，由等价式 $\mathscr{A}\leftrightarrow\mathscr{B}$ 可推出 $\mathscr{M}_{\mathscr{A}}\leftrightarrow\mathscr{M}_{\mathscr{B}}$ 和 $\mathscr{N}_{\mathscr{A}}\leftrightarrow\mathscr{N}_{\mathscr{B}}$，进而可推出 $(\mathscr{M}_{\mathscr{A}}\to\mathscr{N}_{\mathscr{A}})\leftrightarrow(\mathscr{M}_{\mathscr{B}}\to\mathscr{N}_{\mathscr{B}})$，所以有 $\mathscr{A}\leftrightarrow\mathscr{B}\vdash\mathscr{C}_{\mathscr{A}}\leftrightarrow\mathscr{C}_{\mathscr{B}}$。

根据归纳法原理，命题成立。

注记 3.23

(1) 替换定理说的是，对一个公式的若干相同部分（子公式）代以一个与该部分等价的公式后，所得到的新公式与原先的公式是等价的。特别地，如果原先公式是 L 的定理，那么等价替换后产生的新的公式也是 L 的定理。

(2) 在替换定理的证明中省略了一些证明细节，这些细节可以通过下面命题的证明得到补充。

命题 3.16　在形式系统 L 中，下列各式成立。

(1) $(\mathscr{A}\leftrightarrow\mathscr{B})\vdash\sim\mathscr{A}\leftrightarrow\sim\mathscr{B}$

(2) $\mathscr{A}\leftrightarrow\mathscr{B},\mathscr{C}\leftrightarrow\mathscr{D}\vdash\mathscr{A}\wedge\mathscr{C}\leftrightarrow\mathscr{B}\wedge\mathscr{D}$

(3) $\mathscr{A}\leftrightarrow\mathscr{B},\mathscr{C}\leftrightarrow\mathscr{D}\vdash\mathscr{A}\vee\mathscr{C}\leftrightarrow\mathscr{B}\vee\mathscr{D}$

(4) $\mathscr{A}\leftrightarrow\mathscr{B},\mathscr{C}\leftrightarrow\mathscr{D}\vdash(\mathscr{A}\to\mathscr{C})\leftrightarrow(\mathscr{B}\to\mathscr{D})$

命题 3.16 各式证明留作练习。

3.4　对偶命题公式

3.4.1　命题公式的对偶式

定义 3.7　设 $\mathscr{A}$ 是由命题字符 $p_1,\cdots,p_m$ 或它们的否定 $\sim p_1,\cdots,\sim p_m$ 形成的命题公式，而且只含联结词 $\wedge$ 或 $\vee$。将 $\mathscr{A}$ 中的联结词 $\vee$ 和 $\wedge$ 互换（即 $\vee$ 换成 $\wedge$，$\wedge$ 换成 $\vee$），同时把每个命题字符与其否定互换（即 p_i 以 $\sim p_i$ 替换，$\sim p_i$ 以 p_i 代换），所得到的公式称为 $\mathscr{A}$ 的对偶式，记为 $\mathscr{A}'$。

注记 3.24

(1) 在讨论命题公式的对偶式时，只考虑含有逻辑运算 $\sim,\wedge,\vee$ 的命题公式，但这并不影响对所有的命题公式考虑其对偶式的问题。实际上，形如 $\mathscr{A}\rightarrow\mathscr{B}$ 的命题公式可以通过 $\sim\mathscr{A}\vee\mathscr{B}$ 表示。

(2) 对偶式定义中是以命题字符 $p_1,\cdots,p_m$ 或 $\sim p_1,\cdots,\sim p_m$ 作为基础给出的。一般情况下，可以以一般公式为基础来构造对偶式。例如：公式 $\sim\mathscr{A}\wedge(\sim\mathscr{B}\vee\mathscr{B})$ 的对偶式为 $\mathscr{A}\vee(\mathscr{B}\wedge\sim\mathscr{B})$，其中并没有命题符号，而是公式 $\mathscr{A},\mathscr{B},\sim\mathscr{A},\sim\mathscr{B}$ 等。

(3) 联结词 $\wedge$ 和 $\vee$ 的联结强度是不同的，在构造对偶式的过程中，要求在两种运算互换后，不能改变原先的运算次序。通常的情况是将 $\wedge$ 用 $\vee$ 替换后，加上括号“(”和“)”以明确“$\vee$”的结合对象。例如，$\sim\mathscr{A}\wedge\mathscr{B}\vee(\sim\mathscr{P}\wedge\mathscr{Q})$ 的对偶式应为 $(\mathscr{A}\vee\sim\mathscr{B})\wedge(\mathscr{P}\vee\sim\mathscr{Q})$，而不能写成 $\mathscr{A}\vee\sim\mathscr{B}\wedge(\mathscr{P}\vee\sim\mathscr{Q})$。

3.4.2　对偶原则

命题 3.17　设 $\mathscr{A}$ 是 wff，$\mathscr{A}'$ 是 $\mathscr{A}$ 的对偶式。则 $\vdash\sim\mathscr{A}\leftrightarrow\mathscr{A}'$，即任一公式的否定和它的对偶式是等价的。

证明：施归纳于公式 $\mathscr{A}$ 的形成过程来证明。

奠基步：公式 $\mathscr{A}$ 是命题字符 p，则 $\mathscr{A}'$ 为 $\sim p$，注意到 $\sim\mathscr{A}$ 即为 $\sim p$，于是有 $\vdash\sim p\leftrightarrow\sim p$，故命题成立。

归纳推导步：假定命题对公式 $\mathscr{A}$ 生成过程中前面的公式都成立，考虑公式 $\mathscr{A}$。

情形(1)　$\mathscr{A}$ 是 $\sim\mathscr{M}$，那么 $\mathscr{A}'$ 为 $\sim\mathscr{M}'$。对 $\mathscr{M}$ 而言，根据归纳假定，有 $\mathscr{M}'\leftrightarrow\sim\mathscr{M}$。于是 $\sim\mathscr{A}\leftrightarrow\sim(\sim\mathscr{M})\leftrightarrow\sim\mathscr{M}'\leftrightarrow\mathscr{A}'$。

情形(2)　$\mathscr{A}$ 是 $\mathscr{M}\wedge\mathscr{N}$，那么 $\mathscr{A}'$ 为 $\mathscr{M}'\vee\mathscr{N}'$。根据归纳假定，有 $\mathscr{M}'\leftrightarrow\sim\mathscr{M}$ 和 $\mathscr{N}'\leftrightarrow\sim\mathscr{N}$。于是，$\sim\mathscr{A}\leftrightarrow\sim(\mathscr{M}\wedge\mathscr{N})\leftrightarrow(\sim\mathscr{M})\vee(\sim\mathscr{N})\leftrightarrow\mathscr{M}'\vee\mathscr{N}'\leftrightarrow\mathscr{A}'$。

情形(3)　$\mathscr{A}$ 是 $\mathscr{M}\vee\mathscr{N}$，那么 $\mathscr{A}'$ 为 $\mathscr{M}'\wedge\mathscr{N}'$。根据归纳假定，有 $\mathscr{M}'\leftrightarrow\sim\mathscr{M}$ 和 $\mathscr{N}'\leftrightarrow\sim\mathscr{N}$。于是，$\sim\mathscr{A}\leftrightarrow\sim(\mathscr{M}\vee\mathscr{N})\leftrightarrow(\sim\mathscr{M})\wedge(\sim\mathscr{N})\leftrightarrow\mathscr{M}'\wedge\mathscr{N}'\leftrightarrow\mathscr{A}'$。

根据数学归纳法原理，命题得证。

注记 3.25　证明中运用了等价运算“$\leftrightarrow$”的传递性质，并采用了简约化的表达形式。此外还用到了著名的迪·摩根(D. Mongen)定律,即对任意公式 $\mathscr{A}$ 和 $\mathscr{B}$ 有

(1) $\vdash \sim(\mathscr{A} \vee \mathscr{B}) \leftrightarrow (\sim\mathscr{A}) \wedge (\sim\mathscr{B})$

(2) $\vdash \sim(\mathscr{A} \wedge \mathscr{B}) \leftrightarrow (\sim\mathscr{A}) \vee (\sim\mathscr{B})$

有兴趣的读者可自行证明一下。

由命题 3.17 知,对任意只有联结词$\sim$,$\wedge$,$\vee$形成的公式 $\mathscr{A}$,等价命题公式 $\sim\mathscr{A} \leftrightarrow \mathscr{A}'$ 是 L 中的定理。

例如,考虑公式 $\sim\mathscr{A} \wedge (\sim\mathscr{B} \vee \mathscr{B})$,其对偶式为 $\mathscr{A} \vee (\mathscr{B} \wedge \sim\mathscr{B})$,则有

$$\vdash \sim(\sim\mathscr{A} \wedge (\sim\mathscr{B} \vee \mathscr{B})) \leftrightarrow (\mathscr{A} \vee (\mathscr{B} \wedge \sim\mathscr{B})) \tag{3.8}$$

注记 3.26 迪·摩根定律在有关对偶式的计算和证明过程中起着非常重要的作用。一般情况下,可以直接用该定律来进行有关命题的证明。例如,式(3.8)的证明可以表示为

$$\begin{aligned} \sim(\sim\mathscr{A} \wedge (\sim\mathscr{B} \vee \mathscr{B})) &\leftrightarrow (\sim\sim\mathscr{A} \vee \sim(\sim\mathscr{B} \vee \mathscr{B})) \\ &\leftrightarrow \mathscr{A} \vee (\sim\sim\mathscr{B} \wedge \sim\mathscr{B}) \\ &\leftrightarrow \mathscr{A} \vee (\mathscr{B} \wedge \sim\mathscr{B}) \end{aligned}$$

利用命题 3.17,即可得到下面的命题。

命题 3.18 (对偶原则) 设 $\mathscr{A}$,$\mathscr{B}$ 为只含联结词$\sim$,$\wedge$,$\vee$的命题公式。则 $\vdash \mathscr{A} \leftrightarrow \mathscr{B}$ 当且仅当 $\vdash \mathscr{A}' \leftrightarrow \mathscr{B}'$。

证明:由等词"$\leftrightarrow$"的基本性质知,$\vdash \mathscr{A} \leftrightarrow \mathscr{B}$ 当且仅当 $\vdash \sim\mathscr{A} \leftrightarrow \sim\mathscr{B}$,再由命题 3.17,即有 $\vdash \mathscr{A} \leftrightarrow \mathscr{B}$ 当且仅当 $\vdash \mathscr{A}' \leftrightarrow \mathscr{B}'$。

3.5 形式系统再认识

3.5.1 形式系统理论

通过前面的介绍我们知道,定义一个形式系统需要 4 个部分,即符号集、公式集、公理集和推理规则。其中,由基本符号按一定的规则产生的公式是形式系统研究的主要对象,而公理集和推理规则是产生形式系统定理的基础。一般情况下,不同的公理集与不同的推理规则所产生的形式系统理论是不同的。

定义 3.8

(1) 一个形式系统的全部定理组成的集合称为该形式系统的理论。形式系统 L 的理论记为 $Th(L)=\{\mathscr{A} \mid \mathscr{A}$ 是 L 的定理,即 $\vdash_L \mathscr{A}\}$。

(2) 如果两个形式系统 L 和 L' 具有相同的理论,即 $Th(L)=Th(L')$,则称它们是等价的,记为 $L \equiv L'$。

3.5.2 形式系统 L 的简化

3.5.2.1 简化的形式系统 L'

依照形式系统的基本结构形式将 L 简化,重新得到一个形式系统 L'。

定义 3.9　形式系统 L' 由以下 4 个基本部分构成。

(1) L' 的符号集。

L' 采用的符号：$\sim, \rightarrow, (,), p_1, p_2, \cdots$

(2) L' 的公式集。

① p_i 是 wff；

② 如果 $\mathscr{A}$ 是 wff，则 $\sim\mathscr{A}$ 也是 wff；

③ 如果 $\mathscr{A}, \mathscr{B}$ 是 wffs，则 $\mathscr{A}\rightarrow\mathscr{B}$ 是 wff；

④ 只有经①、②和③产生的公式为 wffs。

(3) L' 的公理集。

$(L_1)\ \mathscr{A}\rightarrow(\mathscr{B}\rightarrow\mathscr{A})$

$(L_2)\ (\mathscr{A}\rightarrow(\mathscr{B}\rightarrow\mathscr{C}))\rightarrow((\mathscr{A}\rightarrow\mathscr{B})\rightarrow(\mathscr{A}\rightarrow\mathscr{C}))$

$(L_3)\ (\sim\mathscr{A}\rightarrow\sim\mathscr{B})\rightarrow(\mathscr{B}\rightarrow\mathscr{A})$

(4) L' 的推理规则。

由 $\mathscr{A}$ 和 $\mathscr{A}\rightarrow\mathscr{B}$ 可得到 $\mathscr{B}$，即 MP 推理规则。

注记 3.27　和形式系统 L 相比，形式系统 L' 的符号集中少了合取 $\wedge$ 和析取 $\vee$ 两个逻辑运算符，公理集中只有 L 公理集中 7 条公理的前 3 条公理。因而，L' 合适公式的形成过程变得相对简单，整个系统也显得较为简洁。

与形式系统 L 一样，在形式系统 L' 中同样可定义“证明”和“定理”的概念。由于 L' 的公理是 L 的公理，L' 的推理规则也是 L 的推理规则，所以，形式系统 L' 的“证明”一定是 L 的“证明”，L' 的“定理”也一定是 L 的“定理”。因此有如下命题。

命题 3.19　$Th(L')\subseteq Th(L)$。

由于形式系统 L' 的“简洁”，容易让人产生一种“误解”，那就是 L' 的理论要比 L 的“弱”。但事实并非如此。

3.5.2.2　L 的公式在 L' 中的表示

在 L' 中虽然没有合取符号“$\wedge$”和析取符号“$\vee$”，但根据逻辑运算之间的关系知道，合取运算 $\wedge$ 和析取运算 $\vee$ 可以通过逻辑运算“$\sim$”和“$\rightarrow$”定义。如同在 L 中引入联结词“$\leftrightarrow$”一样，在 L' 中也可以定义新的逻辑运算。

定义 3.10　在 L' 中引入逻辑运算符“$\wedge$”和“$\vee$”，并用 $\mathscr{A}\vee\mathscr{B}$ 表示公式 $\sim\mathscr{A}\rightarrow\mathscr{B}$ 的缩写，用 $\mathscr{A}\wedge\mathscr{B}$ 表示公式 $\sim(\mathscr{A}\rightarrow\sim\mathscr{B})$ 的缩写。

在 L' 中引入逻辑运算符“$\wedge$”和“$\vee$”后，L 的公式在 L' 中都能加以表示。因此，可以认为 L' 和 L 有相同的公式集。

3.5.2.3　L 的公理在 L' 中的证明

在形式系统 L 讨论中，通过命题 3.1 至命题 3.9，证明了其中的一些重要“定理”。这些“定理”的证明过程只用到了 L 的前三条公理 (L_1)，(L_2) 和 (L_3)，以及推理规则 MP。因此，这些“定理”也是 L' 的“定理”。

命题 3.20　L' 中下列命题成立。

(1) $\vdash_{L'} \mathscr{A}\to\mathscr{A}$

(2) $\vdash_{L'} \sim\mathscr{B}\to(\mathscr{B}\to\mathscr{A})$

(3) 演绎定理:若 $\Gamma\cup\{\mathscr{A}\}\vdash_{L'}\mathscr{B}$,则 $\Gamma\vdash_{L'}\mathscr{A}\to\mathscr{B}$

(4) 假言三段论 HS:$\mathscr{A}\to\mathscr{B},\mathscr{B}\to\mathscr{C}\vdash_{L'}\mathscr{A}\to\mathscr{C}$

(5) $\sim\sim\mathscr{A}\vdash_{L'}\mathscr{A},\mathscr{A}\vdash_{L'}\sim\sim\mathscr{A}$

(6) $\sim\mathscr{B}\to\sim\mathscr{A}\vdash_{L'}\mathscr{A}\to\mathscr{B},\mathscr{A}\to\mathscr{B}\vdash_{L'}\sim\mathscr{B}\to\sim\mathscr{A}$,
$\mathscr{A}\to\sim\mathscr{B}\vdash_{L'}\mathscr{B}\to\sim\mathscr{A},\mathscr{A}\to\sim\mathscr{B}\vdash_{L'}\mathscr{B}\to\sim\mathscr{A}$

(7) $\vdash_{L'}(\sim\mathscr{A}\to\mathscr{A})\to\mathscr{A}$

(8) $\sim\mathscr{A}\vdash_{L'}\mathscr{A}\to\mathscr{B},\mathscr{A}\vdash_{L'}\sim\mathscr{A}\to\mathscr{B}$

(9) $\mathscr{A}\vdash_{L'}(\mathscr{A}\to\sim\mathscr{B})\to\sim\mathscr{B}$

注记 3.28 命题 3.20 中的(1)至(8)是已经证明的命题。命题 3.20 中式(9)可以通过推理规则 MP 和演绎定理直接证明。命题 3.20 中(6)也称"反证原理"。

在此基础上,进一步证明:

命题 3.21 L 公理(L_4),(L_5),(L_6)和(L_7)是 L' 的定理,即

(1) $\vdash_{L'}\mathscr{A}\to(\mathscr{B}\to\mathscr{A}\wedge\mathscr{B})$

(2) $\vdash_{L'}\mathscr{A}\wedge\mathscr{B}\to\mathscr{A}$($\vdash_{L'}\mathscr{A}\wedge\mathscr{B}\to\mathscr{B}$ 的证明留作练习)

(3) $\vdash_{L'}\mathscr{A}\to\mathscr{A}\vee\mathscr{B}$($\vdash_{L'}\mathscr{B}\to\mathscr{A}\vee\mathscr{B}$ 的证明留作练习)

(4) $\vdash_{L'}(\mathscr{A}\to\mathscr{C})\to((\mathscr{B}\to\mathscr{C})\to(\mathscr{A}\vee\mathscr{B}\to\mathscr{C}))$

证明:

(1) 的证明。

要证 $\vdash_{L'}\mathscr{A}\to(\mathscr{B}\to\mathscr{A}\wedge\mathscr{B})$,只要证 $\vdash_{L'}\mathscr{A}\to(\mathscr{B}\to\sim(\mathscr{A}\to\sim\mathscr{B}))$,根据演绎定理,只要证 $\mathscr{A}$,$\mathscr{B}\vdash_{L'}\sim(\mathscr{A}\to\sim\mathscr{B})$。对此,构造证明序列如下。

① $\mathscr{A}$ //(假设)

② $\mathscr{B}$ //(假设)

③ $\mathscr{A}\to((\mathscr{A}\to\sim\mathscr{B})\to\sim\mathscr{B})$ //命题 3.20 (9)

④ $(\mathscr{A}\to\sim\mathscr{B})\to\sim\mathscr{B}$ //①、③MP

⑤ $((\mathscr{A}\to\sim\mathscr{B})\to\sim\mathscr{B})\to(\mathscr{B}\to\sim(\mathscr{A}\to\sim\mathscr{B}))$ //(反证原理)

⑥ $\mathscr{B}\to\sim(\mathscr{A}\to\sim\mathscr{B})$ //④、⑤MP

⑦ $\sim(\mathscr{A}\to\sim\mathscr{B})$ //②、⑥MP

故有 $\mathscr{A},\mathscr{B}\vdash_{L'}\sim(\mathscr{A}\to\sim\mathscr{B})$,由演绎定理知 $\vdash_{L'}\mathscr{A}\to(\mathscr{B}\to\sim(\mathscr{A}\to\sim\mathscr{B}))$。

根据 L' 中联结词"$\wedge$"的定义,即有 $\vdash_{L'}\mathscr{A}\to(\mathscr{B}\to\mathscr{A}\wedge\mathscr{B})$。

(2) 要证 $\vdash_{L'}\mathscr{A}\wedge\mathscr{B}\to\mathscr{A}$,只要证 $\vdash_{L'}\sim(\mathscr{A}\to\sim\mathscr{B})\to\mathscr{A}$。证明如下。

① $\sim\mathscr{A}\to(\mathscr{A}\to\sim\mathscr{B})$ //命题 3.20 (2)

② $(\sim\mathscr{A}\to(\mathscr{A}\to\sim\mathscr{B}))\to(\sim(\mathscr{A}\to\sim\mathscr{B})\to\mathscr{A})$ //(反证原理)

③ $\sim(\mathscr{A}\to\sim\mathscr{B})\to\mathscr{A}$ //①、②MP

(3) 要证 $\vdash_{L'}\mathscr{A}\to(\mathscr{A}\vee\mathscr{B})$,只要证 $\vdash_{L'}\mathscr{A}\to(\sim\mathscr{A}\to\mathscr{B})$。

由命题 3.20 (8),$\mathscr{A}\vdash_{L'}\sim\mathscr{A}\to\mathscr{B}$,即得 $\vdash_{L'}\mathscr{A}\to(\sim\mathscr{A}\to\mathscr{B})$。

故 $\vdash_{L'} \mathscr{A} \to (\mathscr{A} \vee \mathscr{B})$。

(4) 要证明 $\vdash_{L'} (\mathscr{A} \to \mathscr{C}) \to ((\mathscr{B} \to \mathscr{C}) \to (\mathscr{A} \vee \mathscr{B} \to \mathscr{C}))$，只要假设 $\mathscr{A} \to \mathscr{C}$，$\mathscr{B} \to \mathscr{C}$ 和 $\mathscr{A} \vee \mathscr{B}$（即 $\sim\mathscr{A} \to \mathscr{B}$），推导出公式 $\mathscr{C}$ 即可。其证明如下。

① $\mathscr{A} \to \mathscr{C}, \mathscr{B} \to \mathscr{C}, \sim\mathscr{A} \to \mathscr{B}$　　//（假设）

② $(\sim\mathscr{A} \to \mathscr{B}) \to (\sim\mathscr{B} \to \mathscr{A})$　　//（反证原理）

③ $\sim\mathscr{B} \to \mathscr{A}$　　//①、②MP

④ $\sim\mathscr{B} \to \mathscr{C}$　　//③、①HS

⑤ $(\sim\mathscr{B} \to \mathscr{C}) \to (\sim\mathscr{C} \to \mathscr{B})$　　//（反证原理）

⑥ $\sim\mathscr{C} \to \mathscr{B}$　　//④、①MP

⑦ $\sim\mathscr{C} \to \mathscr{C}$　　//⑥、①HS

⑧ $(\sim\mathscr{C} \to \mathscr{C}) \to \mathscr{C}$　　//命题 3.20 (7)

⑨ $\mathscr{C}$　　//⑦、⑧MP

即 $\mathscr{A} \to \mathscr{C}, \mathscr{B} \to \mathscr{C}, \sim\mathscr{A} \to \mathscr{B} \vdash_{L'} \mathscr{C}$。由演绎定理以及“∨”在 L' 中的定义，即可得到 $\vdash_{L'} (\mathscr{A} \to \mathscr{C}) \to ((\mathscr{B} \to \mathscr{C}) \to (\mathscr{A} \vee \mathscr{B} \to \mathscr{C}))$。

由命题 3.20 知，在 L' 中引入联结词“∧”和“∨”后，所有 L 的定理在 L' 中也是定理，因而有 $Th(L) \subseteq Th(L')$。再由命题 3.19，即可得到如下命题。

命题 3.22　$Th(L') = Th(L)$，即形式系统 L' 与 L 是等价的。

注记 3.29　由于形式系统 L' 较 L 在公式形成和公理运用等方面要相对简洁，因此，在以后对有关命题演算形式系统性质进行分析时，将以 L' 作为分析对象。注意到 L' 与 L 等价，所以 L' 依旧用 L 表示。

3.6　形式系统的进一步讨论

使用简化后的形式系统 L。符号集为 $\sim, \to, (,), p_1, p_2, \cdots$，合适公式为命题符号 p_i 或形如 $\sim\mathscr{A}$，$\mathscr{A} \to \mathscr{B}$ 的公式，公理为 (L_1)，(L_2)，(L_3)，推理规则为 MP。

3.6.1　赋值与重言式

3.6.1.1　赋值的概念

定义 3.11　形式系统 L 的赋值是一个函数 v，它的定义域是 L 的合适公式集，值域为集合 $\{T, F\}$，并且对任意合适公式 $\mathscr{A}$ 和 $\mathscr{B}$ 满足：

(1) $v(\mathscr{A}) \neq v(\sim\mathscr{A})$，并且

(2) $v(\mathscr{A} \to \mathscr{B}) = F$ 当且仅当 $v(\mathscr{A}) = T$ 并且 $v(\mathscr{B}) = F$。

注记 3.30

(1) 如果 $\mathscr{A}$ 是 L 的合适公式，那么 $\mathscr{A}$ 是由一些命题变元 $p_1, p_2, \cdots, p_m$ 经联结词“~”和“→”运算逐步形成的。在不同的赋值下，每个 p_i 可以取 T 也可以取 F，得到的 $\mathscr{A}$ 的值可能为 T 也可能为 F。T 或 F 称为 $\mathscr{A}$ 在相应赋值下的“真值”。

(2) 任意 L 的赋值，均可视为对 L 的所有命题变元 $p_1, p_2, \cdots, p_m, \cdots$ 的一个真值指派，使其中每个变元或取 T 或取 F。在一个给定的赋值下，每个命题变元 p_i 的真值是确定的，即要么为 T 要么为 F，进而每个公式 $\mathscr{A}$ 的真值也是确定的。

对公式 $\mathscr{A}$ 来说，在不同的赋值 v 下，它的真值是不同的，但无外 T 和 F。根据赋值的定义，如果 $\mathscr{A}$ 是 T，那么 $\sim\mathscr{A}$ 就是 F；如果 $\mathscr{A}$ 是 F，那么 $\sim\mathscr{A}$ 就是 T。这一点可以通过命题公式的“真值表”表示。表 3.1 是公式 $\sim\mathscr{A}$ 的真值表。

表 3.1　　公式 $\sim\mathscr{A}$ 的真值表

$\mathscr{A}$	$\sim\mathscr{A}$
F	T
T	F

两个 $\mathscr{A}, \mathscr{B}$ 在不同的赋值中取值各有不同，至多有 4 种可能的情况。根据赋值的定义，对应于 $\mathscr{A}, \mathscr{B}$ 的 4 种取值情况，公式 $\mathscr{A} \to \mathscr{B}$ 对应的真值如表 3.2 所示。

表 3.2　　公式 $\mathscr{A} \to \mathscr{B}$ 的真值表

$\mathscr{A}$	$\mathscr{B}$	$\mathscr{A} \to \mathscr{B}$
T	T	T
T	F	F
F	T	T
F	F	T

根据 $\wedge$，$\vee$ 的定义，可以很容易求得公式 $\mathscr{A} \wedge \mathscr{B}$ 和 $\mathscr{A} \vee \mathscr{B}$ 的真值表。见表 3.3 和表 3.4。

表 3.3　　公式 $\mathscr{A} \wedge \mathscr{B}$ 的真值表

$\mathscr{A}$	$\mathscr{B}$	$\mathscr{A} \wedge \mathscr{B}$
T	T	T
T	F	F
F	T	F
F	F	F

表 3.4　　公式 $\mathscr{A} \vee \mathscr{B}$ 的真值表

$\mathscr{A}$	$\mathscr{B}$	$\mathscr{A} \vee \mathscr{B}$
T	T	T
T	F	T
F	T	T
F	F	F

表 3.1 至表 3.4 给出了基本逻辑运算～，→，∧，∨的真值表。由于任何命题公式都是在这些基本运算的基础上形成的，因此，利用表 3.1 至表 3.4 就可以求得任何公式的真值表。

例题 3.7　试求公式 $\mathscr{A}\to(\mathscr{A}\to\mathscr{B})$ 的真值表。

解：该公式真值表见表 3.5。

表 3.5　　公式 $\mathscr{A}\to(\mathscr{A}\to\mathscr{B})$ 的真值表

$\mathscr{A}$	$\mathscr{B}$	$\mathscr{A}\to\mathscr{B}$	$\mathscr{A}\to(\mathscr{A}\to\mathscr{B})$
T	T	T	T
T	F	F	F
F	T	T	T
F	F	T	T

例题 3.8　试求公理 L_1，L_2 和 L_3 的真值表。

解：公理 L_1，L_2 和 L_3 的真值表分别由表 3.6、表 3.7 和表 3.8 给出。

表 3.6　　公理 L_1 $\mathscr{A}\to(\mathscr{B}\to\mathscr{A})$ 的真值表

$\mathscr{A}$	$\mathscr{B}$	$\mathscr{B}\to\mathscr{A}$	$\mathscr{A}\to(\mathscr{B}\to\mathscr{A})$
T	T	T	T
T	F	T	T
F	T	F	T
F	F	T	T

表 3.7　　公理 L_2 $(\mathscr{A}\to(\mathscr{B}\to\mathscr{C}))\to((\mathscr{A}\to\mathscr{B})\to(\mathscr{A}\to\mathscr{C}))$ 的真值表

$\mathscr{A}$	$\mathscr{B}$	$\mathscr{C}$	$\mathscr{A}\to(\mathscr{B}\to\mathscr{C})$	$(\mathscr{A}\to\mathscr{B})\to(\mathscr{A}\to\mathscr{C})$	L_2
T	T	T	T	T	T
T	T	F	F	F	T
T	F	T	T	T	T
T	F	F	T	T	T
F	T	T	T	T	T
F	T	F	T	T	T
F	F	T	T	T	T
F	F	F	T	T	T

表 3.8　公理 $L_3(\sim\mathscr{A}\to\sim\mathscr{B})\to(\mathscr{B}\to\mathscr{A})$ 的真值表

$\mathscr{A}$	$\mathscr{B}$	$(\sim\mathscr{A}\to\sim\mathscr{B})\to(\mathscr{B}\to\mathscr{A})$
T	T	T
T	F	T
F	T	T
F	F	T

注记 3.31　从公理 L_1, L_2 和 L_3 的真值表看出，不论对命题变元进行怎样的赋值，它们的真值恒为 T。如果将真值 T 理解为"真"，那么，公理 L_1, L_2 和 L_3 是永"真"的。这为建立形式系统 L 的可靠性奠定了基础。

3.6.1.2　*L* 的重言式

定义 3.12　设 $\mathscr{A}$ 是 L 的公式。如果对 L 的任意赋值 v 均有 $v(\mathscr{A})=T$，那么称 $\mathscr{A}$ 是 L 的一个重言式。

3.6.2　L 的可靠性定理

命题 3.23(可靠性定理)　每个 L 的定理都是 L 的重言式。

证明：设 $\mathscr{A}$ 是 L 的定理，则存在 L 的证明，即公式序列 $\mathscr{A}_1,\mathscr{A}_2,\cdots,\mathscr{A}_n$ 满足每个 $\mathscr{A}_i$ 或是 L 的公理，或是由其前面的两个公式 $\mathscr{A}_j$ 和 $\mathscr{A}_k$ 经 MP 得到。

施归纳于公式序列 $\mathscr{A}_1,\mathscr{A}_2,\cdots,\mathscr{A}_n$ 的长度 n 来证明。

奠基步：当 $n=1$ 时，公式序列中只有一个公式 $\mathscr{A}$。此时 $\mathscr{A}$ 必为 L 的公理 L_1, L_2 或 L_3，由例题 3.8 知，$\mathscr{A}$ 是重言式。

归纳推导步：假设命题对小于 n 的证明序列成立，考虑公式序列 $\mathscr{A}_1,\mathscr{A}_2,\cdots,\mathscr{A}_n$，其中 $\mathscr{A}_n$ 是 $\mathscr{A}$。

情形(1)　如果 $\mathscr{A}_n$ 是公理，那么由奠基步的证明，即得 $\mathscr{A}$ 是重言式。

情形(2)　$\mathscr{A}_n$ 是由公式 $\mathscr{A}_j$, $\mathscr{A}_k$ $(j<k<n)$ 经 MP 得到。不妨设 $\mathscr{A}_k$ 为 $\mathscr{A}_j\to\mathscr{A}_n$ 的形式。$\mathscr{A}_j$ 和 $\mathscr{A}_k$ 是出现在 $\mathscr{A}_n$ 之前的公式，根据归纳假定，知 $\mathscr{A}_j$ 和 $\mathscr{A}_k$ 均为重言式。设 v 是 L 的任意赋值，则有 $v(\mathscr{A}_j)=T$ 和 $v(\mathscr{A}_k)=v(\mathscr{A}_j\to\mathscr{A}_n)=T$。如果 $v(\mathscr{A}_n)=F$，那么根据赋值的定义，应有 $v(\mathscr{A}_j)=F$，此和 $v(\mathscr{A}_j)=T$ 矛盾，此矛盾说明 $v(\mathscr{A}_n)=T$。由赋值 v 的任意性，即可得到 $\mathscr{A}_n$ 是 L 的重言式。根据归纳法原理，命题得证。

3.6.3　L 的充分性定理

形式系统 L 的可靠性在于，它的定理都是重言式，即 L 的定理都是永"真"的。接下来将证明"L 的每个重言式都是 L 的定理"。这一命题称为 L 的充分性定理，证明过程将用到形式系统 L 的扩充概念。

3.6.3.1　形式系统 *L* 的扩充

定义 3.13　如果形式系统 L^* 是在 L 基础上对 L 的公理进行替换、增加而使得原先 L

中定理在 L^* 中仍然是定理，则称形式系统 L^* 是 L 的扩充。

形式系统的理论依赖于形式系统的公理，从形式系统扩充的定义可以看出，如果形式系统 L^* 是 L 的扩充，那么就有 $Th(L) \subseteq Th(L^*)$。可以通过添加"公理"的方法得到形式系统的扩充，也可以将原先形式系统的公理用其他的公式替换，甚至于两个形式系统 L^* 和 L 的公理可以完全不同，但只要 L 的定理也是 L^* 的定理，那么 L^* 就是 L 的扩充。

注记 3.32　要避免这样的"错误"，即 L 扩充到 L^* 后，使得 L 的所有公式都成为 L^* 的定理，这样的扩充不是所希望的。因此，在形式系统的扩充过程中要始终关注形式系统的"协调性"。

3.6.3.2　形式系统 L 的协调扩充

定义 3.14　设形式系统 L^* 是 L 的扩充。如果不存在 L 的公式 $\mathscr{A}$，使得 $\mathscr{A}$ 和 $\sim\mathscr{A}$ 同时为 L^* 的定理，则称形式系统 L^* 是协调的。

命题 3.24　形式系统 L 是协调的。

证明： 如果 L 不是协调的，则存在 L 的公式 $\mathscr{A}$ 使得 $\vdash_L \mathscr{A}$ 并且 $\vdash_L \sim\mathscr{A}$。由可靠性定理知 $\mathscr{A}$ 和 $\sim\mathscr{A}$ 都是重言式，即对任意 L 的赋值 v，$v(\mathscr{A})$ 和 $v(\sim\mathscr{A})$ 均为 T，由此而产生矛盾。

命题 3.25　L 的扩充 L^* 是协调的充要条件是存在一个合适公式不是 L^* 的定理。

证明： 如果 L^* 协调，则对任意公式 $\mathscr{A}$，$\mathscr{A}$ 和 $\sim\mathscr{A}$ 不能同时为 L^* 的定理，故至少有一公式不是 L^* 的定理。

反之，假定 L^* 不协调，那么就有公式 $\mathscr{B}$，使得 $\vdash_{L^*} \mathscr{B}$ 并且 $\vdash_{L^*} \sim\mathscr{B}$。由于 L^* 是 L 的扩充，那么 L 的定理也是 L^* 的定理。由命题 3.1(2)知，$\sim\mathscr{B} \to (\mathscr{B} \to \mathscr{A})$ 是 L 的定理，所以也是 L^* 的定理，运用推理规则 MP 就可得到 $\vdash_{L^*} \mathscr{A}$。由于 $\mathscr{A}$ 为任意公式，所以任意公式 $\mathscr{A}$ 都成了 L^* 的定理。换句话说，如果有公式不是 L^* 的定理，那么 L^* 必是协调的。

在 L 的公理集中添加公式得到扩充 L^* 的过程中，保证 L^* 协调性非常重要。下面命题提供了一种协调扩充的途径。

命题 3.26　设 L^* 是 L 的协调扩充，$\mathscr{A}$ 是 L 的公式，并且 $\mathscr{A}$ 不是 L^* 的定理。则将 $\sim\mathscr{A}$ 添加到 L^* 的公理集中得到 L^* 的扩充 L^{**} 是协调的。

证明： 设 $\mathscr{A}$ 是 L 的公式且不是 L^* 的定理。现将 $\sim\mathscr{A}$ 添加到 L^* 的公理集中，得到 L^* 的扩充 L^{**}。

如果 L^{**} 不协调，则有某公式 $\mathscr{B}$ 使得 $\vdash_{L^{**}} \mathscr{B}$ 并且 $\vdash_{L^{**}} \sim\mathscr{B}$，由此可得 $\vdash_{L^{**}} \mathscr{A}$。注意到 L^{**} 与 L^* 的区别在于，L^{**} 只比 L^* 多一条公理 $\sim\mathscr{A}$。所以，在 L^* 中若假设 $\sim\mathscr{A}$ 就可推出 $\mathscr{A}$，即 $\sim\mathscr{A} \vdash_{L^*} \mathscr{A}$。运用演绎定理，可得 $\vdash_{L^*} \sim\mathscr{A} \to \mathscr{A}$。由于 $(\sim\mathscr{A} \to \mathscr{A}) \to \mathscr{A}$ 是 L 的定理，所以也是 L^* 的定理，于是运用 MP，可得 $\vdash_{L^*} \mathscr{A}$，这和 $\mathscr{A}$ 不是 L^* 的定理矛盾。此矛盾说明 L^{**} 一定是协调的。

按照命题 3.26 提供的方法，就可以保证形式系统扩充的协调性。为完成充分性定理的证明，需要对 L 不断进行扩充。为此，引入完全扩充的概念。

3.6.3.3　L 的完全扩充

定义 3.15　设形式系统 L^C 是 L 的扩充。如果对任意公式 $\mathscr{A}$，都有 $\mathscr{A}$ 或者 $\sim\mathscr{A}$ 为扩充

L^C 的定理，则称 L^C 是 L 的完全扩充，也称形式系统 L^C 是完全的。

注记 3.33

(1) 完全扩充要求是协调的，否则便无实际意义。

(2) L 本身不是完全的，因为对任意的命题变元 p_i，p_i 和 $\sim p_i$ 都不是 L 的定理。

(3) 如果 L^C 是 L 的协调完全扩充，那么对 L^C 再进一步扩充就只有两种情况：要么"原地不动"，要么"不协调"。因为对任何公式 $\mathscr{A}$ 而言，要么 $\mathscr{A}$ 是 L^C 的定理，此时将 $\mathscr{A}$ 加入 L^C 的公理集得到的扩充就是"原地不动"；若 $\mathscr{A}$ 不是 L^C 的定理，那么 $\sim\mathscr{A}$ 就是 L^C 的定理，此时将 $\mathscr{A}$ 加入 L^C 的公理集得到的扩充就是不协调的。所以，可以将协调完全扩充看成协调扩充的极限。

命题 3.27 设 L^* 是 L 的协调扩充，则存在 L^* 的协调完全扩充。

证明：首先，注意到 L 的全部公式是可数的，因而，可将它们枚举出来。设

$$\mathscr{A}_0, \mathscr{A}_1, \cdots, \mathscr{A}_n, \cdots \tag{3.9}$$

是 L 的全部公式的一个枚举。用如下方法构造 L^* 的扩充序列 $J_0, J_1, \cdots, J_n, \cdots$。

首先，令 $J_0 = L^*$，构造 J_1。如果 $\vdash_{J_0} \mathscr{A}_0$，则令 $J_1 = J_0$；如果没有 $\vdash_{J_0} \mathscr{A}_0$，即 $\mathscr{A}_0$ 不是 J_0 的定理，则把 $\sim\mathscr{A}_0$ 加入 J_0 的公理集，得到 J_1。根据命题 3.26 知，J_1 是协调的。

假定已有 J_{n-1}，且 J_{n-1} 是协调的，构造 J_n。如果 $\vdash_{J_{n-1}} \mathscr{A}_{n-1}$，则令 $J_n = J_{n-1}$，如果没有 $\vdash_{J_{n-1}} \mathscr{A}_{n-1}$，则把 $\sim\mathscr{A}_{n-1}$ 加入 J_{n-1} 的公理集，得到 J_n。同样，J_n 是协调的。

照此构造下去，可得到一个扩充的无穷序列 $J_0 \subseteq J_1 \subseteq \cdots \subseteq J_n \subseteq \cdots$。其中，$J_0 = L^*$，$J_n \subseteq J_{n+1}$ 表示 J_{n+1} 是 J_n 的扩充。依据构造方法知，每个 $J_n (n=0,1,\cdots)$ 都是协调的。

构造形式系统 J，它的公理集是由所有 $J_0, J_1, \cdots, J_n, \cdots$ 的公理集的并集组成。接下来证明 J 是 L^* 的协调完全扩充。

首先，J 是协调的。如果 J 不协调，那么有公式 $\mathscr{A}$，使得 $\vdash_J \mathscr{A}$ 并且 $\vdash_J \sim\mathscr{A}$，即在 J 中能证明 $\mathscr{A}$ 和 $\sim\mathscr{A}$ 都是 J 的定理。但由于证明的序列是有穷的，最多只用到 J 的有穷条公理。因此，必有某个 J_n，J_n 的公理集就包含了这些公理，于是在 J_n 中就可证明 $\mathscr{A}$ 和 $\sim\mathscr{A}$ 都是 J_n 的定理，这和 J_n 协调矛盾。

其次，J 是完全的。设 $\mathscr{A}$ 是任一 L 的公式，不妨设 $\mathscr{A}$ 为公式枚举(3.9)中的 $\mathscr{A}_k$。如果 $\mathscr{A}_k$ 不是 J 的定理，那么 $\mathscr{A}_k$ 也不是 J_k 的定理，于是在构造 J_{k+1} 时，$\sim\mathscr{A}_k$ 将成为 J_{k+1} 的公理，当然也就成了 J 的定理。

命题 3.28 设 L^* 是 L 的协调扩充，则存在 L 的赋值，使得每个 L^* 的定理均取值 T。

证明：设 J 是 L 的协调完全扩充。定义 L 合适公式到 $\{T,F\}$ 映射 v 如下。

$$v(\mathscr{A}) = \begin{cases} T, \text{如果 } \vdash_J \mathscr{A} \\ F, \text{如果 } \vdash_J \sim\mathscr{A} \end{cases} \tag{3.10}$$

由于 J 是协调的，不可能同时有 $\vdash_J \mathscr{A}$ 和 $\vdash_J \sim\mathscr{A}$，所以 v 的定义有意义，并且对任意的合适公式 $\mathscr{A}$，满足 $v(\mathscr{A}) \neq v(\sim\mathscr{A})$。

要说明 v 是赋值，还需证明 $v(\mathscr{A}\rightarrow\mathscr{B}) = F$ 当且仅当 $v(\mathscr{A}) = T$ 且 $v(\mathscr{B}) = F$。

若 $v(\mathscr{A}) = T$ 且 $v(\mathscr{B}) = F$，则有 $\vdash_J \mathscr{A}$ 且 $\vdash_J \sim\mathscr{B}$，若还有 $\vdash_J (\mathscr{A}\rightarrow\mathscr{B})$，那么由 MP 就可得

到 $\vdash_J \mathscr{B}$，这和 J 协调矛盾。由于 J 是完全的，所以 $\vdash_J \sim(\mathscr{A}\to\mathscr{B})$。根据 v 的定义，便有 $v(\mathscr{A}\to\mathscr{B})=F$。

反之，若 $v(\mathscr{A})=F$，那么就有 $\vdash_J \sim\mathscr{A}$，再由 $\vdash_J \sim\mathscr{A}\to(\sim\mathscr{B}\to\sim\mathscr{A})$ 及 MP，可得到 $\vdash_J(\sim\mathscr{B}\to\sim\mathscr{A})$，于是有 $\vdash_J(\mathscr{A}\to\mathscr{B})$，从而有 $v(\mathscr{A}\to\mathscr{B})=T$。

还有一种情况是 $v(\mathscr{A})=T$，$v(\mathscr{B})=T$，此时有 $\vdash_J \mathscr{A}$ 且 $\vdash_J \mathscr{B}$，利用 $\vdash_J \mathscr{B}\to(\mathscr{A}\to\mathscr{B})$ 和 MP，可得 $\vdash_J \mathscr{A}\to\mathscr{B}$，即 $v(\mathscr{A}\to\mathscr{B})=T$。由此证明 v 是 L 的赋值。

对任意 L^* 的定理 $\mathscr{A}$，均有 $\vdash_J \mathscr{A}$，再根据赋值 v 的定义，便有 $v(\mathscr{A})=T$。

3.6.3.4　L 的充分性定理

命题 3.29（充分性定理）　如果 L 的公式 $\mathscr{A}$ 是重言式，那么就有 $\vdash_L \mathscr{A}$。

证明：设 $\mathscr{A}$ 是重言式。如果 $\mathscr{A}$ 不是 L 的定理，那么把 $\sim\mathscr{A}$ 添加到 L 的公理集后可得到 L 的协调扩充 L^*，显然，$\sim\mathscr{A}$ 是 L^* 的定理。于是根据命题 3.28 知，存在 L 的赋值 v 使得 $v(\sim\mathscr{A})=T$，这与 $\mathscr{A}$ 是重言式矛盾。因此，$\mathscr{A}$ 必是 L 的定理。

通过上面的分析和证明知道，在命题演算形式系统 L 中，"定理"和重言式是等价的。由于可以通过真值表的方法来判定一个公式是否为重言式，因此便有了如下命题。

命题 3.30　形式系统 L 是可判定的。即存在一个能行的方法，对任意 L 的合适公式 $\mathscr{A}$，能判定它是否为 L 的定理。

证明：运用真值表方法，对任意一个公式，均可在有限步里判断出它是否为重言式。

本章习题

习题 3.1　用命题公式表示下列陈述语句。

（1）小王工作很努力，小李也是。

（2）要么用武力收回这些地方，要么共同开发这些地方，主权问题是不能讨价还价的。

（3）如果路上车不多，我们就可以准时到达，可是路上车太多了，所以我们迟到了。

（4）你之所以能够取得这样好的成果，要归功于你平时的刻苦努力。

（5）中国只有强大了，才能维护亚太地区的和平与安宁。

（6）不是我不把你放在眼里，而是你自己太差劲了。

（7）我非要教训你不可，否则你太不自觉了。

（8）如果你不贪玩，你就会抓紧时间学习；只有抓紧时间学习，才能弄懂学习的内容。

（9）要么我到上海出差，要么我去西安出差；如果我去上海，可以安排小李去西安。

（10）某系统由 3 个模块组成：输入 1 则执行第一模块，输入 2 则执行第二模块，输入 3 则执行第三模块，输入其他的值，系统就停止运行。

习题 3.2　证明下列各式。

（1）$\mathscr{A}\to\mathscr{B}\vdash(\mathscr{A}\wedge\mathscr{C})\to(\mathscr{B}\wedge\mathscr{C})$

（2）$\mathscr{A}\to\mathscr{B}\vdash(\mathscr{C}\wedge\mathscr{A})\to(\mathscr{C}\wedge\mathscr{B})$

（3）$\mathscr{A}\to\mathscr{B}\vdash\mathscr{A}\vee\mathscr{C}\to\mathscr{B}\vee\mathscr{C}$

(4) $\mathscr{A}\to\mathscr{B}\vdash\mathscr{C}\vee\mathscr{A}\to\mathscr{C}\vee\mathscr{B}$

习题 3.3 设 L 是命题演算形式系统，试完成下列各式的证明。

(1) 试证明等价命题公式的“自反性”，“对称性”和“传递性”，即：

(a) $\vdash\mathscr{A}\leftrightarrow\mathscr{A}$ (b) $\mathscr{A}\leftrightarrow\mathscr{B}\vdash\mathscr{B}\leftrightarrow\mathscr{A}$ (c) $\mathscr{A}\leftrightarrow\mathscr{B},\mathscr{B}\leftrightarrow\mathscr{C}\vdash\mathscr{A}\leftrightarrow\mathscr{C}$

(2) 试给出下列各式的证明。

(a) $\mathscr{A}\to\mathscr{B},\mathscr{B}\to\mathscr{A}\vdash\mathscr{A}\leftrightarrow\mathscr{B}$

(b) $\mathscr{A}\leftrightarrow\mathscr{B}\vdash(\mathscr{A}\to\mathscr{B})\wedge(\mathscr{B}\to\mathscr{A})$

(c) $\mathscr{A}\leftrightarrow\mathscr{B}\vdash\mathscr{A}\to\mathscr{B}$

(d) $\mathscr{A}\leftrightarrow\mathscr{B}\vdash\mathscr{B}\to\mathscr{A}$

(e) $\mathscr{A}\leftrightarrow\mathscr{B},\mathscr{A}\vdash\mathscr{B}$

(f) $\mathscr{A}\leftrightarrow\mathscr{B},\mathscr{B}\vdash\mathscr{A}$

(3) 试给出下列各式的证明。

(a) $(\mathscr{A}\leftrightarrow\mathscr{B})\vdash\sim\mathscr{A}\leftrightarrow\sim\mathscr{B}$

(b) $\mathscr{A}\leftrightarrow\mathscr{B},\mathscr{C}\leftrightarrow\mathscr{D}\vdash\mathscr{A}\wedge\mathscr{C}\leftrightarrow\mathscr{B}\wedge\mathscr{D}$

(c) $\mathscr{A}\leftrightarrow\mathscr{B},\mathscr{C}\leftrightarrow\mathscr{D}\vdash\mathscr{A}\vee\mathscr{C}\leftrightarrow\mathscr{B}\vee\mathscr{D}$

(d) $\mathscr{A}\leftrightarrow\mathscr{B},\mathscr{C}\leftrightarrow\mathscr{D}\vdash(\mathscr{A}\to\mathscr{C})\leftrightarrow(\mathscr{B}\to\mathscr{D})$

(4) 试证明逻辑演算形式系统中的 D. Mongen 定律。即对任意公式 $\mathscr{A}$ 和 $\mathscr{B}$ 有：

(a) $\vdash\sim(\mathscr{A}\vee\mathscr{B})\leftrightarrow(\sim\mathscr{A})\wedge(\sim\mathscr{B})$

(b) $\vdash\sim(\mathscr{A}\wedge\mathscr{B})\leftrightarrow(\sim\mathscr{A})\vee(\sim\mathscr{B})$

习题 3.4 设 L' 是只包含 L 的(L_1)、(L_2)和(L_3)作为公理的形式系统。在 L' 中如用 $\mathscr{A}\vee\mathscr{B}$ 表示公式 $\sim\mathscr{A}\to\mathscr{B}$ 的缩写，$\mathscr{A}\wedge\mathscr{B}$ 表示公式 $\sim(\mathscr{A}\to\sim\mathscr{B})$ 的缩写，试证明下列各式。

(1) $\vdash_{L'}\mathscr{A}\wedge\mathscr{B}\to\mathscr{B}$

(2) $\vdash_{L'}\mathscr{B}\to(\mathscr{A}\vee\mathscr{B})$

(3) $\vdash_{L'}(\mathscr{A}\to\mathscr{B})\to((\mathscr{A}\to(\mathscr{B}\to\mathscr{C}))\to(\mathscr{A}\to\mathscr{C}))$

(4) $\vdash_{L'}(\mathscr{A}\to\mathscr{B})\to((\mathscr{A}\to\sim\mathscr{B})\to\sim\mathscr{A})$

习题 3.5 设 L 和 L' 是两个形式系统，有相同符号集、公式集和推理规则 MP，而公理集分别为：

L 的公理：

(L_1) $\mathscr{A}\to(\mathscr{B}\to\mathscr{A})$

(L_2) $(\mathscr{A}\to(\mathscr{B}\to\mathscr{C}))\to((\mathscr{A}\to\mathscr{B})\to(\mathscr{A}\to\mathscr{C}))$

(L_3) $(\sim\mathscr{A}\to\sim\mathscr{B})\to(\mathscr{B}\to\mathscr{A})$

L' 的公理：

(L_1') $\mathscr{A}\to(\mathscr{B}\to\mathscr{A})$

(L_2') $(\mathscr{A}\to(\mathscr{B}\to\mathscr{C}))\to((\mathscr{A}\to\mathscr{B})\to(\mathscr{A}\to\mathscr{C}))$

(L_3') $(\sim\mathscr{A}\to\sim\mathscr{B})\to((\sim\mathscr{A}\to\mathscr{B})\to\mathscr{A})$

试证明 L 和 L' 等价，即对任意的 wff$\mathscr{A}$，$\vdash_L\mathscr{A}$ 当且仅当 $\vdash_{L'}\mathscr{A}$。

习题 3.6 设 $\mathscr{A}$ 是 L 的公式，L^* 是把 $\mathscr{A}$ 加入 L 的公理集所得到的 L 的扩充。证明：L^* 的定理集不同于 L 的定理集的充要条件是 $\mathscr{A}$ 不是 L 的定理。

习题 3.7 设 J 是 L 的协调完全扩充，$\mathscr{A}$ 是 L 的公式。证明：把 $\mathscr{A}$ 加到 J 的公理集中所得 J 的扩充是协调的充要条件是 $\mathscr{A}$ 是 J 的定理。

习题 3.8　设 $\mathscr{A}$ 是公式，其中出现的命题字母为 $p_1, p_2, \cdots, p_n$，设 $\mathscr{A}_1, \mathscr{A}_2, \cdots, \mathscr{A}_n$ 为任意 n 个公式，把 $\mathscr{A}$ 中出现的所有 p_i 都换成 $\mathscr{A}_i(1 \leqslant i \leqslant n)$，所得的公式为 $\mathscr{B}$。证明若 $\mathscr{A}$ 是 L 的定理，那么 $\mathscr{B}$ 也是。

第4章 谓词演算

谓词演算是数理逻辑的重要组成部分，也是数学家、哲学家、语言学家最常使用的一种形式化演绎方法。谓词演算也称谓词逻辑，谓词演算与命题演算的区别在于，命题演算以命题为基本对象，而命题的基本单位则是不能拆分的"语句"；谓词演算的基本对象则是关于"个体"与个体"行为"关系的"陈述"，它将"命题"中的"个体"（语句中的主语、宾语等指出的对象）和个体的"行为"（通过"语句"中的谓语表示的个体的行为与特征）分别加以考虑，并在此基础上通过增加对命题中个体的"量化"以及个体"行为"的描述而形成的演绎方法。谓词逻辑是命题逻辑的扩展。其中，"个体"概念在整个数学基础研究中被看作不可再分割的基本对象，针对这类个体的"量化"与"行为"描述所使用的逻辑演算系统称为"一阶谓词逻辑"或"一阶谓词演算"系统，所使用的语言称为一阶语言。历史上第一个完整的一阶谓词逻辑系统是由德国数学家、逻辑学家弗雷格（Frege）在1879年建立的。由于他在《概念文字》[①]一书中的杰出工作，而被誉为是数理逻辑的奠基人。

本章介绍谓词演算的基本知识，为进一步学习形式谓词演算建立基础。主要内容包括量词和谓词的概念、谓词公式的表示方法、个体变元的基本属性以及变元替换的基本性质等；给出一阶语言的描述，并对一阶语言的"解释"加以阐述，从"语义"角度讨论谓词公式的可满足性与逻辑普效性。通过本章学习，了解谓词演算的基本特点，理解和掌握量词与谓词的概念、谓词公式的表示方法以及约束变元与自由变元的基本性质，把握一阶语言解释的基本思想，领会谓词公式可满足性与逻辑普效的基本含义，为进一步学习谓词演算形式系统的有关内容建立基础。

4.1 谓词表达式

4.1.1 谓词与量词

命题演算的基本对象是命题，而命题是可以判定真假的陈述句。其中，简单句是命题的最基本形式，也称简单命题或原子命题。在命题演算中，原子命题用命题符号或命题变元表示，它是命题逻辑中不可拆分的最小单位。然而，一个完整的陈述语句，即便是一个简单句，也是由一些相互关联的"成分"构成的。例如，"主语"、"谓语"和"宾语"（可缺省）便构

① 又名《概念语言》，其英文书名为 *Concept-Script: A Formal Language for Pure Thought Modeled on that of Arithmetic*.

成语句的基本成分。其中,“主语”是命题陈述的主体,“宾语”是主体作用的对象,统称为“个体”;而“谓语”则用来反映“个体”的行为属性以及“个体”之间的关系等。所有这些在命题演算中是无法表示的。特别地,当推理过程一旦涉及“个体”的“量”以及“个体”的行为属性时,命题演算便显得无能为力了。

例如,陈述句“苏格拉底是哲学家,柏拉图也是哲学家。”在命题逻辑中只能通过两个命题符号的合取 $p \wedge q$ 来表示,其中 p 和 q 分别表示“苏格拉底是哲学家”和“柏拉图是哲学家”。从形式上看,p 和 q 是两个独立的命题符号,看不出它们之间的联系。然而,两个语句中“是哲学家”的共性特征却把“苏格拉底”和“柏拉图”两个“个体”紧密地联系在了一起。这一点,命题逻辑是无法表达的。

再如,有这样的推理:所有的人都有思想,苏格拉底是人,所以苏格拉底有思想。如果用命题逻辑来描述上述推理,则只能用 p,q,r 分别表示简单句“所有的人都有思想”,“苏格拉底是人”和“苏格拉底有思想”。从各语句表达的意思看,命题 r 的取值依赖于命题 p 和 q 的取值,即当 $p \wedge q$ 为“真”时,命题 r 也应该为“真”。但是,推理过程的表示公式 $p \wedge q \rightarrow r$ 却不能满足预期的结果,因为 $p \wedge q \rightarrow r$ 并非重言式。

由此可见,命题演算对逻辑推理过程的描述是有局限性的,而造成这种局限性的主要原因是命题演算无法对语句中“个体”的量、“个体”的行为属性或“个体”之间的关系做进一步描述。因此,将陈述句中的“个体”和“个体”的行为属性等分别加以描述,无疑是解决问题的关键所在。

4.1.1.1 谓词

在陈述句中,谓语是对“个体”行为、属性或“个体”之间关系的陈述与说明。在逻辑演算中,谓语称为“谓词”,它是建立在对“个体”属性与关系的描述基础之上的。

(1) 个体的表示。个体有“变化个体”和“特定个体”之分。通常用 $x_1,x_2,\cdots$ 或 x,y,z 等表示在一定范围内变化个体,称为个体变元;而用 $a_1,a_2,\cdots$ 或 a,b,c 等表示特定的个体,称为个体常元。

(2) 谓词的表示。谓词反映个体的行为、属性或个体之间的关系。通常用大写英文字母 $A,B,C,\cdots$ 表示,称为谓词符号。

定义 4.1

(1) 如果谓词 A 描述一个或一种个体的行为属性,那么 A 称为一目谓词或一元谓词。设 x 是个体变元,则一目谓词的表示形式为 $A(x)$,意为“x 具有 A 的行为特征”或“x 具有属性 A”。

(2) 如果谓词 A 描述两个或两个以上个体之间的关系,则 A 称为多目谓词。在形式上,通常可用 A^n 表示 n 目(元)谓词,表达方式为 $A^n(x_1,x_2,\cdots,x_n)$,意为“个体 $x_1,x_2,\cdots,x_n$ 具有或满足关系 A^n”。

例如,用 $Philosopher(x)$ 表示“x 是哲学家”,个体常元 a 代表“苏格拉底”。则 $Philosopher(a)$ 表示“苏格拉底是哲学家”。谓词 $Philosopher$ 就是一目谓词。

例如,“x 是 y 的兄弟”,则可以表示为 $Brothers(x,y)$。谓词 $Brothers$ 反映了两个个体之间的关系，其含义为"…是…的兄弟"，因而是二目或二元谓词。

注记 4.1 在一般的形式系统分析研究过程中，通常用大写英文字母表示谓词符号。而在实际应用和分析过程中，当谓词有明确含义时，也可用英文单词或其他有明指含义的符号表示。如"*Philosopher*"和"*Brothers*"等。在具体应用系统的描述中，这种做法将更加有利于对整个系统的分析和理解，增加系统的"可读性"，为分析问题提供积极帮助。

4.1.1.2 量词

引入谓词后，可以对个体属性以及个体之间的关系进行描述。但是，针对某个属性(或关系)A，还将面对这样的问题：是否有个体能够满足 A？是部分个体具有属性 A？还是全部个体具有属性 A？等等。为能有效地阐明并回答这类问题，就必须对个体的"量"进行描述，量词的概念由此产生。

定义 4.2

(1) 全称量词。全称量词是对一定范围内(个体域)全部个体的描述，用符号 $\forall$ 表示。符号 $\forall$ 为英文单词"All"之意。"$\forall x$"可理解为"所有 x…"或"任意 x…"。

(2) 存在量词。存在量词是对一定范围内(个体域)部分个体的描述，用符号 $\exists$ 表示。符号 $\exists$ 为英文单词"Exist"之意。"$\exists x$"可理解为"存在 x…"或"有些 x…"。

注记 4.2 量词符号不能单独使用，必须以"$\forall x$"或"$\exists x$"的形式出现。其中，x 是个体变元，称为量词 $\forall$ 或 $\exists$ 的作用变元。"一阶谓词逻辑"中，"一阶"的含义是指量词作用的变元是数学基础研究中不可再分割的基本对象。

4.1.2 谓词表达式与翻译

4.1.2.1 谓词表达式的基本形式

定义 4.3 由谓词符号、个体变元、量词符号、逻辑运算符号按一定规则组成的式子称为谓词表达式。谓词表达式的最基本形式为 $A(x)$ 或 $A^n(x_1,\cdots,x_n)$，称为原子表达式。其中，A 和 A^n 是谓词符号，表示一个简单句中的谓语。

与命题演算一样，谓词演算使用$\sim$(否定)，$\wedge$(合取)，$\vee$(析取)，$\rightarrow$(条件词)作为基本逻辑运算符。从谓词表达式的基本形式出发，通过量词运用与逻辑运算就可以形成复杂的谓词表达式。通常，谓词表达式有下列几种基本形式。

(1) 原子谓词表达式。表示形式为 $A(x)$ 或 $A^n(x_1,\cdots,x_n)$。其中，A 和 A^n 称为谓词符号。$A(x)$理解为"x 具有属性 A"，$A^n(x_1,\cdots,x_n)$理解为"个体 $x_1,\cdots,x_n$ 满足关系 A^n"。

(2) 否定谓词表达式。表示形式为$\sim A(x)$或$\sim A^n(x_1,\cdots,x_n)$。分别可理解为"x 不具有属性 A"或"个体 $x_1,\cdots,x_n$ 不满足关系 A^n"。

(3) 合取谓词表达式。表示形式为 $A(x)\wedge B(x)$或 $A(x)\wedge B(y)$。前者可理解为"x 具有属性 A，并且具有属性 B"；后者可理解为"x 具有属性 A，并且 y 具有属性 B"。

(4) 析取谓词表达式。表示形式为 $A(x)\vee B(x)$或 $A(x)\vee B(y)$。前者可理解为"x 具有属性 A，或者具有属性 B"；后者可理解为"x 具有属性 A，或者 y 具有属性 B"。

(5) 条件谓词表达式。表示形式为 $A(x)\rightarrow B(x)$或 $A(x)\rightarrow B(y)$。前者可理解为"如果

x 具有属性 A，那么 x 具有属性 B”；后者可理解为“如果 x 具有属性 A，那么 y 具有属性 B”。

(6) 量词作用表达式。表示形式为 $\exists xA(x)$ 或 $\forall xA(x)$。$\exists xA(x)$ 可理解为“有些(存在一些)x 具有属性 A”，$\forall xA(x)$ 可理解为“所有(任意)x 具有属性 A”。

注记 4.3

(1) 上述谓词表达式是在谓词符号的基础上给出的，旨在说明联结词的基本含义，也是为今后学习谓词翻译做准备。谓词表达式也称谓词公式，在基本形式的基础上，可以进一步使用联结词运算产生更为复杂的谓词表达式。因此，在研究一般谓词公式的性质时，可用 $\mathscr{A},\mathscr{B},\mathscr{C}$ 等表示谓词公式。

(2) 用谓词表达式表示某个断言或陈述时，首先要引入原子谓词。必须注意，原子谓词的引入不能有“否定”的含义。此外，个体变元的使用往往会产生不同的“含义”。例如，$A(x)\land B(x)$ 和 $A(x)\land B(y)$ 的含义是有区别的。不同的个体变元表示不同个体域中的个体，或相同个体域中的不同个体。

4.1.2.2 翻译

在实际应用中，如计算机系统设计与编程等，经常需要将自然语言陈述的对象、对象属性以及对象之间的关系，用符号化的形式表达出来，称为“形式化”或“符号化”表示。所谓“翻译”就是指将自然语言陈述的事实用谓词表达式表示的过程。

例题 4.1 试用谓词表达式表示“苏格拉底是哲学家，柏拉图也是哲学家”。

翻译：用谓词符号 P 表示“是哲学家”，则 $P(x)$ 就表示“x 是哲学家”。再用个体常元 a 和 b 分别表示“苏格拉底”和“柏拉图”。则“苏格拉底是哲学家，柏拉图也是哲学家.”可表示为 $P(a)\land P(b)$。

例题 4.2 试翻译“所有的人都有思想，苏格拉底是人，所以苏格拉底有思想”。

翻译：用 $M(x)$ 表示“x 是人”，$S(x)$ 表示“x 有思想”，a 表示“苏格拉底”。则本题陈述可翻译为：$\forall x(M(x)\rightarrow S(x))\land M(a)\rightarrow S(a)$。

注记 4.4

(1) 例题 4.2 中引进谓词 $M(x)$ 是非常必要的。如果仅用 $S(x)$，那么 $\forall xS(x)$ 则表示“所有的东西都有思想”，而并非单指人。此外，“所有人都有思想”应当理解为：“对所有的个体而言，如果他是人，那么他有思想”。因此，谓词 $M(x)$ 和谓词 $S(x)$ 是一种“因果关系”，即“是人”所以“有思想”，须使用条件词→，翻译成 $M(x)\rightarrow S(x)$。切不可理解为“合取”关系，如果用 $\forall x(M(x)\land S(x))$ 表示，则意为“所有的东西都是人并且都有思想”，这显然是不合题意的。

(2) 例题 4.2 的陈述是一个推理，前提是 $\forall x(M(x)\rightarrow S(x))$ 和 $M(a)$，结论是 $S(a)$。该推理的合理性可分析为：因为对所有的 x 都有 $M(x)\rightarrow S(x)$，那么对 a 就应该有 $M(a)\rightarrow S(a)$，再由 $M(a)$，经过推理规则 MP 即可得到 $S(a)$。

谓词翻译是一项十分重要的工作，在技术上具有一定的难度。用谓词表达式描述自然语言陈述的事实，通常要考虑如下几个方面的问题。

(1) 主谓明确。首先要对自然语句中的句子成分认真分析,明确句子中的"主语"和"谓语"。如果是复合语句,一定要注意不同句子中"主语"的变化范围,如果不同,则需要用不同的个体变量来表示。

(2) 谓词引进。针对不同的"谓语"引进不同的谓词符号。谓词符号可以用字母,也可以用能够明指含义的单词表示。谓词引进针对简单语句。需要注意的是,如果句子中的"谓语"带有"宾语"成分,那么对应的谓词一般是多目谓词。

(3) 量词运用。对语句中个体的"量"是"全部"还是"部分"进行分析,正确使用"量词"给予表达。一般地,出现"凡是"、"所有"、"任意"、"全部"等字样,用全称量词∀;而"有些"、"个别"、"部分"、"存在"等,则用存在量词∃。

(4) 逻辑分析。分析句子陈述之间的逻辑关系,准确使用对应的联结词(非、合取、析取、蕴含等),写出谓词表达式。

例题 4.3 否定词"~"的翻译。

(1) 一个人不学习就不能进步。

(2) 他是一个不讲道理的人。

翻译:(1) 句中的主语是"一个人",实际是泛指,即有"任意一个人"的含义。谓语有"学习"和"进步",可用$S(x)$表示"x学习",$P(x)$表示"x进步"。句子可理解为:对任何个体而言,如果他是人,并且他不学习,那么他就不能进步。个体的变化范围是"人",需引入谓词$M(x)$表示"x是人"。整句翻译结果为$\forall x(M(x)\wedge(\sim S(x))\rightarrow\sim P(x))$。

(2) 句中的主语"他"是特指个体,因此,须用常元a表示。谓语可用$Q(x)$表示"x讲道理"。语句中的"不"是副词,为"否定"之意。特别要注意"他是人",需引入谓词$M(x)$表示"x是人"。整句的含义可理解为:他是人,并且他不讲道理,应为合取关系。因此,整个语句可翻译为$M(a)\wedge(\sim Q(a))$。

例题 4.4 全称量词"∀"的翻译。

(1) 所有的鸟都会飞。

(2) 自然数是整数。

翻译:(1) 本句可以理解为"对所有的个体x而言,如果x是鸟,那么x会飞"。因此,可翻译为:$\forall x(B(x)\rightarrow F(x))$。其中,谓词$B(x)$表示"$x$是鸟",$F(x)$表示"$x$会飞"。

(2) 句子中虽然没有出现"所有的"等字样,但不难看出,该语句是针对所有自然数的,其含义是"对所有的个体x而言,如果x是自然数,那么x是整数"。用$N(x)$表示"x是自然数",$I(x)$表示"x是整数"。则语句可翻译为$(\forall x)(N(x)\rightarrow I(x))$。

注记 4.5 例题 4.4 (1)和(2)句式有个共同特点:某个领域任意对象都具有某种行为或特性。此类翻译时,通常引入表示对象的领域谓词和对象的行为特性谓词,如:领域谓词$M(x)$,$B(x)$,$N(x)$等,表示对象所属领域"人"、"鸟"、"自然数"等;行为特性谓词$S(x)$,$F(x)$,$I(x)$等,表示领域对象具有的行为特性"有思想"、"会飞"、"是整数"等。此类翻译通常要用全称量词"$\forall x$"表示个体的量,谓词表达式由两个部分组成,客体x的领域范围和这一领域范围内个体具有的性质,两部分之间用蕴含词"→"联结。

例题 4.5 存在量词"∃"的翻译。

(1) 有些人是愚蠢的。

(2) 个别学生没有做作业。

翻译:(1) 本句可以理解为"存在一些个体 x,x 是人,并且 x 是愚蠢的"。因此,可翻译为:$\exists x(M(x) \wedge S(x))$。其中,谓词 $M(x)$表示"x 是人",$S(x)$表示"x 愚蠢"。

(2) 用 $C(x)$表示"x 为学生",$D(x)$表示"x 做了作业"。则语句"个别学生没有做作业"可翻译为$\exists x(C(x) \wedge (\sim D(x)))$。

注记 4.6 例题 4.5 (1)和(2)句式有个共同特点:某个领域部分对象具有某种特性。此类翻译时,通常引入表示对象的领域谓词和对象的特性谓词,如:领域谓词 $M(x)$,$C(x)$等,表示对象所属领域为"人"、"学生"等;行为特性谓词 $S(x)$,$D(x)$等,表示领域对象具有的行为特性"愚蠢"、"做作业"等。此类翻译通常要用存在量词"$\exists x$"表示个体的量,谓词表达式由两个部分组成,客体 x 的领域范围,以及 x 具有的行为特性,两部分之间用合取词"$\wedge$"联结。

例题 4.6 带有个体"运算"性质的翻译。

(1) 两个自然数的和是自然数。

(2) 一个正数与一个负数的乘积是负数。

翻译:(1) 用 $N(x)$表示"x 是自然数"。关键是句中出现了"自然数的和",它不表示自然数"特性",而表示自然数的一种"运算"。对此,需要使用相应符号来表述这种运算,例如,可以用 $Sum(x,y)$表示"x 与 y 的和"。需注意:Sum 不是谓词符号,而是一种"运算符",可称为"函数符",$Sum(x,y)$不表示 x 与 y 的关系,而表示由 x 和 y 产生的另一个"对象",是一个"个体"。另外,句中出现"两个"字样,实质为"任意两个"之意。因此,整句可翻译为$\forall x \forall y(N(x) \wedge N(y) \rightarrow N(Sum(x,y)))$。

(2) 用 $P(x)$表示"x 是正数",$Q(x)$表示"x 是负数",$Time(x,y)$表示"x 与 y 的乘积"。则语句可翻译为$\forall x \forall y(P(x) \wedge Q(y) \rightarrow Q(Time(x,y)))$。

注记 4.7 在谓词演算中,引入函数符号有时是必要的。谓词通常表示个体之间的关系,而函数符号则表示个体到个体的"对应"。例如:可以用 $FatherSon$(Tom,John)表示"Tom 和 John 是父子关系",而用 $Fatherof$(Tom)表示"Tom 的父亲"。前者表示两者之间的关系,后者则表示一个个体。如果"Tom 的父亲是 John",那么 $Fatherof$(Tom)就表示John。在此,$Fatherof$ 可视为函数符号。

在自然语言中,同样一个"事实"可以用不同的方式陈述。因此,在翻译的过程中也可用不同的谓词表达式表达。

例题 4.7 同样"事实"的等价翻译。

(1) 世上所有的东西,或者是动物,或者是植物。

又为:世上所有的东西,如果不是动物,那么就是植物。

(2) 世上所有的东西都是客观的。

又为:世上不存在不是客观的东西。

(3) 所有的鸟都会飞。

又为:没有不会飞的鸟。

(4) 有些人是愚蠢的。

又为：不是所有的人都聪明(不愚蠢)。

翻译：(1) "世上所有的东西，或者是动物，或者是植物"可翻译成$(\forall x)(A(x)\vee B(x))$；"世上所有的东西，如果不是动物，那么就是植物"可译为$(\forall x)((\sim A(x))\rightarrow B(x))$。其中，$A(x)$，$B(x)$分别表示$x$是动物和植物。

(2) "世上所有的东西都是客观的"也可以理解为"世上不存在不是客观的东西"。如果用$Q(x)$表示"x是客观的"，则语句可以表达为$\forall xQ(x)$或者$\sim\exists x(\sim Q(x))$。

(3) 在例题 4.4 (1)中，"所有的鸟都会飞"的表达式为$\forall x(B(x)\rightarrow F(x))$，而与之等意的说法"没有不会飞的鸟"又可表示为$\sim\exists x(B(x)\wedge(\sim F(x)))$。

(4) 在例题 4.5 (1)中，"有些人是愚蠢的"的表达式为$\exists x(M(x)\wedge S(x))$，而与之等意描述"不是所有的人都聪明"可表示为$\sim\forall x(M(x)\rightarrow(\sim S(x)))$。

注记 4.8 例题 4.7 说明，同一个"事实"可以有不同的陈述方式，因而可以有不同的谓词表达式。需要注意的是，表示同一"事实"的不同谓词表达式在逻辑上必须是等价的。另外，在命题演算中，曾经介绍了用"$\sim$"和"$\rightarrow$"表示"$\wedge$"和"$\vee$"的方法，这在谓词演算中也是成立的。不仅如此，例题 4.7 (2)还说明，利用否定词"$\sim$"可以实现量词"$\exists$"和"$\forall$"的相互转化。

4.2 一阶语言$\mathscr{L}$

为了建立严格的谓词演算系统，首先需要有严格的形式化语言作为支持。为此，引入一阶语言的概念。

4.2.1 一阶语言$\mathscr{L}$与谓词公式

4.2.1.1 一阶语言$\mathscr{L}$的符号集

一阶语言所使用的符号包括：

(1) 个体变元$x_1,x_2,\cdots$。

(2) 个体常元$a_1,a_2,\cdots$。

(3) 谓词字母$A_1^1,A_2^1,\cdots,A_1^2,A_2^2,\cdots,A_1^n,A_2^n,\cdots$。

(4) 函数符号$f_1^1,f_2^1,\cdots,f_1^2,f_2^2,\cdots,f_1^n,f_2^n,\cdots$。

(5) 技术符号(,)。

(6) 联结词符$\sim,\rightarrow$。

(7) 量词符号$\forall$。

注记 4.9

(1) 个体常元是必要的，用来特指某个范围内的特殊对象。例如，x是变元，其变化范围是"人"，那么"苏格拉底"就是"人"中特殊对象。

(2) 谓词符号的一般形式为A_i^n，其中上标n表示n目谓词，而下标i则表示第i个n目谓词。在不会引起混淆的情况下,书写时可以省去下标和上标。有时也用大写英文字母 A,B,C 等表示谓词。

(3) 函数符号 f_i^n 表示第 i 个 n 元函数。函数是一种特殊的关系,也可以用谓词符号表示。引入函数符号的目的在于,当这些形式化的个体表示应用于具体的数学对象分析时会变得更为直观和便利。

(4) 联结词仅用了"~"和"→",而未列出"∧"和"∨",同样量词也仅用了"∀",而未列出"∃",这主要是为了讨论问题的方便。实际上有了"~"、"→"和"∀",联结词"∧"和"∨",还有量词"∃",都可以通过它们表示出来。

4.2.1.2 一阶语言 $\mathscr{L}$ 的合适公式

定义 4.4

(1) 项的定义。

① 个体变元和个体常元是项;

② 如果 $t_1,\cdots,t_n$ 是 $\mathscr{L}$ 中的项,f_i^n 是 $\mathscr{L}$ 的函数符号,则 $f_i^n(t_1,\cdots,t_n)$ 是 $\mathscr{L}$ 的项;

③ 所有的项只能由本定义中的规则①和②产生。

(2) 原子公式的定义。

如果 A_i^k 是 $\mathscr{L}$ 的谓词符号,$t_1,\cdots,t_k$ 是 $\mathscr{L}$ 中的项,则 $A_i^k(t_1,\cdots,t_k)$ 称为 $\mathscr{L}$ 的原子公式。

(3) 合适公式的定义。

① 每个原子公式是合适公式;

② 如果 $\mathscr{A}$ 和 $\mathscr{B}$ 是公式,则 $(\sim\mathscr{A})$ 和 $(\mathscr{A}\to\mathscr{B})$ 以及 $(\forall x_i)\mathscr{A}$ 也是 $\mathscr{L}$ 的合适公式,其中 x_i 为任意变元;

③ 凡是合适公式仅由合适公式定义中的规则①、②生成。

注记 4.10

(1) $\mathscr{L}$ 的公式描述采用的是归纳定义的方法,经过项、原子公式、公式 3 个步骤给出。特别地,如果 $\mathscr{A}$ 是公式,那么 $(\forall x_i)\mathscr{A}$ 也是公式,其中 x_i 可以是任意变元,它可以出现在公式 $\mathscr{A}$ 中,也可以不出现在 $\mathscr{A}$ 中。

(2) 花写体英文字母 $\mathscr{A}$,$\mathscr{B}$,…并不是 $\mathscr{L}$ 的符号,它们只是被借用来表示 $\mathscr{L}$ 公式的一般形式。

(3) 合适公式生成规则中只给出了 3 种基本形式,$\sim\mathscr{A}$、$\mathscr{A}\to\mathscr{B}$ 和 $\forall x_i\mathscr{A}$。必要时,可以引进联结词∧、∨和量词∃,并用 $\mathscr{A}\wedge\mathscr{B}$、$\mathscr{A}\vee\mathscr{B}$ 和 $\exists x_i\mathscr{A}$ 分别表示公式 $\sim(\mathscr{A}\to\sim\mathscr{B})$、$\sim\mathscr{A}\to\mathscr{B}$ 和 $\sim(\forall x_i)(\sim\mathscr{A})$ 的缩写。

(4) 括号用来确定公式中逻辑运算的次序,通常规定运算次序为:~,∧,∨,→。在不至于引起错误的情况下,书写时谓词公式中一些括号可以省去。

定义 4.5(子公式的定义) 设 $\mathscr{A}$,$\mathscr{B}$ 是 $\mathscr{L}$ 的公式。如果满足下列规则,则称 $\mathscr{A}$ 是 $\mathscr{B}$ 的子公式。

(1) 若 $\mathscr{B}$ 是原子公式 $A_i^k(t_1,\cdots,t_k)$,则 $\mathscr{A}$ 必定为 $A_i^k(t_1,\cdots,t_k)$;

(2) 若 $\mathscr{B}$ 是形如 $\sim\mathscr{C}$,$\mathscr{C}\to\mathscr{D}$ 或 $\forall x_i\mathscr{D}$ 的公式,则 $\mathscr{A}$ 是 $\mathscr{B}$,或者 $\mathscr{A}$ 是 $\mathscr{C}$ 或 $\mathscr{D}$ 的子公式;

(3) 凡子公式必须满足规则(1)和(2)。

4.2.2 自由变元与约束变元

4.2.2.1 量词的辖域

定义 4.6 设公式$(\forall x_i)\mathscr{A}$(或$(\exists x_i)\mathscr{A}$)是公式$\mathscr{B}$的子公式,则公式$\mathscr{A}$称为公式$\mathscr{B}$中量词$\forall x_i$(或$\exists x_i$)的辖域。

例题 4.8 分析下列公式中量词的辖域。

(1) $(\forall x_1)A_1^1(x_2)$

(2) $(\forall x_1)(\forall x_2)A_1^2(x_1,x_2)\to A_1^1(x_2)$

(3) $(\forall x_1)(\forall x_2)(A_1^2(x_1,x_2)\to A_1^1(x_2))$

(4) $(\forall x_1)(A_1^2(x_1,x_2)\to(\forall x_2)A_1^1(x_2))$

解:(1) $\forall x_1$ 的辖域为$A_1^1(x_2)$。

(2) $\forall x_1$ 的辖域为$(\forall x_2)A_1^2(x_1,x_2)$,$\forall x_2$ 的辖域为$A_1^2(x_1,x_2)$。

(3) $\forall x_1$ 的辖域为$(\forall x_2)(A_1^2(x_1,x_2)\to A_1^1(x_2))$,$\forall x_2$ 的辖域为$A_1^2(x_1,x_2)\to A_1^1(x_2)$。

(4) $\forall x_1$ 的辖域为$A_1^2(x_1,x_2)\to(\forall x_2)A_1^1(x_2)$,$\forall x_2$ 的辖域为$A_1^1(x_2)$。

4.2.2.2 约束变元与自由变元

定义 4.7 设$\mathscr{A}$是$\mathscr{L}$的公式,x_i 是变元。在$\mathscr{A}$中,如果有量词$\forall x_i$($\exists x_i$),或者 x_i 出现在量词$\forall x_i$($\exists x_i$)的辖域中,则称 x_i 是约束变元。如果 x_i 不是约束变元,那么就称 x_i 为自由变元。

例题 4.9 考察下列公式中变元的性质。

(1) $(\forall x_1)A_1^1(x_2)$

(2) $(\forall x_1)(\forall x_2)A_1^2(x_1,x_2)\to A_1^1(x_2)$

(3) $(\forall x_1)(A_1^2(x_1,x_2)\to(\forall x_2)A_1^1(x_2))$

(4) $(\forall x_1)(\forall x_2)(A_1^2(x_1,x_2)\to A_1^1(x_2))$

解:(1) 在公式$(\forall x_1)A_1^1(x_2)$中,x_1 是约束变元。因为 x_1 受到量词$\forall x_1$ 的约束;x_2 是自由变元。

(2) 在公式$(\forall x_1)(\forall x_2)A_1^2(x_1,x_2)\to A_1^1(x_2)$的前件中,$x_1,x_2$ 都是约束变元;而后件$A_1^1(x_2)$中的 x_2 是自由变元。

(3) 在$(\forall x_1)(A_1^2(x_1,x_2)\to(\forall x_2)A_1^1(x_2))$中,$x_1$ 是约束变元,$A_1^2(x_1,x_2)$中的 x_2 是自由变元,而$(\forall x_2)A_1^1(x_2)$中的 x_2 是约束变元。

(4) 在$(\forall x_1)(\forall x_2)(A_1^2(x_1,x_2)\to A_1^1(x_2))$中,$x_1$ 和 x_2 都是约束变元。

注记 4.11

(1) 分析并弄清楚一个公式中变元的性质十分重要,尤其是在具体的数学系统中,正确分析一个公式中的自由变元和约束变元,是从"语义"的角度正确分析和理解一个公式具体含义的关键所在。

(2) 在例题 4.9 中,有些同名变元在公式中既是约束变元也是自由变元。需要强调的是，虽然它们同名，但它们表达的“意思”是完全不同的。为了避免混淆，可以对约束变元进行“更名”。

(3) 对公式中自由变元的处理要非常谨慎，处理不当往往会改变公式表达的“意思”，这一点将在自由变元替换的有关内容中予以说明。

4.2.2.3 约束变元的更名

定义 4.8 将公式中的约束变元用另一个个体变元替换的过程，称为约束变元的更名。

例如，将公式$(\forall x_1)(\forall x_2)A_1^2(x_1,x_2)\rightarrow A_1^1(x_2)$中的约束变元 x_2 更名为 x_3，于是公式变为$(\forall x_1)(\forall x_3)A_1^2(x_1,x_3)\rightarrow A_1^1(x_2)$。如果变元 x_3 和 x_2 的变化范围一致，那么这两个公式表达的“意思”是完全相同的。

注记 4.12 在约束变元更名时要掌握两个基本原则。

(1) “不同名原则”，即用来替换的变元符号要不同于公式中其他的变元。

(2) “同时更名原则”，即要将量词作用变元与它在量词辖域中的出现一并更名。

例如，对公式$\forall x_1A_1^2(x_1,x_2)\rightarrow A_2^2(x_1,x_3)$中的约束变元 x_1 更名时不能用 x_2，通常也不用 x_3。用 x_2 得到的公式$\forall x_2A_1^2(x_2,x_2)$与原先$\forall x_1A_1^2(x_1,x_2)$表达的“意思”不同，用 x_3 又与后件 $A_2^2(x_1,x_3)$中变元同名，可能会产生不必要的麻烦。因此，可用 x_4 对约束变元 x_1 更名。

同时注意，如果只对$\forall x_1$ 中的 x_1 更名，而忽视了其辖域中的 x_1，那么公式将变为$\forall x_4A_1^2(x_1,x_2)\rightarrow A_2^2(x_1,x_3)$，显然，它与最初公式表达的含义是不同的。

4.2.2.4 自由变元的替换

为了更好地处理公式中的自由变元，在公式表示时，常常指明公式中的自由变元。这样的表示方法称为连同自由变元的公式表示形式。

定义 4.9 设 $\mathscr{A}$ 是公式。如果 $x_1,x_2,\cdots,x_n$ 是其中的全部自由变元，那么可以将公式 $\mathscr{A}$ 表示为 $\mathscr{A}(x_1,x_2,\cdots x_n)$，并称之为 $\mathscr{A}$ 的自由变元明指表示公式。

例如，设 $\mathscr{A}$ 为公式$\forall x_1(A_1^2(x_1,x_2)\rightarrow A_2^2(x_1,x_3))$，则它的自由变元明指表示公式为 $\mathscr{A}(x_2,x_3)$。设 $\mathscr{B}$ 为公式$(\forall x_1)A_1^n(x_1,x_2,\cdots,x_n)$，则它的自由变元明指表示公式为$\mathscr{B}(x_2,\cdots,x_n)$。

注记 4.13 在公式$\forall x_1(A_1^2(x_1,x_2)\rightarrow A_2^2(x_1,x_3))$和$(\forall x_1)A_1^n(x_1,x_2,\cdots,x_n)$中，$x_1$ 是约束变元。所以在它们的自由变元明指表示公式 $\mathscr{A}(x_2,x_3)$和 $\mathscr{B}(x_2,\cdots,x_n)$中，均没有 x_1 的出现。

如果 x_i 是公式 $\mathscr{A}(x_i)$中的自由变元，那么公式 $\mathscr{A}(x_i)$意在说明“个体 x_i 满足公式 $\mathscr{A}$ 的性质”。由于 x_i 是自由变化的，可能的结果是“有些个体 x_i 满足 $\mathscr{A}$ 的性质，而有些个体 x_i 不满足 $\mathscr{A}$”。因此，公式 $\mathscr{A}(x_i)$的真值(或真，或假)不确定，通常随着变元 x_i 的变化而变化。为了分析这样的变化，常常需要用其他的变元，如 x_j 来替换 $\mathscr{A}(x_i)$中的自由变元 x_i，这一过程称为自由变元的替换。一般有如下定义。

定义 4.10 设 $\mathscr{A}(x_i)$是公式，其中 x_i 是自由变元。t 是任意的项，用项 t 替换 $\mathscr{A}(x_i)$中所有出现的 x_i，得到的公式记为 $\mathscr{A}(t)$。这一过程称为公式中自由变元的替换。

注记 4.14 公式中自由变元的替换并不总是可行的。例如，在公式 $\forall x_1 A(x_2)$ 中，x_2 是自由变元，该公式的基本含义是“对任意 x_1 表示的个体而言，x_2 表示的个体具有 A 的属性”。如果用 x_1 替换公式中的 x_2，则公式就变成 $\forall x_1 A(x_1)$，它所表达的含义是“所有个体都有 A 的属性”，明显前后的意思发生了变化。

自由变元替换可能引起变化的原因很明显，$\forall x_1 A(x_2)$ 中 x_2 是自由的，而用 x_1 替换公式中的 x_2 变元后，公式 $A(x_1)$ 中的 x_1 不再自由而成为约束变元，自然整个公式 $\forall x_1 A(x_1)$ 的含义也就发生了变化。一般地，如用某个项 t 来替换公式 $\forall x_1 A(x_2)$ 中的 x_2，那么项 t 中一定不能含有变元 x_1。由此，可以得到公式中自由变元替换的基本准则：在自由变元替换过程中，必须保持替换所用项中出现的变元在公式中的自由性质。对此，给出如下定义：

定义 4.11 设 $\mathscr{A}(x_i)$ 是公式，其中 x_i 是自由变元。t 是任意项，用项 t 替换公式 $\mathscr{A}(x_i)$ 中的 x_i 得到公式 $\mathscr{A}(t)$。如果在公式 $\mathscr{A}(t)$ 中，出现在 t 中的任何变元都不会成为约束变元，则称项 t 对公式 $\mathscr{A}(x_i)$ 中的 x_i 是自由的。

注记 4.15 用 t 去替换某公式中自由变元 x_i，只有当 t 对该公式中的变元 x_i 是自由的时候才能进行。特别地，项 x_i 对任何公式中的自由变元 x_i 都是自由的。

例题 4.10 考察项 $f_1^2(x_2, x_3)$ 和 $f_1^2(x_1, x_3)$ 对公式 $\forall x_1 A_1^1(x_2)$ 中自由变元的可替换性质。

解：在公式 $\forall x_1 A_1^1(x_2)$ 中，x_1 是约束变元，而 x_2 是自由变元。

(1) 用项 $f_1^2(x_2, x_3)$ 替换公式 $\forall x_1 A_1^1(x_2)$ 中的自由变元 x_2 得到公式 $\forall x_1 A_1^1(f_1^2(x_2, x_3))$。由于替换后项 $f_1^2(x_2, x_3)$ 中的变元 x_2, x_3 依旧保持自由，所以项 $f_1^2(x_2, x_3)$ 对公式 $\forall x_1 A_1^1(x_2)$ 中的自由变元 x_2 是自由的，因此替换合法。

(2) 由于项 $f_1^2(x_1, x_3)$ 中有变元 x_1，用它替换公式 $\forall x_1 A_1^1(x_2)$ 中的 x_2 后，将受到公式中量词 $\forall x_1$ 的约束，所以项 $f_1^2(x_1, x_3)$ 对公式 $\forall x_1 A_1^1(x_2)$ 中的 x_2 不是自由的，因此不能替换。

例题 4.11 设公式为 $(\forall x_1) A_1^2(x_1, x_2) \to (\forall x_3) A_2^2(x_3, x_1)$。分析项 $f_1^2(x_1, x_4)$，$f_2^2(x_2, x_3)$ 和 $f_3^2(x_1, x_3)$ 对公式中自由变元的可替换情况。

解：在公式 $(\forall x_1) A_1^2(x_1, x_2) \to (\forall x_3) A_2^2(x_3, x_1)$ 中，前件中的 x_2 为自由变元，后件 $(\forall x_3) A_2^2(x_3, x_1)$ 中的 x_1 为自由变元。

(1) 先考虑 $(\forall x_1) A_1^2(x_1, x_2)$ 中的自由变元 x_2。x_2 出现在量词 $\forall x_1$ 的辖域中，所以只要项中出现变元 x_1 都不能用来替换变元 x_2，否则将会被约束。因此，项 $f_1^2(x_1, x_4)$ 和项 $f_3^2(x_1, x_3)$ 对公式中的 x_2 均不是自由的，不能用来替换公式中的 x_2。而项 $f_2^2(x_2, x_3)$ 中不含变元 x_1，替换公式中的 x_2 后不会受到约束。因此，$f_2^2(x_2, x_3)$ 对 x_2 是自由的，可以替换。

(2) 再考虑 $(\forall x_3) A_2^2(x_3, x_1)$ 中的自由变元 x_1。由于自由变元 x_1 出现在 $\forall x_3$ 的辖域中，所以，含有 x_3 的项对它均不是自由的，不能替换。因此，项 $f_1^2(x_1, x_4)$ 对 $(\forall x_3) A_2^2(x_3, x_1)$ 中的 x_1 自由，可以用来替换之，而项 $f_2^2(x_2, x_3)$ 和 $f_3^2(x_1, x_3)$ 对 $(\forall x_3) A_2^2(x_3, x_1)$ 中的 x_1 不是自由的，所以不能进行替换。

经过上面例题分析，不难得到如下关于自由变元可替换项一般性质的命题。

命题 4.1　设 $\mathscr{A}(x_i)$是公式，其中 x_i 是自由变元。t 为任意项，t 可替换公式 $\mathscr{A}(x_i)$中自由变元 x_i 的充要条件是，对 t 中的任意变元 x_j，x_i 在 $\mathscr{A}$ 中均不出现在 $\forall x_j$ 的辖域中。

证明:如果对 t 中的任意变元 x_j，x_i 在 $\mathscr{A}$ 中均不出现在 $\forall x_j$ 的辖域中，那么用 t 替换 $\mathscr{A}$ 中的 x_i 后，t 中的任意变元 x_j 都不会被约束。因此，t 对 $\mathscr{A}$ 中的 x_i 是自由的。

反之，如果 t 中有某个变元 x_j，x_i 在 $\mathscr{A}$ 中出现在 $\forall x_j$ 的辖域中，那么用 t 替换 x_i 后，t 中的变元 x_j 将被 $\forall x_j$ 约束，不再自由。因此，t 对 $\mathscr{A}$ 中的 x_i 不是自由的，所以替换不能进行。

4.3　解释与可满足性

4.3.1　解释

形式语言 $\mathscr{L}$中的公式，如 $\mathscr{A}$，$\mathscr{B}$，$\mathscr{C}$ 等完全是形式化的，没有明确的含义，因此也没有“对”与“错”的概念。但在实际应用中，不仅要明确公式的含义，而且更需要知道它是否“正确”。因此，就必须将公式中个体变元代表的对象及其变化范围、函数符号和谓词符号表达的具体含义加以说明。这一过程称为对一阶语言 $\mathscr{L}$的解释，具体定义如下。

定义 4.12　一阶语言 $\mathscr{L}$的一个解释，记为 I，通常包括下列元素。

(1) 解释域。一个非空的集合 D_I，称为 I 的解释域或定义域，表示个体变元的变化范围。

(2) 常元集。一集彼此不同的元素 $\bar{a}_1$，$\bar{a}_2$，…。其中，$\bar{a}_i(i=1,2,\cdots)$是对 $\mathscr{L}$中的常元 a_i 的解释。

(3) 函数集。一集定义在 D_I 上的函数，包含所有的 $\bar{f}_i^n(i>0,n>0)$。其中，$\bar{f}_i^n$ 是对函数符号 f_i^n 的解释，表示定义在 D_I 上的某个 n 元函数。

(4) 关系集。一集 D_I 上的关系，包含所有的 $\bar{A}_i^n(i>0,n>0)$。其中，$\bar{A}_i^n$ 是对谓词符号 A_i^n 的解释，表示 D_I 上某种 n 元关系。

例题 4.12　设有某形式语言，包含常元符号 a_0，函数符号 f_1^1，f_1^2，f_2^2 和谓词符号 A_1^2。试给出该形式语言的一种解释，并分析谓词公式

$$(\forall x_1)(\forall x_2)(\exists x_3)(A_1^2(f_1^2(x_1,x_3),x_2)) \tag{4.1}$$

在解释中具体含义。

解:定义该语言的解释 N(具体的解释可用具体符号表示)如下。

(1) 解释 N 的解释域为 $D_N =_{df} \{0,1,2,\cdots\}$，即自然数集。

(2) a_0 解释成自然数 0(即 $\bar{a}_0$ 为 0)。

(3) 函数符号的解释。

① f_1^1 看成自然数集上的后继函数，即 $\bar{f}_1^1(n) =_{df} n+1$；

② f_1^2 看成自然数集上的加法函数，即 $\bar{f}_1^2(n,m) =_{df} n+m$；

③ f_2^2 看成自然数集上的乘法函数，即 $\bar{f}_2^2(n,m)=_{df}n\times m$。

(4) A_1^2 解释为自然数集上的相等关系，即 $\bar{A}_1^2(n,m)$表示 $n=m$。

经过解释 N，公式(4.1)变成

$$(\forall n)(\forall m)(\exists z)(n+z=m) \tag{4.2}$$

这是一道关于自然数的命题：

对任意自然数 n 和 m，存在自然数 z 使得 $n+z=m$

不难看出，这道命题是错的。

注记 4.16 在例题 4.12 解释 N 中使用的符号"$=_{df}$"有"定义为"之意，它与一般意义的相等"="概念是有区别的。在不会引起误解的情况下，符号"$=_{df}$"可简写成"="。另外，形式语言可以有不同的解释。在不同的解释下，即便是相同的公式，往往也会有不同的含义。

例如，在例题 4.12 中，如果将解释域 D_N 换成整数集，则公式(4.1)就变成一道关于整数的命题，即

对任意整数 n 和 m，存在整数 z 使得 $n+z=m$ (4.3)

显然，这道命题是正确的。

再如，仍然在例题 4.12 中，解释 N 解释域不变，即 $D_N=\{0,1,2,\cdots\}$，而是将谓词符号 A_1^2 解释为自然数集上的"$\geqslant$"关系，则公式(4.1)变成

$$(\forall n)(\forall m)(\exists z)(n+z\geqslant m) \tag{4.4}$$

还是一道关于自然数的命题，即

对任意自然数 n 和 m，存在自然数 z 使得 $n+z\geqslant m$

不难看出，该命题是正确的。

4.3.2 可满足性

"可满足性"是指形式语言的公式经过解释后，所表达的"事实"在解释域上是否成立的性质。一个公式在某解释下的可满足性，与公式中约束变元的量化性质以及自由变元的变化密切相关。

4.3.2.1 赋值的概念

例题 4.13 考虑例题 4.12 中的解释 N，分析 $\mathscr{L}$的公式

$$A_1^2(f_2^2(x_1,x_2),f_2^2(x_3,x_4)) \tag{4.5}$$

在解释 N 中是否成立问题。

解：不难看出，在解释 N 中，公式(4.5)成为一个关于自然数运算的关系式，表示如下。

$$x_1\times x_2=x_3\times x_4 \tag{4.6}$$

其中，x_1,x_2,x_3 和 x_4 可以是任意自然数。由于这些变元是变化的，所以式(4.6)的"对"与"错"是无法直接判定的。式(4.6)的"对"与"错"与其中变元 x_1,x_2,x_3 和 x_4 取什么样的自然数有关。

例如，当 $x_1=3,x_2=6,x_3=2,x_4=9$ 时，式(4.6)为 $3\times6=2\times9$ 是正确的；而当 $x_1=4$，

$x_2=3, x_3=2, x_4=8$ 时，式(4.6)为 $4\times3=2\times8$ 就是错的。

注记 4.17 在例题 4.13 中，x_1, x_2, x_3 和 x_4 还可以取其他的值，有些使式(4.6)成立，有些则不能。此说明，在给定解释的情况下，要想确定一个公式是否成立，常常需要对公式中的个体变元的具体“取值”加以规定。自由变元在解释域中取值的过程用“赋值”予以描述。

定义 4.13 设 I 是 $\mathscr{L}$ 的解释，解释域为 D_I。$\mathscr{L}$ 的符号 a_i, f_i^n, A_i^n 分别被解释为 $\bar{a}_i, \bar{f}_i^n, \bar{A}_i^n$。其中，$\bar{a}_i\in D_I$，是 D_I 中的常元，$\bar{f}_i^n: D_I^n\to D_I$ 是 D_I 上的 n 元函数，$\bar{A}_i^n$ 是 D_I 上的 n 元关系。定义 $\mathscr{L}$ 的项集到解释域上的函数 v：$\mathscr{L}$ 的项集 $\to D_I$，如果 v 满足

(1) $v(a_i)=\bar{a}_i$，其中 a_i 是 $\mathscr{L}$ 的个体常元，并且

(2) 对任意函数符号 f_i^n 和项 $t_1, t_2, \cdots, t_n$，均有 $v(f_i^n(t_1, t_2, \cdots, t_n))=\bar{f}_i^n(v(t_1), \cdots, v(t_n))$，那么就称函数 v 是解释 I 中的一个赋值。

注记 4.18

(1) 一定是有了一阶语言的解释后，才能有解释中赋值的概念。

(2) 赋值是一种对应规则，是将 $\mathscr{L}$ 中的每个项对应到 D_I 中的元素。这样的对应一般不止一种。在一个解释中，存在大量不同的赋值。

(3) 特别地，任意变元 x_i 都是 $\mathscr{L}$ 项。不同的赋值可以把变元 x_i 对应到 D_I 中的不同元素。如果对所有 $\mathscr{L}$ 的变元 x_i，$v(x_i)$ 一经确定，那么 v 也就确定了。

(4) 特别要注意赋值满足的性质。其一，对任意的常元符号 a_i，以及任意的赋值 v，均有 $v(a_i)=\bar{a}_i$，即所有赋值关于常元符号的赋值是一致的；其二，是保持函数运算的一致性。例如，对自然数解释而言，如果一个赋值 v 将变元 x_1 和 x_2 分别赋值 3 和 6，即 $v(x_1)=3$，$v(x_2)=6$，那么，该赋值必须将项 $f_1^2(x_1, x_2)$ 赋值为 9，即 $v(f_1^2(x_1, x_2))=9$。因为根据定义 4.13 (2)的赋值性质，有 $v(f_1^2(x_1, x_2))=\bar{f}_1^2(v(x_1), v(x_2))=v(x_1)+v(x_2)=9$。

例题 4.14 设形式语言与解释如例 4.13 所示。分析解释 N 中的赋值对公式(4.5)的满足性情况。具体赋值如下。

(1) 赋值 v 定义为 $v(x_1)=2, v(x_2)=6, v(x_3)=3, v(x_4)=4, v(x_5)=23, \cdots$

(2) 赋值 v' 定义为 $v'(x_1)=1, v'(x_2)=5, v'(x_3)=4, v'(x_4)=2, v'(x_5)=67, \cdots$

解：在解释 N 中，公式 $A_1^2(f_2^2(x_1, x_2), f_2^2(x_3, x_4))$ 被解释为

$$\bar{A}_1^2(\bar{f}_2^2(x_1, x_2), \bar{f}_2^2(x_3, x_4)) \tag{4.7}$$

其中，$\bar{A}_1^2$ 是解释域 D_N 上的相等关系“=”，$\bar{f}_2^2(x_1, x_2)$ 是 $x_1\times x_2$，$\bar{f}_2^2(x_3, x_4)$ 是 $x_3\times x_4$。

(1) 根据赋值 v 的定义，有

$$\begin{cases} v(\bar{f}_1^2(x_1, x_2)) = v(x_1\times x_2) = v(x_1)\times v(x_2) = 2\times 6 = 12 \\ v(\bar{f}_1^2(x_3, x_4)) = v(x_3\times x_4) = v(x_3)\times v(x_4) = 3\times 4 = 12 \end{cases} \tag{4.8}$$

故有 $v(\bar{f}_1^2(x_1, x_2))=v(\bar{f}_1^2(x_3, x_4))$，即 $\bar{A}_1^2(v(\bar{f}_2^2(x_1, x_2)), v(\bar{f}_2^2(x_3, x_4)))$ 在解释域 D_N 上

成立。

此时,可认为赋值 v 满足公式(4.5)。

(2) 不难验证,在解释 N 中的赋值 v' 下,$\bar{A}_1^2(v'(\bar{f}_2^2(x_1,x_2)),v'(\bar{f}_2^2(x_3,x_4)))$在解释域 D_N 上不成立。

此时,可认为赋值 v' 不满足公式 $A_1^2(f_2^2(x_1,x_2),f_2^2(x_3,x_4))$。

注记 4.19 在例题 4.14 中,$A_1^2(f_2^2(x_1,x_2),f_2^2(x_3,x_4))$是原子公式,其中 $f_2^2(x_1,x_2)$和 $f_2^2(x_3,x_4)$是项。在解释 N 中,公式 $A_1^2(f_2^2(x_1,x_2),f_2^2(x_3,x_4))$的"对"与"错"无法判定。而通过引入赋值之后,公式中自由变元 x_1,x_2,x_3 和 x_4 的"值"被确定,进而由它们构成的项 $f_2^2(x_1,x_2)$和 $f_2^2(x_3,x_4)$的"值"也被确定,即 $v(\bar{f}_2^2(x_1,x_2)),v(\bar{f}_2^2(x_3,x_4))$,因而在此基础上可以判断它们是否满足关系 $\bar{A}_1^2$,最终便有了整个公式"对"与"错"的判定。由此可见,一个公式的"对"与"错"的概念,不仅需要有"解释",而且更需要解释中的"赋值"。

4.3.2.2 可满足性的定义

可满足性是关于 $\mathscr{L}$ 公式的性质,它与 $\mathscr{L}$ 的解释以及解释下的赋值有关。在给出公式可满足性描述之前,需要引入两个赋值是 i-等价的概念。

定义 4.14 设 I 是 $\mathscr{L}$ 的解释,v 和 v' 是 I 中的两个赋值。如果对任意的 $j\neq i$ 均有 $v(x_j)=v'(x_j)$,则称 v 和 v' 是 i-等价的,并表示为 $v\equiv_i v'$。

注记 4.20

(1) 如果两个赋值 v 和 v' 是 i-等价的,那么 v 和 v' 只可能对 x_i 的赋值有所区别,而对其他变元的赋值都是相等的。特别地,赋值 v 和 v 是 i-等价的。

(2) 引进赋值之间 i-等价关系的目的是针对形如 $\forall x_i\mathscr{B}$ 公式的可满足性问题。称某个赋值 v 满足形如 $\forall x_i\mathscr{B}$ 的公式,可以直观地理解为"无论 $v(x_i)$取什么样的值,都有 v 满足公式 $\mathscr{B}$"。然而,对赋值 v 而言,$v(x_i)$的值是固定的。在这种情况下,考虑所有与 v i-等价的赋值,也就相当于应验了"无论 $v(x_i)$取什么样的值"的变化过程。

定义 4.15 设 $\mathscr{A}$ 是 $\mathscr{L}$ 的公式,I 是 $\mathscr{L}$ 的解释,v 是 I 中的赋值。赋值 v 满足 $\mathscr{A}$ 通过以下归纳方式定义。

(1) 如果 $\mathscr{A}$ 是 $\mathscr{L}$ 的原子公式 $A_j^n(t_1,t_2,\cdots,t_n)$,则当 $\bar{A}_j^n(v(t_1),\cdots,v(t_n))$在 D_I 中正确时,称 v 满足 $A_j^n(t_1,t_2,\cdots,t_n)$;

(2) $\mathscr{A}$ 形如 $\sim\mathscr{B}$。如果 v 不满足 $\mathscr{B}$,那么称 v 满足 $\sim\mathscr{B}$。

(3) $\mathscr{A}$ 形如 $\mathscr{B}\to\mathscr{C}$。如果 v 满足 $\sim\mathscr{B}$ 或者 v 满足 $\mathscr{C}$,则称 v 满足 $\mathscr{B}\to\mathscr{C}$。

(4) $\mathscr{A}$ 形如 $\forall x_i\mathscr{B}$。如果任意与 v i-等价的赋值 v' 都满足 $\mathscr{B}$,则称 v 满足 $\forall x_i\mathscr{B}$。

如果在解释 I 中存在赋值 v 满足公式 $\mathscr{A}$,那么就称 $\mathscr{A}$ 在 I 中是可满足的。

注记 4.21 根据赋值的定义不难看出,如果 v 是赋值,那么对任意公式 $\mathscr{A}$,或者 v 满足 $\mathscr{A}$ 或者 v 满足 $\sim\mathscr{A}$,但不会同时满足 $\mathscr{A}$ 和 $\sim\mathscr{A}$。

例题 4.15 设 N 是例题 4.12 中的解释。试证明 N 中的任意赋值都满足公式 $(\forall x_1)A_1^2(f_2^2(x_1,x_2),f_2^2(x_2,x_1))$。

证明:设 v 是 N 中的任意赋值。将公式 $(\forall x_1)A_1^2(f_2^2(x_1,x_2),f_2^2(x_2,x_1))$ 记为 $\forall x_1\mathscr{B}$,其中,$\mathscr{B}$ 是公式 $A_1^2(f_2^2(x_1,x_2),f_2^2(x_2,x_1))$。

根据赋值满足公式的定义,要证明赋值 v 满足形如 $\forall x_1\mathscr{B}$ 的公式,就要证明任意与 v 1-等价的赋值 v' 都满足 $\mathscr{B}$。

现设 v' 是任意一个与 v 1-等价的赋值。在解释 N 中,公式 $\mathscr{B}$ 被解释为

$$x_1 \times x_2 = x_2 \times x_1 \tag{4.9}$$

其中,x_1 和 x_2 的变化范围是 D_N。对赋值 v' 而言,由于 $v'(x_1)$ 和 $v'(x_2)$ 都是自然数,因而有 $v'(x_1)\times v'(x_2)=v'(x_2)\times v'(x_1)$,即赋值 v' 满足公式 $\mathscr{B}$。由于 v' 是任意与 v 1-等价的赋值,所以有 v 满足公式 $\forall x_1\mathscr{B}$,即 v 满足 $(\forall x_1)A_1^2(f_2^2(x_1,x_2),f_2^2(x_2,x_1))$。

例题 4.16 设 N 是例题 4.12 中的解释。分析公式 $(\forall x_1)A_1^2(x_1,a_0)$ 在解释 N 中的可满足情况。

解:将公式 $(\forall x_1)A_1^2(x_1,a_0)$ 记为 $\forall x_1\mathscr{B}$,其中 $\mathscr{B}$ 是公式 $A_1^2(x_1,a_0)$。不难看出,在解释 N 中,公式 $A_1^2(x_1,a_0)$ 被解释为 $x_1=0$。

设 v 是 N 中的任意赋值。定义赋值 v' 满足 $v'(x_1)=1$,且对所有的 $x_k(k\neq 1)$ 都有 $v'(x_k)=v(x_k)$,则 v' 与 v 是 1-等价。由于 $v'(x_1)=1\neq 0$,所以 v' 不满足公式 $A_1^2(x_1,a_0)$。而 $v'\equiv_1 v$,根据可满足性定义可得,v 不满足 $(\forall x_1)A_1^2(x_1,a_0)$。

由于 v 是任意的,故在 N 中没有赋值满足公式 $(\forall x_1)A_1^2(x_1,a_0)$。

注记 4.22 经过上面的实例分析可以看出,在 $\mathscr{L}$ 的解释 I 中,有些公式 $\mathscr{A}$,既有满足它的赋值,又有不满足它的赋值;有些公式 $\mathscr{A}$,所有的赋值 v 都满足它;还有某些公式 $\mathscr{A}$,所有的赋值 v 都不满足它。

4.3.2.3 自由变元替换公式的可满足性

如果某个项 t 对公式 $\mathscr{A}(x_i)$ 的自由变元 x_i 是自由的,那么就可以用项 t 替换公式 $\mathscr{A}(x_i)$ 中的自由变元 x_i,得到 $\mathscr{A}(t)$。公式 $\mathscr{A}(x_i)$ 和 $\mathscr{A}(t)$ 的可满足性之间存在密切关系。

命题 4.2 设 $\mathscr{A}(x_i)$ 是 $\mathscr{L}$ 的公式,其中 x_i 是自由变元,t 为项并且对 $\mathscr{A}(x_i)$ 中的 x_i 自由。对任意赋值 v,如果 v' 是与 v i-等价的赋值,且有 $v'(x_i)=v(t)$,则 v 满足 $\mathscr{A}(t)$ 当且仅当 v' 满足 $\mathscr{A}(x_i)$。

证明:设 v 和 v' 如命题所示,且 $v'(x_i)=v(t)$。证明分两步进行。

(1) 证明辅助命题。

设 u 是项,且 x_i 在 u 中出现。用 t 将 u 中的 x_i 全部替换,所得项为 u',则 $v'(u)=v(u')$。施归纳于 u 的长度(即 u 中的符号个数)进行证明。

奠基步:如果 u 就是 x_i,则 u' 就是 t。根据 v' 的定义,知 $v'(x_i)=v(t)$,即 $v'(u)=v(u')$,结论成立。

归纳推导步:设 u 是 $f_i^n(u_1,\cdots,u_n)$,其中 $u_1,\cdots,u_n$ 是项。设将 $u_1,\cdots,u_n$ 中的变元 x_i 用 t 替换后得到的项分别为 $u_1',\cdots,u_n'$。根据归纳假定,有 $v'(u_i)=v(u_i')$,$i=1,\cdots,n$。同时不难看出,u' 即为 $f_i^n(u_1',\cdots,u_n')$,于是有

$$v(u') = \bar{f}_i^n(v(u_1'),\cdots,v(u_n')) = \bar{f}_i^n(v'(u_1),\cdots,v'(u_n)) = v'(u) \tag{4.10}$$

根据归纳原理，辅助命题得证。

(2) 施归纳于公式 $\mathscr{A}(x_i)$ 的长度证明命题的结论。

奠基步：设 $\mathscr{A}(x_i)$ 是原子公式 $A_k^n(u_1,\cdots,u_n)$，其中 $u_1,\cdots,u_n$ 是 $\mathscr{L}$ 中的项，将其中的 x_i 用项 t 完全替换后，所得相应的项为 $u_1',\cdots,u_n'$，于是 $\mathscr{A}(t)$ 为 $A_k^n(u_1',\cdots,u_n')$。根据(1)辅助命题知，对所有的 $1\leqslant i\leqslant n$ 均有 $v'(u_i)=v(u_i')$。由此得到解释 $\bar{A}_k^n(v'(u_1),\cdots,v'(u_n))$ 在解释域上成立的充要条件为 $\bar{A}_k^n(v(u_1'),\cdots,v(u_n'))$ 在解释域上成立，即 v' 满足 $A_k^n(u_1,\cdots,u_n)$ 的充要条件为 v 满足 $A_k^n(u_1',\cdots,u_n')$。

归纳推导步：假定命题对产生 $\mathscr{A}(x_i)$ 之前的公式成立。

情形(1)　$\mathscr{A}(x_i)$ 是 $\sim\mathscr{B}(x_i)$ 的情形，则 $\mathscr{A}(t)$ 为 $\sim\mathscr{B}(t)$。根据归纳假定，命题对公式 $\mathscr{B}(x_i)$ 成立，即 v' 满足 $\mathscr{B}(x_i)$ 当且仅当 v 满足 $\mathscr{B}(t)$；从而 v' 不满足 $\mathscr{B}(x_i)$ 当且仅当 v 不满足 $\mathscr{B}(t)$，即 v' 满足 $\sim\mathscr{B}(x_i)(\mathscr{A}(x_i))$ 当且仅当 v 满足 $\sim\mathscr{B}(t)(\mathscr{A}(t))$。

情形(2)　$\mathscr{A}(x_i)$ 是 $\mathscr{B}(x_i)\to\mathscr{C}(x_i)$ 的情形，则 $\mathscr{A}(t)$ 是 $\mathscr{B}(t)\to\mathscr{C}(t)$。根据归纳假定，命题对公式 $\mathscr{B}(x_i)$ 和 $\mathscr{C}(x_i)$ 成立，再由情形(1)的证明知命题对 $\sim\mathscr{B}(x_i)$ 也成立，于是有

$$
\begin{aligned}
v' \text{ 满足 } \mathscr{A}(x_i) &\Leftrightarrow v' \text{ 满足 } \sim\mathscr{B}(x_i) \text{ 或 } v' \text{ 满足 } \mathscr{C}(x_i)\\
&\Leftrightarrow v \text{ 满足 } \sim\mathscr{B}(t) \text{ 或 } v \text{ 满足 } \mathscr{C}(t)\\
&\Leftrightarrow v \text{ 满足 } \mathscr{B}(t)\to\mathscr{C}(t)\\
&\Leftrightarrow v \text{ 满足 } \mathscr{A}(t)
\end{aligned}
$$

(注：符号“$\Leftrightarrow$”表示“当且仅当”之意)

情形(3)　$\mathscr{A}(x_i)$ 是 $(\forall x_j)\mathscr{B}(x_i)(j\neq i)$ 的情形，则 $\mathscr{A}(t)$ 是 $(\forall x_j)\mathscr{B}(t)$。特别要指出的是，因为项 t 对 $(\forall x_j)\mathscr{B}(x_i)$ 中的变元 x_i 自由，所以变元 x_j 不会在 t 中出现。下面证明 v' 满足 $\mathscr{A}(x_i)$ 当且仅当 v 满足 $\mathscr{A}(t)$。

首先，由 v' 满足 $\mathscr{A}(x_i)$ 推证 v 满足 $\mathscr{A}(t)$。

因为 v' 满足 $\mathscr{A}(x_i)$（即 $(\forall x_j)\mathscr{B}(x_i)$），所以任意与 v' j-等价的赋值 w' 都满足 $\mathscr{B}(x_i)$。要证明 v 满足公式 $(\forall x_j)\mathscr{B}(t)$，就要证明所有与 v j-等价的赋值 w 均满足 $\mathscr{B}(t)$。

设 w 是任意与 v j-等价的赋值。利用 w 定义赋值 w'，满足：$w'(x_i)=w(t)$，且对任意 $k\neq i$，均有 $w'(x_k)=w(x_k)$。

显然，w' 与 w i-等价。接下来证明，w' 与 v' j-等价：

① 对任意的 x_k，如果 $k=i$，则有

$$
\begin{aligned}
w'(x_i) &= w(t)\text{（对 } w' \text{ 的定义）}\\
&= v(t)\text{（} w\equiv_j v \text{ 且 } x_j \text{ 不在 } t \text{ 中出现）}\\
&= v'(x_i)\text{（} v \text{ 和 } v' \text{ 的关系）}
\end{aligned}
$$

② 如果 $k\neq i(k\neq j)$，则有

$$
\begin{aligned}
w'(x_k) &= w(x_k)\text{（} w' \text{ 和 } w \text{ 是} i\text{-等价的）}\\
&= v(x_k)\text{（} k\neq j, w \text{ 与 } v \text{ 是} j\text{-等价的）}\\
&= v'(x_k)\text{（} k\neq i, v \text{ 与 } v' \text{ 是 } i\text{-等价的）}
\end{aligned}
$$

由①、②得到 w' 与 v' 是 j-等价的。

根据题设 v' 满足 $(\forall x_j)\mathscr{B}(x_i)$，可得 w' 都满足 $\mathscr{B}(x_i)$。注意到 w' 与 w 的关系，再根据归纳假定，便有 w 满足 $\mathscr{B}(t)$。由于 w 是任意与 v j-等价的赋值，进而得到 v 满足 $\forall x_j\mathscr{B}(t)$，即 v 满足 $\mathscr{A}(t)$。

其次，由 v 满足 $\mathscr{A}(t)$ 推证 v' 满足 $\mathscr{A}(x_i)$。

因为 v 满足 $\mathscr{A}(t)$（即 $(\forall x_j)\mathscr{B}(t)$），所以任意与 v j-等价的赋值 w 都满足 $\mathscr{B}(t)$。要证明 v' 满足公式 $(\forall x_j)\mathscr{B}(x_i)$，就要证明所有与 v' j-等价的赋值 w' 均满足 $\mathscr{B}(x_i)$。

设 w' 是任意与 v' j-等价的赋值。利用 w' 定义赋值 w，满足：$w(x_j)=w'(x_j)$，且对任意 $k\neq j$，有 $w(x_k)=v(x_k)$。显然 w 与 v 是 j-等价的。因此，根据 v 满足 $A(t)$ 可得 w 满足 $\mathscr{B}(t)$。

接下来证明 w' 与 w i-等价，且 $w'(x_i)=w(t)$。

① 任取 x_k，$k\neq i$。若 $k=j$，已有 $w(x_j)=w'(x_j)$；若 $k\neq j$，则有

$$\begin{aligned} w(x_k) &= v(x_k)\ (w\text{ 的定义}) \\ &= v'(x_k)\ (k\neq i, v\equiv_i v') \\ &= w'(x_k)\ (k\neq j, w'\equiv_j w) \end{aligned}$$

由此得到 w' 与 w i-等价。

② 注意到 x_j 不在 t 中出现，而 w 与 v 是 j-等价，所以有 $w(t)=v(t)$。注意到 $v(t)=v'(x_i)=w'(x_i)$（v 与 v' 的关系以及 w' 与 v' 是 j-等价的），因此有 $w(t)=w'(x_i)$。

由 w 满足 $\mathscr{B}(t)$，$w'\equiv_i w$，且 $w'(x_i)=w(t)$，依据归纳假定，便有 w' 满足 $\mathscr{B}(x_i)$。w' 是任一与 v' j-等价的赋值，故得到 v' 满足 $(\forall x_j)\mathscr{B}(x_i)$。

至此，根据归纳原理，命题结论得证。

注记 4.23　命题 4.2 是一道非常重要的命题。在以后谓词演算形式系统的可靠性定理证明时将被用到。

4.4　公式的真与假

4.4.1　公式真假定义

公式的“真”与“假”，通常依赖于具体的解释和解释中的赋值。

定义 4.16　设 I 是 $\mathscr{L}$ 的解释，$\mathscr{A}$ 是 $\mathscr{L}$ 的公式。如果 I 的每个赋值都满足 $\mathscr{A}$，则称公式 $\mathscr{A}$ 在解释 I 中为“真”，记为 $I\models\mathscr{A}$；如果 I 中没有赋值满足 $\mathscr{A}$，则称公式 $\mathscr{A}$ 在解释 I 中为“假”。

注记 4.24

(1) 可能出现这样的情况，对某些公式 $\mathscr{A}$ 而言，在 $\mathscr{L}$ 的解释 I 中，有的赋值满足它，而有的赋值不满足它，即公式 $\mathscr{A}$ 在 I 中既不是真的也不是假的。所以，不能说一个公式 $\mathscr{A}$ 在给定的解释中“非真即假”。但有一点可以肯定，不可能有这样的公式 $\mathscr{A}$，在某个给定的解释 I 中“既真又假”。

(2) 定义 4.16 中，记号 $I\models\mathscr{A}$ 表示"I 是 $\mathscr{A}$ 的模型"。一般地，可以用 $I\models_v\mathscr{A}$ 表示"在解释 I 中，赋值 v 满足 $\mathscr{A}$"。于是，$I\models\mathscr{A}$ 当且仅当对任意 I 的赋值 v，均有 $I\models_v\mathscr{A}$。

命题 4.3 设 $\mathscr{A}$ 是任意公式。则在给定的解释 I 中，下列性质成立。

(1) 公式 $\mathscr{A}$ 是假的当且仅当 $\sim\mathscr{A}$ 是真的。

(2) 公式 $\mathscr{A}\to\mathscr{B}$ 是假的当且仅当 $\mathscr{A}$ 是真的并且 $\mathscr{B}$ 是假的。

证明：(1) 公式 $\mathscr{A}$ 在 I 中为假，当且仅当 I 的任意赋值都不满足 $\mathscr{A}$，当且仅当 I 的任意赋值都满足 $\sim\mathscr{A}$，即 $\sim\mathscr{A}$ 在 I 中为真。

(2) 如果公式 $\mathscr{A}\to\mathscr{B}$ 在 I 中为假，那么任取 I 的赋值 v，均有 v 不满足 $\mathscr{A}\to\mathscr{B}$。根据公式可满足性定义知，必有 v 满足 $\mathscr{A}$。由于 v 为任意的赋值，因而有 $\mathscr{A}$ 在 I 中为真。在此情况下，如果有 I 中的赋值满足 $\mathscr{B}$，那么该赋值将满足 $\mathscr{A}\to\mathscr{B}$，这和 $\mathscr{A}\to\mathscr{B}$ 在 I 中是假的矛盾。因此，必有 $\mathscr{B}$ 在 I 中为假。

反之，若在 I 中 $\mathscr{A}$ 是真的并且 $\mathscr{B}$ 是假的，那么对任意赋值 v，必有 v 满足 $\mathscr{A}$ 并且 v 不满足 $\mathscr{B}$，进而 v 不满足 $\mathscr{A}\to\mathscr{B}$，故有 $\mathscr{A}\to\mathscr{B}$ 在 I 中为假。

命题 4.4 在给定的解释 I 中，如果公式 $\mathscr{A}$ 和 $\mathscr{A}\to\mathscr{B}$ 均为真，那么必有 $\mathscr{B}$ 为真，即由 $I\models\mathscr{A}$ 和 $I\models\mathscr{A}\to\mathscr{B}$，可得 $I\models\mathscr{B}$。

证明：设 v 是解释 I 的任意赋值。由于 $\mathscr{A}$ 和 $\mathscr{A}\to\mathscr{B}$ 在 I 中均为真，所以有 v 满足 $\mathscr{A}$ 并且 v 满足 $\mathscr{A}\to\mathscr{B}$。由 v 满足 $\mathscr{A}\to\mathscr{B}$ 知，或 v 满足 $\sim\mathscr{A}$，或 v 满足 $\mathscr{B}$。但因 v 是满足 $\mathscr{A}$ 的，不可能再满足 $\sim\mathscr{A}$，故只有 v 满足 $\mathscr{B}$。由 v 的任意性可得，$\mathscr{B}$ 在 I 中为真。

命题 4.5 设 $\mathscr{A}$ 是 $\mathscr{L}$ 的公式，I 是 $\mathscr{L}$ 的解释。则 $I\models\mathscr{A}$ 的充要条件是对任意变元 x_i，均有 $I\models(\forall x_i)\mathscr{A}$。

证明：设 $I\models\mathscr{A}$，并任取 I 的赋值 v。由于 $I\models\mathscr{A}$，所以 I 中的任意赋值都满足 $\mathscr{A}$，进而可以说 I 中任意与 v i-等价的赋值都满足 $\mathscr{A}$，因此，v 满足 $(\forall x_i)\mathscr{A}$。由于 v 为任意赋值，所以有 $I\models(\forall x_i)\mathscr{A}$。反之，若 $I\models(\forall x_i)\mathscr{A}$，则任取 I 的赋值 v，有 v 满足 $(\forall x_i)\mathscr{A}$，从而任意与 v i-等价的赋值均满足 $\mathscr{A}$。特别地，v 与 v 是 i-等价的赋值，故 v 也满足 $\mathscr{A}$。由 v 的任意性，得到 $I\models\mathscr{A}$。

推论 4.6 设 $x_1,\cdots,x_n$ 是 $\mathscr{L}$ 的变元，$\mathscr{A}$ 是 $\mathscr{L}$ 的公式，I 为 $\mathscr{L}$ 的解释。则 $I\models\mathscr{A}$ 当且仅当 $I\models(\forall x_1)\cdots(\forall x_n)\mathscr{A}$。

4.4.2 闭公式及其性质

在一个解释 I 中，并非所有的公式非真即假。引起这一现象的原因在于公式中有自由变元的存在。如果 $\mathscr{L}$ 的公式 $\mathscr{A}$ 中没有自由变元的话，那么在任意解释中，就有要么 $\mathscr{A}$ 是真的，要么 $\mathscr{A}$ 是假的。对此，给出闭公式的概念。

定义 4.17 设 $\mathscr{A}$ 是 $\mathscr{L}$ 的公式，若 $\mathscr{A}$ 中不含自由变元，则称 $\mathscr{A}$ 是 $\mathscr{L}$ 的闭公式。

在讨论闭公式的性质之前，先给出一道关于公式中自由变元赋值情况的命题。

命题 4.7 设 $\mathscr{A}$ 是 $\mathscr{L}$ 的公式，I 是 $\mathscr{L}$ 的解释，v 和 w 是 I 中的赋值。如果对 $\mathscr{A}$ 中的每个自由变元 x_i，均有 $v(x_i)=w(x_i)$，则 v 满足 $\mathscr{A}$ 当且仅当 w 满足 $\mathscr{A}$。

证明：施归纳于 $\mathscr{A}$ 中联结词(量词)的数目证明。

奠基步：$\mathscr{A}$是原子公式 $A_i^n(t_1,\cdots,t_n)$。由于赋值 v 和 w 对任意自由变元和常元的赋值相同，因此对公式中的每个项 $t_i(i=1,\cdots,n)$，均有 $v(t_i)=w(t_i)$。由此可得，$\bar{A}_i^n(v(t_1),\cdots,v(t_n))$在解释域上成立当且仅当 $\bar{A}_i^n(w(t_1),\cdots,w(t_n))$在解释域上成立，即 v 满足 $\mathscr{A}$ 当且仅当 w 满足 $\mathscr{A}$。

归纳推导步： 假定命题对联结词（含量词）数目少于 $\mathscr{A}$ 的联结词的公式成立，考虑公式 $\mathscr{A}$。

情形(1) $\mathscr{A}$是$\sim\mathscr{B}$ 的情形。

情形(2) $\mathscr{A}$是 $\mathscr{B}\to\mathscr{C}$ 的情形。

这两种情况的证明不难（留作练习），仅考虑下面情形。

情形(3) $\mathscr{A}$是$(\forall x_i)\mathscr{B}$ 的情形。

先设 v 满足 $\mathscr{A}$，推证 w 满足 $\mathscr{A}$。设 w' 是任一与 w i-等价的赋值。由于 x_i 在$(\forall x_i)\mathscr{B}$中不自由出现，则对 $\mathscr{A}$ 中出现的任意自由变元 y，都有 $w'(y)=w(y)=v(y)$。

利用 w' 定义 v'，满足 $v'(x_i)=w'(x_i)$，$v'(x_j)=v(x_j)$（当 $j\neq i$ 时）。则 v' 是与 v i-等价的赋值。由 v 满足$(\forall x_i)\mathscr{B}$，所以 v' 满足 $\mathscr{B}$。

考虑赋值 v' 与 w'，对 $\mathscr{B}$ 中的任意自由变元 $y(y\neq x_i)$都有 $v'(y)=v(y)=w'(y)$，再加上 $v'(x_i)=w'(x_i)$，就有对 $\mathscr{B}$ 中的任意自由变元 x 均有 $v'(x)=w'(x)$。根据归纳假定和 v' 满足 $\mathscr{B}$，知 w' 满足 $\mathscr{B}$。而 w' 是任一与 w i-等价的赋值，故有 w 满足$(\forall x_i)\mathscr{B}$，即 w 满足公式 $\mathscr{A}$。

类似可证，若 w 满足$(\forall x_i)\mathscr{B}$，则 v 满足$(\forall x_i)\mathscr{B}$。根据归纳法原理命题得证。

推论 4.8 如果 $\mathscr{A}$是 $\mathscr{L}$的闭公式，则对任意 $\mathscr{L}$的解释 I，有 $I\models\mathscr{A}$或 $I\models\sim\mathscr{A}$。

证明：由于 $\mathscr{A}$是闭公式，故 $\mathscr{A}$中无自由变元。对 I 中的任意两个赋值 v 和 w，或者 v 和 w 都满足 $\mathscr{A}$，或者都不满足。因此，如果 I 中有一个赋值满足 $\mathscr{A}$，那么所有赋值均满足 $\mathscr{A}$，此时有 $I\models\mathscr{A}$；否则所有的赋值均不满足 $\mathscr{A}$，便有 $I\models\sim\mathscr{A}$。

4.4.3 逻辑普效与矛盾式

定义 4.18 如果公式 $\mathscr{A}$在任意解释中均为真，则称 $\mathscr{A}$是逻辑普效的；如果公式 $\mathscr{A}$在任意解释中均为假，则称 $\mathscr{A}$是矛盾的。

由命题 4.4 和命题 4.5 即可得到下面两个结论。

命题 4.9 如果 $\mathscr{A}$和 $\mathscr{A}\to\mathscr{B}$ 是逻辑普效的，那么 $\mathscr{B}$ 也是逻辑普效的。

命题 4.10 如果 $\mathscr{A}$是逻辑普效的，则$(\forall x_i)\mathscr{A}$也是，其中 x_i 为任意变元。

注记 4.25 逻辑普效与矛盾式是两个相互对立的概念，即如果 $\mathscr{A}$是逻辑普效的，那么$\sim\mathscr{A}$就是矛盾式。逻辑普效性是分析和描述谓词演算形式系统可靠性与充分性的重要概念。

4.4.4 $\mathscr{L}$的重言式

4.4.4.1 替换特例的概念

命题演算形式系统 L 中的公式是由一些命题符号,经联结词～,→联结而形成的。由于在 $\mathscr{L}$ 中也只用这两个联结词,因此,$\mathscr{L}$ 中的谓词公式与 L 中的命题公式在形式结构上是相似的。

定义 4.19 设 $\mathscr{A}_0$ 是 L 的命题公式,将 $\mathscr{A}_0$ 中的命题符号全部用 $\mathscr{L}$ 中的公式替换,满足相同的命题符号用相同的公式完全替换,由此得到的 $\mathscr{L}$ 的公式 $\mathscr{A}$ 称为 $\mathscr{A}_0$ 的一个替换特例。

例如,$\sim p_1 \to (p_2 \to p_3)$ 是 L 的公式,用 L 的公式 $(\forall x_1)A_1^1(x_1)$、$(\forall x_2)A_2^2(x_1, x_2)$ 和 $(A_1^1(x_2) \to (\forall x_1)A_3^1(x_1))$ 分别替换 p_1、p_2 和 p_3,就得到命题公式 $(\sim p_1 \to (p_2 \to p_3))$ 在 $\mathscr{L}$ 中的一个替换特例 $\sim (\forall x_1)A_1^1(x_1) \to ((\forall x_2)A_2^2(x_1, x_2) \to (A_1^1(x_2) \to (\forall x_1)A_3^1(x_1)))$。

再如,$\mathscr{L}$ 的公式 $(\forall x_1)A_1^2(x_1, x_2) \to (\forall x_1)A_1^2(x_1, x_2)$ 和公式 $(\forall x_1)A_1^1(x_1) \to (\forall x_1)A_1^1(x_1)$ 都是命题公式 $p_1 \to p_1$ 的替换特例。

4.4.4.2 $\mathscr{L}$的重言式定义

定义 4.20 如果 $\mathscr{A}$ 是 L 的重言式 $\mathscr{A}_0$ 在 $\mathscr{L}$ 中的替换特例,那么 $\mathscr{A}$ 称为 $\mathscr{L}$ 的重言式。

命题 4.11 如果 $\mathscr{A}$ 是 $\mathscr{L}$ 的重言式,那么 $\mathscr{A}$ 在 $\mathscr{L}$ 的任意解释 I 中都为真。

证明: 设 $\mathscr{A}$ 是 $\mathscr{L}$ 的重言式,则 $\mathscr{A}$ 是 L 的重言式 $\mathscr{A}_0$ 的替换特例。假定 $\mathscr{A}_0$ 中的命题变元(命题符号)为 $p_1, \cdots, p_k$,而 $\mathscr{A}$ 是用 $\mathscr{L}$ 的公式 $\mathscr{A}_1, \cdots, \mathscr{A}_k$ 分别替换 $\mathscr{A}_0$ 中的命题符号 $p_1, \cdots, p_k$ 得到的公式。

对任意 $\mathscr{L}$ 的解释 I 和 I 中的赋值 v,利用 v 定义 L 的赋值 v_0 如下:

$$v_0(p_i) = \begin{cases} T, \text{如果 } v \text{ 满足 } \mathscr{A}_i \\ F, \text{如果 } v \text{ 不满足 } \mathscr{A}_i \end{cases} \quad (1 \leqslant i \leqslant k) \tag{4.11}$$

先证明断言:v 满足 $\mathscr{A}$ 的充要条件为 $v_0(\mathscr{A}_0) = T$。

用数学归纳法。施归纳于 $\mathscr{A}_0$ 中联结词的个数进行证明。

奠基步: $\mathscr{A}_0$ 是一命题符号,如 p_i,那么 $\mathscr{A}$ 即为 $\mathscr{A}_i$。根据 v_0 的定义知,$v_0(p_i) = T$ 的充要条件为 v 满足 $\mathscr{A}_i$。

归纳推导步: 假定断言对联结词个数少于 $\mathscr{A}_0$ 联结词个数的命题公式成立。

情形(1) $\mathscr{A}_0$ 是 $\sim \mathscr{B}_0$。此时,$\mathscr{A}$ 即为 $\sim \mathscr{B}$。其中,$\mathscr{B}$ 是 $\mathscr{B}_0$ 的替换特例。根据归纳假定,v 满足 $\mathscr{B}$ 当且仅当 $v_0(\mathscr{B}_0) = T$。进而有:v 不满足 $\mathscr{B}$ 当且仅当 $v_0(\mathscr{B}_0) = F$;得到 v 满足 $\mathscr{A}$ 当且仅当 $v_0(\mathscr{A}_0) = T$。

情形(2) $\mathscr{A}_0$ 是 $\mathscr{B}_0 \to \mathscr{C}_0$。则 $\mathscr{A}$ 即为 $\mathscr{B} \to \mathscr{C}$。其中,$\mathscr{B}$ 和 $\mathscr{C}$ 分别是 $\mathscr{B}_0$ 和 $\mathscr{C}_0$ 的替换特例。根据归纳假定知:v 满足 $\mathscr{B}$ 当且仅当 $v_0(\mathscr{B}_0) = T$,v 满足 $\mathscr{C}$ 当且仅当 $v_0(\mathscr{C}_0) = T$。

于是有:v 满足 $\mathscr{B} \to \mathscr{C}$ 当且仅当 v 满足 $\sim \mathscr{B}$ 或 v 满足 $\mathscr{C}$,当且仅当 $v_0(\sim \mathscr{B}_0) = T$ 或 $v_0(\mathscr{C}_0) = T$,当且仅当 $v_0(\mathscr{B}_0 \to \mathscr{C}_0) = T$,当且仅当 $v_0(\mathscr{A}_0) = T$。

根据数学归纳法原理,断言成立。

在此基础上,如果 $\mathscr{A}$ 是 $\mathscr{L}$ 的重言式,那么 $\mathscr{A}_0$ 就是 L 的重言式,因而有 $v_0(\mathscr{A}_0) = T$,继而

得到 v 满足 $\mathscr{A}$。由解释 I 和 I 中赋值 v 的任意性得,命题成立。

推论 4.12 如果 $\mathscr{A}$ 是 $\mathscr{L}$ 的重言式,那么 $\mathscr{A}$ 是逻辑普效的。

本章习题

习题 4.1 用谓词表达式表示下列陈述。

(1) 小张学习很努力,小李也是。

(2) 生物有动物和植物两种,有些生物既是动物也是植物。

(3) 世上的事物都是一分为二的,既具有好的一面,也有不好的一面。

(4) 天下乌鸦一般黑。

(5) x,y,z 都是参数,其中 x 是全局变量,而 y 和 z 是局部变量。

(6) 除了 2 以外,其他所有的素数都是奇数。

(7) 我或者去北京或者去上海,如果我去北京,那么你就去上海。

(8) 是人就有思想,你是人,你就应该有思想。

(9) 一切反动派都是纸老虎。

习题 4.2 设 $\mathscr{L}$ 是一阶语言,包括常元 a_0,函数符号 f_1^2,和谓词字母 A_2^2。令 $\mathscr{A}$ 表示合适公式 $(\forall x_1)(\forall x_2)(A_2^2(f_1^2(x_1,x_2),a_0)\to A_2^2(x_1,x_2))$,并定义 $\mathscr{L}$ 的解释 I 为:D_I 是 $\mathbf{Z}$(整数集),$\bar{a}_0$ 是 0,$\bar{f}_1^2(x,y)$ 是 $x-y$,$\bar{A}_2^2(x,y)$ 是 $x>y$。

(1) 试写出公式 $\mathscr{A}$ 在解释 I 中的含义并指出其是否正确。

(2) 再找一种解释,使公式 $\mathscr{A}$ 在该解释下的命题与前面解释 I 下的命题具有相反的真值(即原来的错,现在的就对;原来的对,现在的就错)。

习题 4.3 是否存在 $\mathscr{L}$ 的解释 I 使得:

(1) 公式 $(\forall x_1)(A_1^1(x_1)\to A_1^1(f_1^1(x_1)))$ 在该解释下是假的?如果有则详细写出,否则说明理由;

(2) 对公式 $(\forall x_1)(A_1^2(x_1,x_2)\to A_1^2(x_2,x_1))$ 又如何呢?

习题 4.4 试证明在解释 I 中,赋值 v 满足公式 $(\exists x_i)\mathscr{A}$ 的充要条件是在 I 中至少存在一个与 v i-等价的赋值 v' 满足 $\mathscr{A}$。

习题 4.5 补充证明命题 4.7 中的“情形 1”和“情形 2”。

习题 4.6 试证明下列公式是逻辑普效的。

(1) $(\exists x_1)(\forall x_2)A_1^2(x_1,x_2)\to(\forall x_2)(\exists x_1)A_1^2(x_1,x_2)$

(2) $(\forall x_1)A_1^1(x_1)\to((\forall x_1)A_2^1(x_1)\to(\forall x_2)A_1^1(x_2))$

(3) $(\forall x_1)(A\to\mathscr{B})\to((\forall x_1)\mathscr{A}\to(\forall x_1)\mathscr{B})$

(4) $((\forall x_1)(\forall x_2)\mathscr{A}\to(\forall x_2)(\forall x_1)\mathscr{A})$

(5) $(\forall x_1)(\forall x_2)A_1^2(x_1,x_2)\to A_1^2(x_1,x_2)$

习题 4.7 试证明如果项 t 在公式 $\mathscr{A}(x_i)$ 中对 x_i 自由,则 $(\mathscr{A}(t)\to(\exists x_1)\mathscr{A}(x_i))$ 是逻辑普效的。

第5章 谓词演算形式系统

数理逻辑包括命题演算与谓词演算两个重要部分。在命题演算学习过程中,采用形式化方法建立了命题演算形式系统,引入命题演算形式化推理机制,陈述形式化推理的基本思想与方法。同时,利用“赋值”手段,对命题公式的“语义”进行描述,定义了重言式的概念,阐述了命题演算形式系统的“定理”与重言式的关系。在此基础上,对命题演算形式系统的可靠性和充分性进行了讨论,最终证明了命题演算形式系统 L 是可判定的。谓词演算可以看成是命题演算的推广,因此,命题演算研究的思想方法与技术路线,可以推广运用到谓词演算的研究与分析中。

本章介绍一阶谓词演算形式系统,包括一阶谓词演算形式系统的定义、形式系统的“定理”与“证明”、形式谓词演算的基本性质等。并从“语义”入手,对谓词演算形式系统中“定理”的逻辑普效性进行分析,证明谓词演算形式系统的可靠性与充分性定理。通过学习,进一步认识逻辑演算形式系统的本质特性,理解并掌握谓词演算形式化推理的方法与技术,领会谓词公式的逻辑普效性与形式系统的可靠性含义,知晓一阶语言扩充的基本策略以及形式系统充分性证明的基本思路。

5.1 形式系统 $K_{\mathscr{L}}$

在第 4 章学习过程中,引进了一阶语言 $\mathscr{L}$,并给出了形式语言 $\mathscr{L}$ 的符号集、项集以及谓词演算合适公式的定义。从构成逻辑演算形式系统的基本要素看,建立谓词演算形式系统尚需给出公理集和推理规则的描述。

5.1.1 $K_{\mathscr{L}}$ 的定义

5.1.1.1 $K_{\mathscr{L}}$ 的公理与推理规则

定义 5.1 用 $K_{\mathscr{L}}$ 表示谓词演算形式系统,它采用一阶语言 $\mathscr{L}$ 的符号系统,以 $\mathscr{L}$ 的合适公式为基本研究对象,包括如下的公理与推理规则。

(1) $K_{\mathscr{L}}$ 的公理集。设 $\mathscr{A},\mathscr{B},\mathscr{C}$ 是 $\mathscr{L}$ 的任意公式,$K_{\mathscr{L}}$ 的公理有:

(K_1) $\mathscr{A}\to(\mathscr{B}\to\mathscr{A})$;

(K_2) $(\mathscr{A}\to(\mathscr{B}\to\mathscr{C}))\to((\mathscr{A}\to\mathscr{B})\to(\mathscr{A}\to\mathscr{C}))$;

(K_3) $(\sim\mathscr{A}\to\sim\mathscr{B})\to(\mathscr{B}\to\mathscr{A})$;

(K_4) $(\forall x_i)\mathscr{A}\to\mathscr{A}$,如果 x_i 在 $\mathscr{A}$ 中不自由出现;

(K_5) $(\forall x_i)\mathscr{A}(x_i)\to\mathscr{A}(t)$,如果项 t 对公式 $\mathscr{A}(x_i)$ 中的 x_i 自由;

(K_6) $(\forall x_i)(\mathscr{A}\to\mathscr{B})\to(\mathscr{A}\to(\forall x_i)\mathscr{B})$,如果 $\mathscr{A}$ 中不含 x_i 的自由出现。

(2) $K_{\mathscr{L}}$ 的推理规则。

分离规则(MP):由 $\mathscr{A}$ 和 $\mathscr{A}\to\mathscr{B}$ 可推出 $\mathscr{B}$。

概括原理 ($\forall^+$):由 $\mathscr{A}$ 可推出$(\forall x_i)\mathscr{A}$,其中 x_i 是任意变元。

注记 5.1

(1) $K_{\mathscr{L}}$ 的公理模式和推理规则包括了 L 的公理和推理规则(从某种意义上讲,$K_{\mathscr{L}}$ 可视为 L 的推广)。在 $K_{\mathscr{L}}$ 中补充的公理和规则主要是针对量词性质的说明。

(2) 公理(K_5)是用最一般的形式叙述的。在应用中,常遇的实例是$(\forall x_i)\mathscr{A}(x_i)\to\mathscr{A}$,其中 x_i 可以是也可以不是 $\mathscr{A}$ 的自由变元。如果 x_i 是 $\mathscr{A}$ 的自由变元,则 $\mathscr{A}$ 表示为 $\mathscr{A}(x_i)$,由(K_5)可以得到$(\forall x_i)\mathscr{A}(x_i)\to\mathscr{A}(x_i)$,因为 x_i 对 x_i 总是自由的。如果 x_i 不在 $\mathscr{A}$ 中自由出现,那么由(K_4)即有$(\forall x_i)\mathscr{A}\to\mathscr{A}$。

(3) 注意到在 $\mathscr{L}$ 中没有用到联结词"$\wedge$","$\vee$"及量词"$\exists x$",因而在 $K_{\mathscr{L}}$ 中没有公理和推理规则涉及这些符号。如果将$(\exists x_i)\mathscr{A}$、$\mathscr{A}\wedge\mathscr{B}$ 和 $\mathscr{A}\vee\mathscr{B}$ 分别视为$\sim(\forall x_i)(\sim\mathscr{A})$、$\sim(\mathscr{A}\to\sim\mathscr{B})$和$\sim\mathscr{A}\to\mathscr{B}$ 的缩写,就可以增加相应的公理模式和推理规则。例如,公理有:

① $\mathscr{A}\wedge\mathscr{B}\to\mathscr{A}$, $\mathscr{A}\to\mathscr{A}\vee\mathscr{B}$

② $\mathscr{A}\to(\mathscr{B}\to\mathscr{A}\wedge\mathscr{B})$

③ $(\mathscr{A}\to\mathscr{C})\to((\mathscr{B}\to\mathscr{C})\to(\mathscr{A}\vee\mathscr{B}\to\mathscr{C}))$

④ $\mathscr{A}(t)\to\exists x\mathscr{A}(x)$

推理规则有:

($\exists^+$):由 $\mathscr{A}(x)\to\mathscr{C}$ 可推出$(\exists x)\mathscr{A}(x)\to\mathscr{C}$ 等。

5.1.1.2　$K_{\mathscr{L}}$ 的证明与定理

定义 5.2　$K_{\mathscr{L}}$ 中的证明是 $\mathscr{L}$ 的一个公式序列 $\mathscr{A}_1,\cdots,\mathscr{A}_n$,其中每个公式 $\mathscr{A}_i(1\leqslant i\leqslant n)$或者是 $K_{\mathscr{L}}$ 的公理,或者是由位于其前面的公式经过分离规则(MP)或概括原理($\forall^+$)而得。在 $K_{\mathscr{L}}$ 的证明中出现的公式都称为 $K_{\mathscr{L}}$ 的定理。特别 $K_{\mathscr{L}}$ 的公理是 $K_{\mathscr{L}}$ 的定理。如果 $\mathscr{A}$ 是 $K_{\mathscr{L}}$ 的定理,则记为 $\vdash_{K_{\mathscr{L}}}\mathscr{A}$(在不会引起混淆的情况下,可用"$\vdash_K\mathscr{A}$",甚至"$\vdash\mathscr{A}$"来表示"$\vdash_{K_{\mathscr{L}}}\mathscr{A}$")。

与命题演算形式系统 L 一样,要证明某公式 $\mathscr{A}$ 是 $K_{\mathscr{L}}$ 的定理,需要在 $K_{\mathscr{L}}$ 中构造出关于公式 $\mathscr{A}$ 证明的公式序列。当然,也可以通过说明公式 $\mathscr{A}$ 在 $K_{\mathscr{L}}$ 中证明(公式序列)的存在性予以证明。

命题 5.1　如果 $\mathscr{A}$ 是 $\mathscr{L}$ 的重言式,那么 $\mathscr{A}$ 是 $K_{\mathscr{L}}$ 的定理。

证明:设 $\mathscr{A}$ 是 $\mathscr{L}$ 的重言式,那么它是 L 的重言式 $\mathscr{A}_0$ 在 $\mathscr{L}$ 中的替换特例。因为 $\mathscr{A}_0$ 是 L 的定理,故在 L 中有一个关于 $\mathscr{A}_0$ 是定理的证明,该证明中出现的命题变元即为 $\mathscr{A}_0$ 中的命题变元。按照从 $\mathscr{A}_0$ 到 $\mathscr{A}$ 的替换方法,将证明中命题变元进行替换,便得到一个在 $K_{\mathscr{L}}$ 中的证明,该证明只用到公理(K_1)、(K_2)和(K_3)(分别与 L 中的公理(L_1)、(L_2)和(L_3)相对应)和推理规则 MP,并且最后一个公式即为 $\mathscr{A}$,所以有 $\vdash_K\mathscr{A}$。

注记 5.2 在命题 5.1 证明 $\mathscr{L}$ 的重言式是 $K_{\mathscr{L}}$ 定理的过程中，只用到 $K_{\mathscr{L}}$ 的公理(K_1)、(K_2)、(K_3)和推理规则 MP。$K_{\mathscr{L}}$ 中的(K_1)、(K_2)、(K_3)是重言式，但其他的公理却不是重言式。因此不难断定，$K_{\mathscr{L}}$ 的定理除了重言式以外，一定还有其他，也就是说命题 5.1 的逆命题在 $K_{\mathscr{L}}$ 中不成立。事实上，形式系统 L 的定理与重言式对等，而 $K_{\mathscr{L}}$ 的定理则与逻辑普效性相关联。

5.1.2 $K_{\mathscr{L}}$ 的可靠性证明

$K_{\mathscr{L}}$ 的可靠性体现在它的定理都是逻辑普效的。证明如下。

命题 5.2 $K_{\mathscr{L}}$ 的公理模式(K_1)、(K_2)、(K_3)、(K_4)、(K_5)和(K_6)都是逻辑普效的。

证明：首先不难看出(K_1)、(K_2)、(K_3)是逻辑普效的，因为它们都是重言式。现证明(K_4)、(K_5)和(K_6)是逻辑普效的。为此，令 I 是 $\mathscr{L}$ 的任意解释，v 是 I 中任意赋值。

(1) 关于(K_4)，只要证明 v 满足 $(\forall x_i)\mathscr{A}\to\mathscr{A}$ 即可。

如果 v 不满足 $(\forall x_i)\mathscr{A}$，那么 v 满足 $(\forall x_i)\mathscr{A}\to\mathscr{A}$。如果 v 满足 $(\forall x_i)\mathscr{A}$，那么所有与 v i-等价的赋值均满足 $\mathscr{A}$，特别 v 与 v i-等价，所以有 v 满足 $\mathscr{A}$，进而 v 满足 $(\forall x_i)\mathscr{A}\to\mathscr{A}$。由 I 及 v 的任意性，即得(K_4)是逻辑普效的。

(2) 关于(K_5)，只要证明 v 满足 $(\forall x_i)\mathscr{A}(x_i)\to\mathscr{A}(t)$ 即可。其中，t 对公式 $\mathscr{A}(x_i)$ 中的 x_i 自由。

直接假设 v 满足 $(\forall x_i)\mathscr{A}(x_i)$。那么任意与 v i-等价的赋值满足 $\mathscr{A}(x_i)$。定义赋值 v' 满足：当 $k\neq i$ 时，$v'(x_k)=v(x_k)$，而 $v'(x_i)=v(t)$。则 v' 与 v i-等价，故有 v' 满足 $\mathscr{A}(x_i)$。

注意到 $v'(x_i)=v(t)$，且 t 对 $\mathscr{A}(x_i)$ 中的 x_i 自由，由第 4 章命题 4.2，可得 v 满足 $\mathscr{A}(t)$，所以有 v 满足 $(\forall x_i)\mathscr{A}(x_i)\to\mathscr{A}(t)$。由 I 及 v 的任意性，得到(K_5)是逻辑普效的。

(3) 关于(K_6)，只要证明 v 满足 $(\forall x_i)(\mathscr{A}\to\mathscr{B})\to(\mathscr{A}\to(\forall x_i)\mathscr{B})$ 即可。需注意 x_i 不在 $\mathscr{A}$ 中自由出现。

设 v 满足 $(\forall x_i)(\mathscr{A}\to\mathscr{B})$，则对任意 v'，如果 $v'\equiv_i v$，就有 v' 满足 $\mathscr{A}\to\mathscr{B}$。

情形(1) 如果有某个 v'，$v'\equiv_i v$ 并且 v' 不满足 $\mathscr{A}$，那么由于 x_i 在 $\mathscr{A}$ 中不自由出现，赋值 v 和 v' 对公式 $\mathscr{A}$ 中自由变元的赋值相同，根据命题 4.7，必有 v 不满足 $\mathscr{A}$，从而有 v 满足 $\mathscr{A}\to(\forall x_i)\mathscr{B}$。

情形(2) 如果所有的 v' ($v'\equiv_i v$)都满足 $\mathscr{A}$，那么由 v' 满足 $\mathscr{A}\to\mathscr{B}$ 得到 v' 满足 $\mathscr{B}$，即所有与 v i-等价的赋值都必须满足 $\mathscr{B}$，进而得到 v 满足 $(\forall x_i)\mathscr{B}$，所以有 v 满足 $\mathscr{A}\to(\forall x_i)\mathscr{B}$。

总之，当 v 满足 $(\forall x_i)(\mathscr{A}\to\mathscr{B})$ 时，必有 v 满足 $\mathscr{A}\to(\forall x_i)\mathscr{B}$。由于 I 及 v 是任意的，证得(K_6)是逻辑普效的。

命题 5.3($K_{\mathscr{L}}$ 的可靠性定理) 如果 $\vdash_K\mathscr{A}$，那么 $\mathscr{A}$ 是逻辑普效的。

证明：施归纳于 $\mathscr{A}$ 在 $K_{\mathscr{L}}$ 中证明序列 $\mathscr{A}_1,\cdots,\mathscr{A}_n$ 的长度 n。

奠基步：当 $n=1$ 时，序列中只有公式 $\mathscr{A}$，则 $\mathscr{A}$ 必是 $K_{\mathscr{L}}$ 的公理。由命题 5.2 知，$\mathscr{A}$ 是逻辑普效的。

归纳推导步：若 $\mathscr{A}$ 是由 $\mathscr{A}_i$，$\mathscr{A}_j$ 经 MP 所得，则 $\mathscr{A}_i$，$\mathscr{A}_j$ 必为形如 $\mathscr{B}$ 和 $\mathscr{B}\to\mathscr{A}$ 的公式。根据归纳假定，$\mathscr{B}$ 和 $\mathscr{B}\to\mathscr{A}$ 都是逻辑普效的。根据命题 4.9，$\mathscr{A}$ 是逻辑普效的。

若 $\mathscr{A}$ 是由 $\mathscr{A}_j$ 经概括而得，那么 $\mathscr{A}$ 必为 $(\forall x_i)\mathscr{A}_j$ 的形式。由归纳假定知 $\mathscr{A}_j$ 是逻辑普效的。根据命题 4.10，$(\forall x_i)\mathscr{A}_j$（即 $\mathscr{A}$）也是逻辑普效的。

推论 5.4　$K_{\mathscr{L}}$ 是协调的，即没有 $\mathscr{L}$ 的公式 $\mathscr{A}$ 使得 $\mathscr{A}$ 和 $\sim\mathscr{A}$ 都是 $K_{\mathscr{L}}$ 的定理。

证明：若同时有 $\vdash_K\mathscr{A}$ 和 $\vdash_K\sim\mathscr{A}$，则由命题 5.3，$\mathscr{A}$ 和 $\sim\mathscr{A}$ 都是逻辑普效的。因而，对任意解释及解释中的赋值，$\mathscr{A}$ 和 $\sim\mathscr{A}$ 都是“真”，这是不可能的。

5.1.3　$K_{\mathscr{L}}$ 的演绎定理

5.1.3.1　$K_{\mathscr{L}}$ 中的相对证明

与命题演算形式系统 L 一样，在形式系统 $K_{\mathscr{L}}$ 中也有相对证明的概念。

定义 5.3　设 Γ 是 $\mathscr{L}$ 的一组公式集合。$K_{\mathscr{L}}$ 中基于 Γ 的证明是 $\mathscr{L}$ 的一个公式序列 $\mathscr{A}_1,\cdots,\mathscr{A}_n$，其中，每个公式 $\mathscr{A}_i(1\leqslant i\leqslant n)$ 或者是 $K_{\mathscr{L}}$ 的公理，或者是 Γ 中的公式，或者是由位于其前面的公式经过分离规则(MP)或概括原理($\forall^+$)而得。

注记 5.3　$K_{\mathscr{L}}$ 中基于公式集 Γ 的证明和 $K_{\mathscr{L}}$ 证明的不同之处仅在于，基于 Γ 证明的公式序列中可以使用 Γ 的公式。

如果存在基于 Γ 的证明（公式序列），其最后一个公式 $\mathscr{A}$ 称为 $K_{\mathscr{L}}$ 中可由 Γ 推出的结论，用 $\Gamma\vdash_K\mathscr{A}$ 表示。根据定义不难看出，对于一个基于 Γ 的证明中出现的任意公式 $\mathscr{B}$，均有 $\Gamma\vdash_K\mathscr{B}$。

例如，令 $\Gamma=\{A_1^2(x_1,a_0)\}$，则公式序列

① $A_1^2(x_1,a_0)$　　　　//假设

② $(\forall x_1)A_1^2(x_1,a_0)$　　　//①($\forall^+$)

就是一个基于 Γ 的证明。其中，$A_1^2(x_1,a_0)$ 是 Γ 的成员，而 $(\forall x_1)A_1^2(x_1,a_0)$ 是 $A_1^2(x_1,a_0)$ 经过概括原理得到的结论。该演绎过程可表示为

$$\{A_1^2(x_1,a_0)\}\vdash_K(\forall x_1)A_1^2(x_1,a_0)\tag{5.1}$$

在 L 中有演绎定理，即 $\Gamma\cup\{\mathscr{A}\}\vdash_L\mathscr{B}$ 当且仅当 $\Gamma\vdash_L\mathscr{A}\to\mathscr{B}$。这一命题在 $K_{\mathscr{L}}$ 中是否也成立呢？结论是，一般情况下，L 中的演绎定理在 $K_{\mathscr{L}}$ 中不成立。

例如，由式(5.1)，却不能得到

$$\vdash_K A_1^2(x_1,a_0)\to(\forall x_1)A_1^2(x_1,a_0)\tag{5.2}$$

这一点是可以证明的。

例题 5.1　$K_{\mathscr{L}}$ 的公式 $A_1^2(x_1,a_0)\to(\forall x_1)A_1^2(x_1,a_0)$ 不是逻辑普效的。

证明：可考虑 $\mathscr{L}$ 的解释 I，解释域为整数集 $\mathbf{Z}$，谓词 $A_1^2(x_1,a_0)$ 的解释 $\bar{A}_1^2(x_1,\bar{a}_0)$ 为“$x_1=0$”。其中，个体常元 a_0 的解释 $\bar{a}_0$ 是 0。

定义 I 中的赋值 v，使得 $v(x_1)=0$。则显然有 v 满足 $A_1^2(x_1,a_0)$。任取一个与 v 1-等价的赋值 v'，只要 $v'(x_1)\neq0$ 就有 v' 不满足 $A_1^2(x_1,a_0)$，因而有 v 不满足 $(\forall x_1)A_1^2(x_1,a_0)$。由此说明，$v$ 不满足 $A_1^2(x_1,a_0)\to(\forall x_1)A_1^2(x_1,a_0)$，即 $A_1^2(x_1,a_0)\to(\forall x_1)A_1^2(x_1,a_0)$ 不是逻辑普效的。所以式(5.2)不成立。

问题究竟出在哪里？比较分析命题演算形式系统 L 的“证明”与谓词演算形式系统 $K_{\mathscr{L}}$

的"证明"可以发现,尽管两种"证明"在形式上完全一样,即都是合适公式序列,但在具体实施过程中是有差别的。$K_{\mathscr{L}}$ 的"证明"涉及个体变元,而且比 L 的"证明"多了概括原理($\forall^+$)的使用。由于"自由变元"是变化的,一旦使用概括原理,就变成了约束变元。所以"对公式中自由变元使用概括原理"应该是出现问题的关键所在。

5.1.3.2 $K_{\mathscr{L}}$ 的演绎定理

命题 5.5($K_{\mathscr{L}}$ 的演绎定理) 令 Γ 是 $\mathscr{L}$ 的公式集(可能是空集),$\mathscr{A}$,$\mathscr{B}$ 是 $\mathscr{L}$ 的任意公式。如果 $\Gamma\cup\{\mathscr{A}\}\vdash_K\mathscr{B}$,并且推导过程没有对 $\mathscr{A}$ 中的自由变元使用过概括规则,那么就有 $\Gamma\vdash_K\mathscr{A}\to\mathscr{B}$。

证明: 设 $\Gamma\cup\{\mathscr{A}\}\vdash_K\mathscr{B}$,则有基于 Γ 的证明 $\mathscr{A}_1,\cdots,\mathscr{A}_n$,其中 $\mathscr{A}_n$ 是 $\mathscr{B}$。施归纳于公式序列 $\mathscr{A}_1,\cdots,\mathscr{A}_n$ 的长度 n 证明。

奠基步: 如果 $n=1$,则上述序列中只有 $\mathscr{B}$。此时,$\mathscr{B}$ 或是公理,或是公式 $\mathscr{A}$,或是 Γ 的成员,类似于 L 演绎定理证明,均可得到 $\Gamma\vdash_K\mathscr{A}\to\mathscr{B}$。

归纳推导步: 设命题对长度小于 n 的证明序列均成立。考虑 $\mathscr{A}_1,\cdots,\mathscr{A}_n$,且 $\mathscr{A}_n$ 为 $\mathscr{B}$。

对于 $\mathscr{B}$ 是公理,或是 $\mathscr{A}$,或是 Γ 的成员,或是演绎过程中经分离规则 MP 而得到的情形,可用 L 演绎定理证明中采用的方法予以证明。在此,只考虑 $\mathscr{B}$ 是由演绎过程中某个前面公式 $\mathscr{A}_j$ 经概括($\forall^+$)而得,即 $\mathscr{B}$ 是 $(\forall x_i)\mathscr{A}_j$。

由于 $\mathscr{A}_j$ 在 $\mathscr{B}$ 的前面,根据归纳假定就有 $\Gamma\vdash_K\mathscr{A}\to\mathscr{A}_j$。不仅如此,因为从 $\mathscr{A}_j$ 到 $\mathscr{B}$(即 $(\forall x_i)A_j$)的演绎过程中对变元 x_i 使用了概括,而命题假设在推理过程中没有对 $\mathscr{A}$ 中的自由变元使用过概括,所以 x_i 不在 $\mathscr{A}$ 中自由出现。

构造由 Γ 推导出 $\mathscr{A}\to\mathscr{B}$ 的公式序列如下。

① $\mathscr{A}_1$
⋮
ⓛ $\mathscr{A}\to\mathscr{A}_j$

(①至ⓛ:由 Γ 推导出的公式序列)

接着构造公式序列。

(l+1) $(\forall x_i)(\mathscr{A}\to\mathscr{A}_j)\to(\mathscr{A}\to(\forall x_i)\mathscr{A}_j)$ //(K_6),x_i 不在 $\mathscr{A}$ 中自由出现

(l+2) $(\forall x_i)(\mathscr{A}\to\mathscr{A}_j)$ //ⓛ($\forall^+$)

(l+3) $\mathscr{A}\to(\forall x_i)\mathscr{A}_j$ //(l+2)、(l+1) MP

故有 $\Gamma\vdash_K\mathscr{A}\to(\forall x_i)\mathscr{A}_j$,即 $\Gamma\vdash_K\mathscr{A}\to\mathscr{B}$。

与 L 的演绎定理类似,$K_{\mathscr{L}}$ 有如下命题。

命题 5.6 如果 $\Gamma\vdash_K\mathscr{A}\to\mathscr{B}$,则 $\Gamma\cup\{\mathscr{A}\}\vdash_K\mathscr{B}$。

由 $K_{\mathscr{L}}$ 的演绎定理即可得到下列推论。

推论 5.7 如果 $\Gamma\cup\{\mathscr{A}\}\vdash_K\mathscr{B}$ 并且 $\mathscr{A}$ 是闭公式,那么 $\Gamma\vdash_K\mathscr{A}\to\mathscr{B}$。

推论 5.8 $\{(\mathscr{A}\to\mathscr{B}),(\mathscr{B}\to\mathscr{C})\}\vdash_K\mathscr{A}\to\mathscr{C}$。

注记 5.4 推论 5.8 的结论又称 HS 推理规则,在 $K_{\mathscr{L}}$ 的证明中可以直接运用。

例题 5.2 如果 x_i 不在 $\mathscr{A}$ 中出现,那么 $\vdash_K(\mathscr{A}\to(\forall x_i)\mathscr{B})\to(\forall x_i)(\mathscr{A}\to\mathscr{B})$。

证明:构造证明序列

① $\mathscr{A}\to(\forall x_i)\mathscr{B}$　　//假设

② $(\forall x_i)\mathscr{B}\to\mathscr{B}$　　//(K_4)或(K_5)

③ $\mathscr{A}\to\mathscr{B}$　　//①、②HS

④ $(\forall x_i)(\mathscr{A}\to\mathscr{B})$　　//③$(\forall^+)$

故有 $\mathscr{A}\to(\forall x_i)\mathscr{B}\vdash_K(\forall x_i)(\mathscr{A}\to\mathscr{B})$。注意到,在演绎中仅对 x_i 使用过概括,题设 x_i 不在 $\mathscr{A}$ 中出现,而 x_i 在$(\forall x_i)\mathscr{B}$ 中也不可能自由出现,故 x_i 在 $\mathscr{A}\to(\forall x_i)\mathscr{B}$ 中不自由出现。根据演绎定理,就有 $\vdash_K(\mathscr{A}\to(\forall x_i)\mathscr{B})\to(\forall x_i)(\mathscr{A}\to\mathscr{B})$。

如果将$(\exists x_i)\mathscr{A}$ 看成是公式$\sim(\forall x_i)(\sim\mathscr{A})$的缩写形式,那么可以证明如下结论。

例题 5.3　试证明 $\vdash_K(\forall x_i)(\mathscr{A}\to\mathscr{B})\to((\exists x_i)\mathscr{A}\to(\exists x_i)\mathscr{B})$。

证明:假定$(\forall x_i)(\mathscr{A}\to\mathscr{B})$,则用$(K_4)$或$(K_5)$,经 MP 可得

① $\mathscr{A}\to\mathscr{B}$

接着构造证明序列

② $\sim\mathscr{B}\to\sim\mathscr{A}$　　//①与反证原理

③ $(\forall x_i)\sim\mathscr{B}\to\sim\mathscr{B}$　　//(K_4)或(K_5)

④ $(\forall x_i)(\sim\mathscr{B})\to\sim\mathscr{A}$　　//③、②HS

⑤ $(\forall x_i)((\forall x_i)(\sim\mathscr{B})\to\sim\mathscr{A})$　　//④$(\forall^+)$

⑥ $(\forall x_i)((\forall x_i)(\sim\mathscr{B})\to\sim\mathscr{A})\to((\forall x_i)(\sim\mathscr{B})\to(\forall x_i)(\sim\mathscr{A}))$

//(K_6), x_i 不在$(\forall x_i)(\sim\mathscr{B})$中自由出现

⑦ $(\forall x_i)(\sim\mathscr{B})\to(\forall x_i)(\sim\mathscr{A})$　　//⑤、⑥MP

⑧ $\sim(\forall x_i)(\sim\mathscr{A})\to\sim(\forall x_i)(\sim\mathscr{B})$　　//⑦与反证原理

公式⑧即为$(\exists x_i)\mathscr{A}\to(\exists x_i)\mathscr{B}$,故有$(\forall x_i)(\mathscr{A}\to\mathscr{B})\vdash_K(\exists x_i)\mathscr{A}\to(\exists x_i)\mathscr{B}$。在推理过程中只对 x_i 应用过概括,而 x_i 不是公式$(\forall x_i)(\mathscr{A}\to\mathscr{B})$中的自由变元。因此,根据演绎定理有 $\vdash_K(\forall x_i)(\mathscr{A}\to\mathscr{B})\to((\exists x_i)\mathscr{A}\to(\exists x_i)\mathscr{B})$。

5.2　等值与代入

5.2.1　等值词的定义

在介绍谓词表达式翻译时曾经看到,同样的"事实"可以用不同的谓词公式来表达。

例如:"不是所有的鸟都会飞"可以表示为$\sim(\forall x(B(x)\to F(x)))$,其中 $B(x)$表示"个体 x 是鸟",$F(x)$表示"个体 x 会飞"。而与之等价的陈述"有些鸟不会飞",则可表示为 $\exists x(B(x)\wedge\sim F(x))$。这说明公式$\sim(\forall x(B(x)\to F(x)))$与公式 $\exists x(B(x)\wedge\sim F(x))$具有某种内在的联系。为了反映这种关系,将引入等值词,并给出等价公式的定义。

定义 5.4　设 $\mathscr{A}$ 与 $\mathscr{B}$ 是形式系统 $K_{\mathscr{L}}$ 的公式。引入等值词"↔",并用 $\mathscr{A}\leftrightarrow\mathscr{B}$ 表示 $\sim((\mathscr{A}\to\mathscr{B})\to\sim(\mathscr{B}\to\mathscr{A}))$的缩写。

注记 5.5　在命题演算形式系统 L 中,也定义了等值词"↔",即用 $\mathscr{A}\leftrightarrow\mathscr{B}$ 表示公式

$(\mathscr{A}\to\mathscr{B})\wedge(\mathscr{B}\to\mathscr{A})$的缩写。将其中的联结词"$\wedge$"再用"$\sim$"和"$\to$"进一步表示,便得到 $\mathscr{A}\leftrightarrow\mathscr{B}$ 为$\sim((\mathscr{A}\to\mathscr{B})\to\sim(\mathscr{B}\to\mathscr{A}))$的缩写。

命题 5.9 对任意 $\mathscr{L}$ 的公式 $\mathscr{A}$ 和 $\mathscr{B}$,$\vdash_K\mathscr{A}\leftrightarrow\mathscr{B}$ 当且仅当 $\vdash_K\mathscr{A}\to\mathscr{B}$ 并且 $\vdash_K\mathscr{B}\to\mathscr{A}$。

证明:假定有 $\vdash_K\mathscr{A}\leftrightarrow\mathscr{B}$,即 $\vdash_K\sim((\mathscr{A}\to\mathscr{B})\to\sim(\mathscr{B}\to\mathscr{A}))$。不难验证下面两个公式

(1) $(\sim((\mathscr{A}\to\mathscr{B})\to\sim(\mathscr{B}\to\mathscr{A})))\to(\mathscr{A}\to\mathscr{B})$

(2) $(\sim((\mathscr{A}\to\mathscr{B})\to\sim(\mathscr{B}\to\mathscr{A})))\to(\mathscr{B}\to\mathscr{A})$

都是 $K_{\mathscr{L}}$ 的重言式,因而是 $K_{\mathscr{L}}$ 的定理。利用 $\vdash_K\mathscr{A}\leftrightarrow\mathscr{B}$ 分别与(1)和(2)经分离规则推导,即可得到 $\vdash_K\mathscr{A}\to\mathscr{B}$ 和 $\vdash_K\mathscr{B}\to\mathscr{A}$。

反之,如果有 $\vdash_K\mathscr{A}\to\mathscr{B}$ 和 $\vdash_K\mathscr{B}\to\mathscr{A}$,那么利用 $K_{\mathscr{L}}$ 的重言式

$$(\mathscr{A}\to\mathscr{B})\to((\mathscr{B}\to\mathscr{A})\to\sim((\mathscr{A}\to\mathscr{B})\to\sim(\mathscr{B}\to\mathscr{A}))) \tag{5.3}$$

经分离规则,即可得 $\vdash_K\sim((\mathscr{A}\to\mathscr{B})\to\sim(\mathscr{B}\to\mathscr{A}))$,即 $\vdash_K\mathscr{A}\leftrightarrow\mathscr{B}$。

定义 5.5 在形式系统 $K_{\mathscr{L}}$ 中,如果有 $\vdash_K\mathscr{A}\leftrightarrow\mathscr{B}$,则称 $\mathscr{A}$ 和 $\mathscr{B}$ 在证明上是等价的(简称 $\mathscr{A}$ 和 $\mathscr{B}$ 等价)。

命题 5.10 对 $\mathscr{L}$ 的任意公式 $\mathscr{A},\mathscr{B},\mathscr{C}$,有下列各式成立。

(1) $\vdash_K\mathscr{A}\leftrightarrow\mathscr{A}$

(2) 若 $\vdash_K\mathscr{A}\leftrightarrow\mathscr{B}$,则 $\vdash_K\mathscr{B}\leftrightarrow\mathscr{A}$。

(3) 如果有 $\vdash_K\mathscr{A}\leftrightarrow\mathscr{B}$ 和 $\vdash_K\mathscr{B}\leftrightarrow\mathscr{C}$,那么就有 $\vdash_K\mathscr{A}\leftrightarrow\mathscr{C}$。

证明:根据等值词的定义、命题 5.9 和推理规则 HS 即可证明。

注记 5.6 命题 5.10 中的(1),(2)和(3)分别反映了等值词"$\leftrightarrow$"所具有的"自反","对称"和"传递"的性质。

命题 5.11 在 $K_{\mathscr{L}}$ 中,有 $\vdash_K(\forall x_i)\mathscr{A}(x_i)\leftrightarrow(\forall x_j)\mathscr{A}(x_j)$。其中,$x_i$ 在 $\mathscr{A}(x_i)$中自由,且 x_j 不在 $\mathscr{A}(x_i)$中出现。

证明:构造证明

① $(\forall x_i)\mathscr{A}(x_i)$	//假设
② $(\forall x_i)\mathscr{A}(x_i)\to\mathscr{A}(x_j)$	//(K_5)及 x_j 对 x_i 自由
③ $\mathscr{A}(x_j)$	//①、②MP
④ $(\forall x_j)\mathscr{A}(x_j)$	//(3)($\forall^+$)

由此得到,$(\forall x_i)\mathscr{A}(x_i)\vdash_K(\forall x_j)\mathscr{A}(x_j)$。由于 x_j 不在 $\mathscr{A}(x_i)$中出现,因此,在推理过程中,没有对公式$(\forall x_i)\mathscr{A}(x_i)$中的自由变元使用过概括。根据演绎定理有

$$\vdash_K(\forall x_i)\mathscr{A}(x_i)\to(\forall x_j)\mathscr{A}(x_j) \tag{5.4}$$

注意到,x_j 不在 $\mathscr{A}(x_i)$中出现,则 x_i 也不会在 $\mathscr{A}(x_j)$中出现。因此,用同样的方法可证 $\vdash_K(\forall x_j)\mathscr{A}(x_j)\to(\forall x_i)\mathscr{A}(x_i)$。

注记 5.7 命题 5.11 可视为"约束变元更名的基本原理"。

5.2.2 替换定理

定义 5.6 设 $x_1,\cdots,x_n$ 是公式 $\mathscr{A}$ 中全部自由变元。则公式$(\forall x_1)\cdots(\forall x_n)\mathscr{A}$ 称为 $\mathscr{A}$

的全称封闭，记为 $\mathscr{A}'$。

命题 5.12　设 $\mathscr{A}$ 是 $\mathscr{L}$ 的公式。则 $\vdash_K \mathscr{A}$ 当且仅当 $\vdash_K \mathscr{A}'$。

证明："⇒"反复用概括($\forall^+$)；"⇐"反复用(K_5)。

注记 5.8　一般情况下，$\mathscr{A}$ 和 $\mathscr{A}'$ 并非证明上的等价。不难看出 $\vdash_K \mathscr{A}' \to \mathscr{A}$ 总是成立的，但 $\mathscr{A} \to \mathscr{A}'$ 却未必是 $K_{\mathscr{L}}$ 的定理，这在证明 $K_{\mathscr{L}}$ 的演绎定理时，曾有过说明(见例题 5.1)。

命题 5.13　设 $\mathscr{A}_0$ 是 $\mathscr{L}$ 的公式，$\mathscr{A}$ 是 $\mathscr{A}_0$ 的子公式。用公式 $\mathscr{B}$ 对 $\mathscr{A}_0$ 中 $\mathscr{A}$ 的一处或多处进行替换(即将 $\mathscr{A}$ 的部分换成 $\mathscr{B}$)，替换后所得到的公式记为 $\mathscr{B}_0$。则在 $K_{\mathscr{L}}$ 中有 $\vdash_K (\mathscr{A} \leftrightarrow \mathscr{B})' \to (\mathscr{A}_0 \leftrightarrow \mathscr{B}_0)$。

证明：施归纳于公式 $\mathscr{A}_0$ 的长度($\mathscr{A}_0$ 中联结词和量词的数目)来证明。

奠基步：由于 $\mathscr{A}_0$ 有子公式 $\mathscr{A}$，那么奠基步可设 $\mathscr{A}_0$ 为 $\mathscr{A}$，于是 $\mathscr{B}_0$ 即为 $\mathscr{B}$。此时，显然有 $\vdash_K (\mathscr{A} \leftrightarrow \mathscr{B})' \to (\mathscr{A}_0 \leftrightarrow \mathscr{B}_0)$(注：$\vdash_K \mathscr{A}' \to \mathscr{A}$ 总是成立的)。

归纳推导步：设命题对长度小于 $\mathscr{A}_0$ 长度的公式成立，考虑公式 $\mathscr{A}_0$。

情形(1)　$\mathscr{A}_0$ 是 $\sim \mathscr{C}_0$，则 $\mathscr{B}_0$ 可表示为 $\sim \mathscr{D}_0$。其中，$\mathscr{D}_0$ 是用 $\mathscr{B}$ 替换 $\mathscr{C}_0$ 中的 $\mathscr{A}$ 而得的公式。根据归纳假定有 $\vdash_K (\mathscr{A} \leftrightarrow \mathscr{B})' \to (\mathscr{C}_0 \leftrightarrow \mathscr{D}_0)$。

注意到 $(\mathscr{C}_0 \leftrightarrow \mathscr{D}_0) \to (\sim \mathscr{C}_0 \leftrightarrow \sim \mathscr{D}_0)$ 是重言式，因而是 $K_{\mathscr{L}}$ 的定理。应用 HS 就有 $\vdash_K (\mathscr{A} \leftrightarrow \mathscr{B})' \to (\sim \mathscr{C}_0 \leftrightarrow \sim \mathscr{D}_0)$，即 $\vdash_K (\mathscr{A} \leftrightarrow \mathscr{B})' \to (\mathscr{A}_0 \leftrightarrow \mathscr{B}_0)$。

情形(2)　$\mathscr{A}_0$ 是 $\mathscr{C}_0 \to \mathscr{D}_0$，那么 $\mathscr{B}_0$ 可写成 $\mathscr{E}_0 \to \mathscr{F}_0$。其中，$\mathscr{E}_0$ 是用 $\mathscr{B}$ 替换 $\mathscr{C}_0$ 中的 $\mathscr{A}$ 所得，$\mathscr{F}_0$ 是 $\mathscr{B}$ 替换 $\mathscr{D}_0$ 中的 $\mathscr{A}$ 所得。根据归纳假定有下列式子成立。

$$\vdash_K (\mathscr{A} \leftrightarrow \mathscr{B})' \to (\mathscr{C}_0 \leftrightarrow \mathscr{E}_0) \tag{5.5}$$

$$\vdash_K (\mathscr{A} \leftrightarrow \mathscr{B})' \to (\mathscr{D}_0 \leftrightarrow \mathscr{F}_0) \tag{5.6}$$

若假设 $(\mathscr{A} \leftrightarrow \mathscr{B})'$，由式(5.5)和式(5.6)可得 $\mathscr{C}_0 \leftrightarrow \mathscr{E}_0$ 和 $\mathscr{D}_0 \leftrightarrow \mathscr{F}_0$。用↔的传递性及 HS 不难证明下列式子。

(1) 若有 $\mathscr{C}_0 \to \mathscr{D}_0$，就有 $\mathscr{E}_0 \to \mathscr{F}_0$。

(2) 若有 $\mathscr{E}_0 \to \mathscr{F}_0$，就有 $\mathscr{C}_0 \to \mathscr{D}_0$。

因而 $(\mathscr{C}_0 \to \mathscr{D}_0) \leftrightarrow (\mathscr{E}_0 \to \mathscr{F}_0)$。所以，$(\mathscr{A} \leftrightarrow \mathscr{B})' \vdash_K ((\mathscr{C}_0 \to \mathscr{D}_0) \leftrightarrow (\mathscr{E}_0 \to \mathscr{F}_0))$。根据演绎定理，即得 $\vdash_K (\mathscr{A} \leftrightarrow \mathscr{B})' \to ((\mathscr{C}_0 \to \mathscr{D}_0) \leftrightarrow (\mathscr{E}_0 \to \mathscr{F}_0))$。

情形(3)　$\mathscr{A}_0$ 是 $(\forall x_i)\mathscr{C}_0$，那么 $\mathscr{B}_0$ 可设为 $(\forall x_i)\mathscr{D}_0$。其中，$\mathscr{D}_0$ 是用 $\mathscr{B}$ 替换 $\mathscr{C}_0$ 中的 $\mathscr{A}$ 所得。根据归纳假设有 $\vdash_K (\mathscr{A} \leftrightarrow \mathscr{B})' \to (\mathscr{C}_0 \leftrightarrow \mathscr{D}_0)$，再用概括可得

$$\vdash_K (\forall x_i)((\mathscr{A} \leftrightarrow \mathscr{B})' \to (C_0 \leftrightarrow D_0)) \tag{5.7}$$

由于 x_i 不在 $(\mathscr{A} \leftrightarrow \mathscr{B})'$ 中自由出现，则由式(5.7)、(K_6)经 MP 可得

$$\vdash_K (\mathscr{A} \leftrightarrow \mathscr{B})' \to (\forall x_i)(\mathscr{C}_0 \leftrightarrow \mathscr{D}_0) \tag{5.8}$$

注意到，在 $K_{\mathscr{L}}$ 中有 $\vdash_K (\forall x_i)(\mathscr{C}_0 \leftrightarrow \mathscr{D}_0) \to ((\forall x_i)\mathscr{C}_0 \leftrightarrow (\forall x_i)\mathscr{D}_0)$(留作练习)。利用此式、式(5.8)经 HS 便可得 $\vdash_K (\mathscr{A} \leftrightarrow \mathscr{B})' \to ((\forall x_i)\mathscr{C}_0 \leftrightarrow (\forall x_i)\mathscr{B}_0)$。

根据归纳原理，命题得证。

推论 5.14 (替换定理)　$\mathscr{A}$，$\mathscr{B}$ 和 $\mathscr{A}_0$，$\mathscr{B}_0$ 如命题 5.13 所示。如果 $\vdash_K (\mathscr{A} \leftrightarrow \mathscr{B})$，那么 $\vdash_K (\mathscr{A}_0 \leftrightarrow \mathscr{B}_0)$。

证明: 设 $\vdash_K(\mathscr{A}\leftrightarrow\mathscr{B})$,根据命题 5.12 有 $\vdash_K(\mathscr{A}\leftrightarrow\mathscr{B})'$。再由命题 5.13 及 MP,即可得到 $\vdash_K(\mathscr{A}_0\leftrightarrow\mathscr{B}_0)$。

推论 5.15(约束变元更名定理) 如果 x_j 在 $\mathscr{A}(x_i)$中不出现,并且$(\forall x_i)\mathscr{A}(x_i)$是公式 $\mathscr{A}_0$ 的子公式,用$(\forall x_j)\mathscr{A}(x_j)$替换$(\forall x_i)\mathscr{A}(x_i)$在 $\mathscr{A}_0$ 中的一处或多处后所得公式为 $\mathscr{B}_0$,那么 $\vdash_K(\mathscr{A}_0\leftrightarrow\mathscr{B}_0)$。

证明: 由命题 5.11 知 $\vdash_K(\forall x_j)\mathscr{A}(x_j)\leftrightarrow(\forall x_i)\mathscr{A}(x_i)$,再根据推论 5.14 即得。

注记 5.9 推论 5.15 说明,可以对公式中的约束变元进行变元更改,得到一个与原公式等价的公式,这一过程称为约束变元的更名。需要强调的是,在对某公式中约束变元更名时,要对其辖域中的同名变元一起更名,而且只针对其辖域中的同名变元。另外,在约束变元更名时,通常要选用不在原公式中出现的变元来进行。

例如,在公式$(\forall x_1)(A_1^2(x_1,x_2)\rightarrow A_2^2(x_1,x_3))\rightarrow A_1^1(x_1)$中,子公式 $A_1^1(x_1)$中的 x_1 是自由变元,而 $\forall x_1$ 的辖域为$(A_1^2(x_1,x_2)\rightarrow A_2^2(x_1,x_3))$。选用 x_4 对$(\forall x_1)$及其辖域中的 x_1 更名得到公式 $(\forall x_4)(A_1^2(x_4,x_2)\rightarrow A_2^2(x_4,x_3))\rightarrow A_1^1(x_1)$。其中,$A_1^1(x_1)$中的 x_1 不要换!

5.3 前束范式

5.3.1 前束范式的概念

定义 5.7 $\mathscr{L}$中形如$(\theta_1x_1)(\theta_2x_2)\cdots(\theta_kx_k)\mathscr{D}$的公式称为 $\mathscr{L}$ 的前束范式。其中,θ_j 是量词"$\forall$"或"$\exists$",$\mathscr{D}$ 是它们的辖域,并且 $\mathscr{D}$ 中不再含有量词。

注记 5.10 任一不带量词的公式都是前束范式的平凡情况。

可以证明,$\mathscr{L}$中的任何公式都与某个前束范式等价。对此,先证明下列命题。

命题 5.16 设 $\mathscr{A}$,$\mathscr{B}$ 是公式。如果 x_i 不在 $\mathscr{A}$ 中自由出现,那么有下列式子成立。

(1) $\vdash(\forall x_i)(\mathscr{A}\rightarrow\mathscr{B})\leftrightarrow(\mathscr{A}\rightarrow(\forall x_i)\mathscr{B})$

(2) $\vdash(\exists x_i)(\mathscr{A}\rightarrow\mathscr{B})\leftrightarrow(\mathscr{A}\rightarrow(\exists x_i)\mathscr{B})$

证明: (1) 由(K_6)可得 $\vdash(\forall x_i)(\mathscr{A}\rightarrow\mathscr{B})\rightarrow(\mathscr{A}\rightarrow(\forall x_i)\mathscr{B})$,再利用例题 5.2 和等值词的性质,即可得 $\vdash(\forall x_i)(\mathscr{A}\rightarrow\mathscr{B})\leftrightarrow(\mathscr{A}\rightarrow(\forall x_i)\mathscr{B})$。

(2) 通过分别证明下列两个式子完成。

(a) $\vdash(\exists x_i)(\mathscr{A}\rightarrow\mathscr{B})\rightarrow(\mathscr{A}\rightarrow(\exists x_i)\mathscr{B})$

(b) $\vdash(A\rightarrow(\exists x_i)\mathscr{B})\rightarrow(\exists x_i)(\mathscr{A}\rightarrow\mathscr{B})$

(a) 式的证明。

假设$\sim(\exists x_i)\mathscr{B}$(即$(\forall x_i)\sim\mathscr{B}$)和 $\mathscr{A}$。由公理(K_4)或(K_5),有$(\forall x_i)(\sim\mathscr{B})\rightarrow\sim\mathscr{B}$,与假设$\sim(\exists x_i)\mathscr{B}$ 分离(MP)得$\sim\mathscr{B}$。由于 $\mathscr{A}\rightarrow(\sim\mathscr{B}\rightarrow\sim(\mathscr{A}\rightarrow\mathscr{B}))$是重言式,再与假设 $\mathscr{A}$、公式$\sim\mathscr{B}$ 两次使用分离(MP),便得到$\sim(\mathscr{A}\rightarrow\mathscr{B})$,运用概括 $\forall^+$,即可得到$(\forall x_i)\sim(\mathscr{A}\rightarrow\mathscr{B})$。

至此,证明了$\{\sim(\exists x_i)\mathscr{B},\mathscr{A}\}\vdash(\forall x_i)\sim(\mathscr{A}\rightarrow\mathscr{B})$。在此基础上,继续证明。

① $\sim(\exists x_i)\mathscr{B}\vdash\mathscr{A}\rightarrow(\forall x_i)\sim(\mathscr{A}\rightarrow\mathscr{B})$ //上式、演绎定理

② $\sim(\exists x_i)\mathscr{B}\vdash\sim(\forall x_i)\sim(\mathscr{A}\to\mathscr{B})\to\sim\mathscr{A}$　　//① 反证原理

③ $\{\sim(\exists x_i)\mathscr{B},\sim(\forall x_i)\sim(\mathscr{A}\to\mathscr{B})\}\vdash\sim A$　　//② 演绎定理

④ $(\exists x_i)(\mathscr{A}\to\mathscr{B})\vdash\sim(\exists x_i)\mathscr{B}\to\sim\mathscr{A}$　　//③ 演绎定理

⑤ $(\exists x_i)(\mathscr{A}\to\mathscr{B})\dashv\mathscr{A}\to(\exists x_i)\mathscr{B}$　　//④ 反证原理

再根据演绎定理,最终得到 $\vdash(\exists x_i)(\mathscr{A}\to\mathscr{B})\to(\mathscr{A}\to(\exists x_i)\mathscr{B})$。

(b)式的证明。只要证明 $\vdash\sim(\exists x_i)(\mathscr{A}\to\mathscr{B})\to\sim(\mathscr{A}\to(\exists x_i)\mathscr{B})$。

① $\sim(\exists x_i)(\mathscr{A}\to\mathscr{B})$(即 $(\forall x_i)\sim(\mathscr{A}\to\mathscr{B})$)　　//假设

② $\sim(\mathscr{A}\to\mathscr{B})$　　//①(K_4)或者(K_5),MP

③ $\sim(\mathscr{A}\to\mathscr{B})\to\mathscr{A},\sim(\mathscr{A}\to\mathscr{B})\to\sim\mathscr{B}$　　//重言式

④ $\mathscr{A},\sim\mathscr{B}$　　//②、③MP

⑤ $(\forall x_i)(\sim\mathscr{B})$(即 $\sim(\exists x_i)\mathscr{B}$)　　//④概括

⑥ $\mathscr{A}\to(\sim(\exists x_i)\mathscr{B})\to\sim(\mathscr{A}\to(\exists x_i)\mathscr{B})$　　//$P_1\to(\sim P_2\to\sim(P_1\to P_2))$是重言式

⑦ $\sim(\mathscr{A}\to(\exists x_i)\mathscr{B})$　　//(④、⑥MP)、⑤MP

再用演绎定理、反证原理,便可完成(b)的证明。

命题 5.17　设 $\mathscr{A},\mathscr{B}$ 是公式。如果 x_i 不在 $\mathscr{B}$ 中自由出现,那么有下列式子成立。

(1) $\vdash(\forall x_i)(\mathscr{A}\to\mathscr{B})\leftrightarrow((\exists x_i)\mathscr{A}\to\mathscr{B})$

(2) $\vdash(\exists x_i)(\mathscr{A}\to\mathscr{B})\leftrightarrow((\forall x_i)\mathscr{A}\to\mathscr{B})$

证明:与命题 5.16 (1)、(2)类似可证,留作练习。

5.3.2　前束范式定理

命题 5.18　$\mathscr{L}$的任意公式 $\mathscr{A}$ 都与一个 $\mathscr{L}$ 的前束范式 $\mathscr{B}$ 等价。

证明:该命题可施归纳于 $\mathscr{A}$ 的长度来进行证明,证明的思路可归结为求某公式前束范式的一般方法。

步骤(1)　对给定的公式 $\mathscr{A}$,将 $\mathscr{A}$ 中的约束变元更名,不同的约束变元取不同名,且都不同于 $\mathscr{A}$ 中的自由变元,得到 $\mathscr{A}_1$。根据约束变元更名定理知 $\vdash\mathscr{A}_1\leftrightarrow\mathscr{A}$。

步骤(2)　如果 $\mathscr{A}_1$ 是原子公式,那么它已是前束范式。

步骤(3)　分情形考虑。

(1) $\mathscr{A}_1$ 是$\sim\mathscr{C}$的情形。如果 $\mathscr{C}$ 的前束范式为 $\theta_1x_1\theta_2x_2\cdots\theta_kx_k\mathscr{D}$,那么 $\mathscr{A}_1$ 的前束范式为 $\tilde{\theta}_1x_1\tilde{\theta}_2x_2\cdots\tilde{\theta}_kx_k(\sim\mathscr{D})$。其中

$$\tilde{\theta}_j=\begin{cases}\exists,\text{如果 }\theta_j\text{ 是 }\forall\\ \forall,\text{如果 }\theta_j\text{ 是 }\exists\end{cases}\tag{5.9}$$

(2) $\mathscr{A}_1$ 是 $\mathscr{C}\to\mathscr{B}$ 的形式。如果 $\mathscr{C}$ 的前束范式为 $\theta_1x_1\theta_2x_2\cdots\theta_kx_k\mathscr{C}^*$,$\mathscr{B}$ 的前束范式为 $\theta_1'y_1\theta_2'y_2\cdots\theta_l'y_l\mathscr{B}^*$,则 $\mathscr{A}_1$ 的前束范式为

$$(\tilde{\theta}_1x_1)\cdots(\tilde{\theta}_kx_k)(\theta'_1y_1)\cdots(\theta'_ly_l)(\mathscr{C}^*\to\mathscr{B}^*)\tag{5.10}$$

其中,$\tilde{\theta}$ 的含义如式(5.9)定义。

(3) $\mathscr{A}_1$ 是 $\mathscr{C}\to(\mathscr{B}\to\mathscr{D})$的形式。先求 $\mathscr{B}\to\mathscr{D}$ 的前束范式 $\mathscr{F}$,再求 $\mathscr{C}\to\mathscr{F}$ 的前束范式。

(4) $\mathscr{A}_1$ 是 $(\mathscr{C}\to\mathscr{B})\to\mathscr{D}$ 的形式。先求 $\mathscr{C}\to\mathscr{B}$ 的前束范式 $\mathscr{F}$，再求 $\mathscr{F}\to\mathscr{D}$ 的前束范式。

例题 5.4 求下列各式的前束范式。

(1) $(\forall x_1)A_1^1(x_1)\to(\forall x_2)(\exists x_3)A_1^2(x_2,x_3)$；

(2) $A_1^1(x_2)\to(\forall x_2)A_1^2(x_1,x_2)$；

(3) $((\forall x_1)A_1^2(x_1,x_2)\to\sim(\exists x_2)A_1^1(x_2))\to(\forall x_1)(\forall x_2)A_2^2(x_1,x_2)$。

解：(1) 根据命题 5.16 和命题 5.17 中的各等价式，利用等价的传递性表示求解过程如下。

$$
\begin{aligned}
((\forall x_1)A_1^1(x_1)\to(\forall x_2)(\exists x_3)A_1^2(x_2,x_3)) &\leftrightarrow(\exists x_1)(A_1^1(x_1)\to(\forall x_2)(\exists x_3)A_1^2(x_2,x_3))\\
&\leftrightarrow(\exists x_1)(\forall x_2)(A_1^1(x_1)\to(\exists x_3)A_1^2(x_2,x_3))\\
&\leftrightarrow(\exists x_1)(\forall x_2)(\exists x_3)(A_1^1(x_1)\to A_1^2(x_2,x_3))
\end{aligned}
$$

最终的公式 $(\exists x_1)(\forall x_2)(\exists x_3)(A_1^1(x_1)\to A_1^2(x_2,x_3))$ 是(1)式的前束范式。

(2) 注意，首先需要对式子中的约束变元更名。求解如下。

$$
\begin{aligned}
(A_1^1(x_2)\to(\forall x_2)A_1^2(x_1,x_2)) &\leftrightarrow(A_1^1(x_2)\to(\forall x_3)A_1^2(x_1,x_3))\\
&\leftrightarrow(\forall x_3)(A_1^1(x_1)\to A_1^2(x_1,x_3))
\end{aligned}
$$

(3) 首先需要对式子中的约束变元更名。求解如下。

$$
\begin{aligned}
&(((\forall x_1)A_1^2(x_1,x_2)\to\sim(\exists x_2)A_1^1(x_2))\to(\forall x_1)(\forall x_2)A_2^2(x_1,x_2))\\
\leftrightarrow&(((\forall x_1)A_1^2(x_1,x_2)\to\sim(\exists x_3)A_1^1(x_3))\to(\forall x_4)(\forall x_5)A_2^2(x_4,x_5))\\
\leftrightarrow&((\forall x_1)(A_1^2(x_1,x_2)\to(\forall x_3)\sim A_1^1(x_3)))\to(\forall x_4)(\forall x_5)A_2^2(x_4,x_5))\\
\leftrightarrow&(\exists x_1)(\forall x_3)(A_1^2(x_1,x_2)\to\sim A_1^1(x_3))\to(\forall x_4)(\forall x_5)A_2^2(x_4,x_5)\\
\leftrightarrow&(\exists x_1)(\forall x_3)(\forall x_4)(\forall x_5)((A_1^2(x_1,x_2)\to\sim A_1^1(x_3))\to A_2^2(x_4,x_5))
\end{aligned}
$$

5.3.3 公式分层

每一个 $\mathscr{L}$ 的公式都可以表示为前束范式的形式。谓词公式通常是“问题”的形式化表达。“问题”有简单和复杂之分，“问题”越复杂，它的谓词表达公式也就越“复杂”。依据“问题”复杂度的不同，就有了“公式分层”的概念。

定义 5.8 设 $n>0$。则公式分层定义如下。

(1) 一个前束范式称为 $\prod_n$ 的，如果它以 $\forall$ 量词开头，并且有 $n-1$ 次 $\forall$ 量词和 $\exists$ 量词的交叉。

(2) 一个前束范式称为 $\sum_n$ 的，如果它以 $\exists$ 量词开头，并且有 $n-1$ 次 $\exists$ 量词和 $\forall$ 量词的交叉。

注记 5.11 任一 $\mathscr{L}$ 的公式 $\mathscr{A}$ 都与一个 $\mathscr{L}$ 前束范式等价。如果 $\mathscr{A}$ 的前束范式是 $\prod_n(\sum_n)$ 的，则称公式 $\mathscr{A}$ 属于 $\prod_n(\sum_n)$ 层公式。因此，求一个公式所在的层，通常要先求出公式的前束范式。

例题 5.5 考虑下列公式所在的层。

(1) $(\forall x_1)(\forall x_2)(\forall x_3)A_1^3(x_1,x_2,x_3)$

(2) $(\forall x_1)(\forall x_2)(\exists x_3)A_1^3(x_1,x_2,x_3)$

(3) $(\forall x_1)(\exists x_2)(\forall x_3)A_1^3(x_1,x_2,x_3)$

(4) $(\exists x_1)(\forall x_2)(\forall x_3)A_1^3(x_1,x_2,x_3)$

(5) $(\exists x_1)(\exists x_2)(\forall x_3)A_1^3(x_1,x_2,x_3)$

(6) $(\exists x_1)(\forall x_2)(\exists x_3)A_1^3(x_1,x_2,x_3)$

(7) $(\forall x_1)(A_1^1(x_1)\rightarrow A_2^1(x_2))$

(8) $(\forall x_1)A_1^1(x_1)\rightarrow A_2^1(x_2)$

解：

(1) $(\forall x_1)(\forall x_2)(\forall x_3)A_1^3(x_1,x_2,x_3)$ 是 $\prod_1$ 的。

(2) $(\forall x_1)(\forall x_2)(\exists x_3)A_1^3(x_1,x_2,x_3)$ 是 $\prod_2$ 的。

(3) $(\forall x_1)(\exists x_2)(\forall x_3)A_1^3(x_1,x_2,x_3)$ 是 $\prod_3$ 的。

(4) $(\exists x_1)(\forall x_2)(\forall x_3)A_1^3(x_1,x_2,x_3)$ 是 $\sum_2$ 的。

(5) $(\exists x_1)(\exists x_2)(\forall x_3)A_1^3(x_1,x_2,x_3)$ 是 $\sum_2$ 的。

(6) $(\exists x_1)(\forall x_2)(\exists x_3)A_1^3(x_1,x_2,x_3)$ 是 $\sum_3$ 的。

(7) $(\forall x_1)(A_1^1(x_1)\rightarrow A_2^1(x_2))$ 是 $\prod_1$ 的。

(8) $(\forall x_1)A_1^1(x_1)\rightarrow A_2^1(x_2)$ 是 $\sum_1$ 的。

命题 5.19　如果 $\mathscr{A}$ 的前束范式是 $\prod_n(\sum_n)$ 的，那么 $\sim\mathscr{A}$ 的前束范式为 $\sum_n(\prod_n)$ 的。

本命题证明不难，留作练习。

5.4　$K_{\mathscr{L}}$ 的充分性定理

第 3 章分析了命题演算形式系统 L 的性质，证明了 L 可靠性定理和充分性定理，即 L 的定理与 L 的重言式是等价的。由于 L 的重言式可以采用真值表的方法验证，因而命题演算形式系统 L 是可判定的。那么谓词演算形式系统 $K_{\mathscr{L}}$ 的情形又将如何呢？

在本章 5.1 节中，证明了 $K_{\mathscr{L}}$ 的可靠性定理，即 $K_{\mathscr{L}}$ 的定理是逻辑普效的。本节将证明 $K_{\mathscr{L}}$ 的充分性定理，即每个逻辑普效的合适公式都是 $K_{\mathscr{L}}$ 的定理。对此，需要引进一阶系统的协调与完全扩充概念。

5.4.1　一阶系统的协调完全扩充

基于一阶语言的谓词演算形式系统都称为一阶系统。

5.4.1.1　一阶系统 S 的扩充

定义 5.9　设 S 是一阶系统，S' 是通过替换 S 的公理或添加新的公理而产生的一阶系统。如果 S 的定理都是 S' 的定理,就称一阶系统 S' 是 S 的扩充,记为 $S\subseteq S'$。

注记 5.12 形式系统 $K_{\mathscr{L}}$ 是基于一阶语言 $\mathscr{L}$ 的一阶系统。约定:凡是基于语言 $\mathscr{L}$ 的一阶系统都视为 $K_{\mathscr{L}}$ 的扩充,特别地,$K_{\mathscr{L}}$ 是 $K_{\mathscr{L}}$ 的扩充。

5.4.1.2 形式系统的协调性

定义 5.10 一阶系统 S 称为是协调的,如果不存在公式 $\mathscr{A}$,使得 $\mathscr{A}$ 和 $\sim\mathscr{A}$ 都是 S 的定理。

注记 5.13 根据协调性定义,如果一阶系统 S 不协调,那么就有公式 $\mathscr{A}$,使得 $\mathscr{A}$ 和 $\sim\mathscr{A}$ 都是 S 的定理。由于 $\sim\mathscr{A}\to(\mathscr{A}\to\mathscr{B})$ 是重言式,因此有 $\vdash_S\sim\mathscr{A}\to(\mathscr{A}\to\mathscr{B})$,于是所有 $\mathscr{L}$ 的公式都将成为 S 的定理。推论 5.4 证明了形式系统 $K_{\mathscr{L}}$ 是协调的。对一般的一阶系统 S 而言,有如下命题。

命题 5.20 一阶系统 S 协调的充要条件是,存在一个公式 $\mathscr{A}$ 不是 S 的定理。

在形式系统的扩充过程中,保持协调性非常重要。下面命题给出了在形式系统扩充过程中,保持协调性的一种基本方法。

命题 5.21 设 S 是协调的一阶系统,$\mathscr{A}$ 是 $\mathscr{L}$ 的闭公式(不含自由变元)。如果 $\mathscr{A}$ 不是 S 的定理,那么将 $\sim\mathscr{A}$ 加到 S 的公理集中,得到 S 的扩充 S' 也是协调的。

注记 5.14 命题 5.21 的证明方法与命题 3.26 的证明类似。该命题中条件"$\mathscr{A}$ 是 $\mathscr{L}$ 的闭公式"是为了保证可以顺利地运用 $\mathscr{L}$ 的演绎定理。

5.4.1.3 完全形式系统

定义 5.11 一阶系统 S 称为是完全的,如果对任意的闭公式 $\mathscr{A}$,或者 $\mathscr{A}$ 或者 $\sim\mathscr{A}$ 是 S 的定理。

注记 5.15

(1) 形式系统 $K_{\mathscr{L}}$ 不是完全的。例如,闭公式 $\forall x_1 A_1^1(x_1)$ 和它的否定 $\sim\forall x_1 A_1^1(x_1)$ 都不是 $K_{\mathscr{L}}$ 的定理。

(2) 一个完全的形式系统未必是协调的。从定义看,一个不协调的形式系统显然是完全的,但这样的系统是没有价值的。

命题 5.22 如果一阶系统 S 协调,那么就存在 S 的协调完全扩充。

注记 5.16 命题 5.22 的证明方法与命题 3.27 的证明方法几乎一样,只需将其中的命题公式的枚举 $\mathscr{A}_0,\cdots,\mathscr{A}_n,\cdots$ 改为闭公式的枚举即可。

5.4.2 一阶语言 $\mathscr{L}$ 的扩展

在第 3 章中,命题 3.28 是证明命题演算形式系统 L 的充分性定理的关键所在。在分析谓词演算形式系统的充分性时,需要考虑类似的问题,即"对一个协调的一阶系统 S 而言,是否存在 $\mathscr{L}$ 的解释 I,使得 S 的定理在解释 I 中均为真?"答案是肯定的,但证明过程要相对复杂些。在此过程中,不仅要考虑一阶系统的扩充,而且还需在一阶系统协调与完全扩充的基础上,考虑含有自由变元公式的可满足性问题。因此,需要对一阶语言 $\mathscr{L}$ 进行扩展。

定义 5.12　在一阶语言 $\mathscr{L}$ 的符号集中，添加无穷多个新的个体常元符号 $b_0, b_1, \cdots$ 后，形成的一阶语言称为 $\mathscr{L}$ 的扩展语言，记为 $\mathscr{L}^+$。

注记 5.17　一阶语言 $\mathscr{L}$ 经扩展后，其项集、公式集会发生变化。形式系统 $K_{\mathscr{L}}$ 的公理集和定理也会发生相应的变化。在 $\mathscr{L}^+$ 中，项集将包括个体常元 $b_0, b_1, \cdots$ 以及通过函数符号作用而不断产生的新的项，公式集会因为新常元符号的引入，而增加许多新的公式。在形式系统 $K_{\mathscr{L}}^+$（以下简记为 K^+）中，公理集也会因新常元符号的引入而产生新的公理，如 $\forall x_1 A_1^1(x_1) \rightarrow A_1^1(b_1)$ 等，自然也会有许多新的定理。由于 $K_{\mathscr{L}}$ 的公理在 K^+ 中依旧是公理，因此当一阶语言 $\mathscr{L}$ 扩展至 $\mathscr{L}^+$ 后，基于语言 $\mathscr{L}^+$ 的形式系统 K^+，可视为基于语言 $\mathscr{L}$ 的形式系统 $K_{\mathscr{L}}$ 的扩充。

命题 5.23　设一阶系统 S 是形式系统 $K_{\mathscr{L}}$ 的协调扩充，则 S 基于一阶语言 $\mathscr{L}^+$ 的扩充 S^+ 也是协调的。

证明：如果 S^+ 不协调，则有 $\mathscr{L}^+$ 的公式 $\mathscr{A}$，使得 $\mathscr{A}$ 和 $\sim\mathscr{A}$ 都是 S^+ 的定理。注意到在 S^+ 中关于 $\mathscr{A}$ 和 $\sim\mathscr{A}$ 的证明均为 $\mathscr{L}^+$ 公式的有穷序列，因此，涉及的常元符号 $b_0, b_1, \cdots$ 是有限的。于是可以在语言的符号集中，选择一些不在上述证明中出现的变元，来分别替换证明中出现的新常元符号。因此，由 $\mathscr{A}$，便可得到一个 $\mathscr{L}$ 的公式 $\mathscr{A}'$，以及 S 中两个相应的证明，使得 $\mathscr{A}'$ 和 $\sim\mathscr{A}'$ 都是 S 的定理，从而与 S 的协调性产生矛盾。

5.4.3　$K_{\mathscr{L}}$ 的充分性定理证明

命题 5.24　设一阶系统 S 是形式系统 $K_{\mathscr{L}}$ 的协调扩充，则存在 $\mathscr{L}$ 的解释 I 使得 S 的任何定理 $\mathscr{A}$ 均有 $I \models \mathscr{A}$，即 S 的任何定理在该解释下均为真。

证明：在语言 $\mathscr{L}$ 的符号集中引入新常元符号 $b_0, b_1, \cdots$ 得到扩展语言 $\mathscr{L}^+$，并令 S^+ 和 K^+ 分别是一阶系统 S 和 $K_{\mathscr{L}}$ 基于扩展语言 $\mathscr{L}^+$ 的扩充。根据命题 5.23 知，一阶系统 S^+ 是协调的。以下分步骤完成整个证明过程。

步骤(1)　对一阶系统 S^+ 进行协调完全扩充。

扩充过程从 $S_0(=S^+)$ 开始，依次定义扩充 $S_1, S_2, \cdots$ 具体地，首先将 $\mathscr{L}^+$ 中所有含 1 个自由变元的公式枚举如下：

$$\mathscr{F}_0(x_{i0}), \mathscr{F}_1(x_{i1}), \cdots, \mathscr{F}_n(x_{in}), \cdots \tag{5.11}$$

其中同名自由变元可以重复出现。依次从常元符号 $b_0, b_1, \cdots$ 中选取常元 $c_0, c_1, \cdots$ 满足

① c_0 不在公式 $\mathscr{F}_0(x_{i0})$ 中出现；

② 对任意 $n \geqslant 1$，$c_n \notin \{c_0, \cdots, c_{n-1}\}$，且 c_n 不在所有公式 $\mathscr{F}_0(x_{i0}), \cdots, \mathscr{F}_n(x_{in})$ 中出现。

对任意 k，用 $\mathscr{G}_k$ 表示公式 $\sim(\forall x_{ik})\mathscr{F}_k(x_{ik}) \rightarrow \sim\mathscr{F}_k(c_k)$ $(k=0,1,\cdots)$，于是得到公式序列

$$\mathscr{G}_0, \mathscr{G}_1, \cdots, \mathscr{G}_{n-1}, \cdots \tag{5.12}$$

令 S_0 为 S^+，S_1 是将公式 $\mathscr{G}_0$ 添加到 S_0 的公理集中所得到的扩充。一般地，S_n 是将公式 $\mathscr{G}_{n-1}$ 添加到 S_{n-1} 的公理集中所得到的扩充，由此得到一个一阶系统的扩充序列

$$S_0 \subseteq S_1 \subseteq \cdots \subseteq S_n \subseteq \cdots \tag{5.13}$$

令 $S_\infty = \bigcup\limits_{k=0}^{\infty} S_k$，即 S_∞ 是以所有 $S_k(k=0,1,\cdots)$ 的公理集的并集为公理集的一阶系统。

则不难证明，一阶系统 S_∞ 是协调的(留作练习)。

根据命题 5.22 知，存在一阶系统 S_∞ 的协调完全扩充，记为 T。

步骤(2) 定义一阶语言 $\mathscr{L}^+$ 的解释 I。

语言 $\mathscr{L}^+$ 的解释 I 按照如下要求定义。

① 解释域 D_I 是所有 $\mathscr{L}^+$ 的闭项组成的集合。所谓 $\mathscr{L}^+$ 的闭项是指不含任何变元的项，可以通过归纳的方式定义出来(留作练习)。

② 每个个体常元的解释为它自身，即对任意个体常元 a，它在 I 中的解释 $\bar{a}$ 是 a。

③ 对任意 $\mathscr{L}^+$ 的函数符号 f_k^n，它在 I 中的解释为 $\bar{f}_k^n$，具有如下性质。

$\bar{f}_k^n$ 是 D_I 上的函数，满足对任意的 $d_1,\cdots,d_n\in D_I$，$\bar{f}_k^n(d_1,\cdots,d_n)=f_k^n(d_1,\cdots,d_n)$。

注意到，解释域 D_I 是 $\mathscr{L}^+$ 所有闭项组成的集合。如果 $d_1,\cdots,d_n\in D_I$ 是闭项，那么 $f_k^n(d_1,\cdots,d_n)\in D_I$ 也是闭项。

④ 对任意 $\mathscr{L}^+$ 的谓词符号 A_k^n，它在 I 中的解释为 $\bar{A}_k^n$，具有如下性质。

$\bar{A}_k^n$ 是一个解释域 D_I 上的 n 元关系，满足对任意 $d_1,\cdots,d_n\in D_I$，如果 $\vdash_T A_k^n(d_1,\cdots,d_n)$，则 $\bar{A}_k^n(d_1,\cdots,d_n)$ 成立；如果 $\vdash_T \sim A_k^n(d_1,\cdots,d_n)$，则 $\bar{A}_k^n(d_1,\cdots,d_n)$ 不成立。

注意到，T 是一协调完全的一阶系统，$A_k^n(d_1,\cdots,d_n)$ 是 $\mathscr{L}^+$ 的闭公式。由 T 的完全与协调性知，$\vdash_T A_k^n(d_1,\cdots,d_n)$ 和 $\vdash_T \sim A_k^n(d_1,\cdots,d_n)$ 必有一个且仅有一个成立。因此，I 关于 A_k^n 的解释是合理的。

步骤(3) 证明对任意 $\mathscr{L}^+$ 的闭公式 $\mathscr{A}$，$\vdash_T\mathscr{A}$ 当且仅当 $I\models\mathscr{A}$。

施归纳于闭公式 $\mathscr{A}$ 中联结词的数目。

奠基步：设 $\mathscr{A}$ 是原子公式 $A_k^n(d_1,\cdots,d_n)$。因为 $\mathscr{A}$ 是闭公式，所以 $d_1,\cdots,d_n\in D_I$ 均为闭项。根据解释 I 的定义，即有 $\vdash_T A_k^n(d_1,\cdots,d_n)$ 当且仅当 $I\models A_k^n(d_1,\cdots,d_n)$。

归纳推导步：假设欲证结论对联结词数目少于 $\mathscr{A}$ 的联结词数目的公式成立。分情形考虑公式 $\mathscr{A}$。

情形(1) $\mathscr{A}$ 是 $\sim\mathscr{B}$ 的情形。

情形(2) $\mathscr{A}$ 是 $\mathscr{B}\to\mathscr{C}$ 的情形。

这两种情形的证明留作练习。

情形(3) $\mathscr{A}$ 是 $\forall x_i\mathscr{B}(x_i)$ 的情形。由于 $\mathscr{A}$ 是闭公式，所以公式 $\mathscr{B}(x_i)$ 中只可能有 x_i 是自由变元。

如果 x_i 不在 $\mathscr{B}(x_i)$ 中出现，那么公式 $\mathscr{B}(x_i)$ 就是一个闭公式。此时，根据归纳假定就有 $\vdash_T\mathscr{B}$ 当且仅当 $I\models\mathscr{B}$。注意到 $\vdash_T\mathscr{B}$ 当且仅当 $\vdash_T\forall x_i\mathscr{B}$，以及 $I\models\mathscr{B}$ 当且仅当 $I\models\forall x_i\mathscr{B}$，因此得到，$\vdash_T\forall x_i\mathscr{B}$ 当且仅当 $I\models\forall x_i\mathscr{B}$，即 $\vdash_T\mathscr{A}$ 当且仅当 $I\models\mathscr{A}$。

如果 x_i 在 $\mathscr{B}(x_i)$ 中出现，那么 $\mathscr{B}(x_i)$ 中仅有 x_i 是自由变元，因此它必为枚举(5.11)中的某个公式，不妨设为 $\mathscr{F}_m(x_{im})$，于是就有 $\mathscr{A}$ 为 $\forall x_{im}\mathscr{F}_m(x_{im})$。证明分两步进行。

① 设有 $I\models\mathscr{A}$，证明 $\vdash_T\mathscr{A}$。

$I\models\mathscr{A}$，即为 $I\models\forall x_{im}\mathscr{F}_m(x_{im})$。根据命题 5.2，公式 $\forall x_{im}\mathscr{F}_m(x_{im})\to\mathscr{F}_m(c_m)$ 为公理模式

(K_5)，因而是逻辑普效的，即有 $I\models\forall x_{im}\mathscr{F}_m(x_{im})\to\mathscr{F}_m(c_m)$，进而得到 $I\models\mathscr{F}_m(c_m)$。注意到公式 $\mathscr{F}_m(c_m)$ 是闭公式，且较 $\forall x_{im}\mathscr{F}_m(x_{im})$ 而言，少量词"$\forall x_{im}$"。因此，根据归纳假定，应有 $\vdash_T\mathscr{F}_m(c_m)$。

如果 $\vdash_T\mathscr{A}$ 不成立，因为 T 是完全的，那么就有 $\vdash_T\sim\mathscr{A}$，即 $\vdash_T\sim\forall x_{im}\mathscr{F}_m(x_{im})$。$T$ 是 S_∞ 的扩充，而 $\mathscr{G}_m$ 是 S_∞ 的定理，因此有 $\vdash_T\sim\forall x_{im}\mathscr{F}_m(x_{im})\to\sim\mathscr{F}_m(c_m)$。利用推理规则 MP，即可得到 $\vdash_T\sim\mathscr{F}_m(c_m)$。这与 $\vdash_T\mathscr{F}_m(c_m)$ 矛盾。所以当有 $I\models\mathscr{A}$ 时，必有 $\vdash_T\mathscr{A}$。

② 设有 $\vdash_T\mathscr{A}$，证明 $I\models\mathscr{A}$。

用反证法。如果 $\mathscr{A}$ 在解释 I 中不真，即 $I\models\forall x_{im}\mathscr{F}_m(x_{im})$ 不成立，那么就有 I 的某个赋值 v_0，v_0 不满足 $\mathscr{F}_m(x_{im})$，即 $\mathscr{F}_m(v_0(x_{im}))$ 不成立。令 $v_0(x_{im})=d$，其中，$d\in D_I$ 是 $\mathscr{L}^+$ 的闭项，于是有 $\mathscr{F}_m(d)$ 不成立。注意到 $v_0(d)=d$，因而有 $\mathscr{F}_m(v_0(d))$ 不成立，即 v_0 不满足 $\mathscr{F}_m(d)$，进而得到 v_0 满足 $\sim\mathscr{F}_m(d)$。由于 $\sim\mathscr{F}_m(d)$ 是闭公式，所以有 $I\models\sim\mathscr{F}_m(d)$。运用归纳假定，以及本命题情形 1，即可得到 $\vdash_T\sim\mathscr{F}_m(d)$，这与前提 $\vdash_T\forall x_{im}\mathscr{F}_m(x_{im})$ 发生矛盾。所以当有 $\vdash_T\mathscr{A}$ 时，必有 $I\models\mathscr{A}$。

根据数学归纳法原理，命题得证。

利用命题 5.24 即可得到 $K_{\mathscr{L}}$ 的充分性定理。

命题 5.25($K_{\mathscr{L}}$ 的充分性定理)　如果 $\mathscr{L}$ 的公式 $\mathscr{A}$ 是逻辑普效的，那么 $\mathscr{A}$ 是 $K_{\mathscr{L}}$ 的定理。

证明：设 $\mathscr{A}$ 是逻辑普效的，考虑 $\mathscr{A}$ 的全称封闭 $\mathscr{A}'$，则 $\mathscr{A}'$ 也是逻辑普效的。如果 $\mathscr{A}$ 不是 $K_{\mathscr{L}}$ 的定理，那么 $\mathscr{A}'$ 也不是 $K_{\mathscr{L}}$ 的定理。于是将 $\sim\mathscr{A}'$ 加到 $K_{\mathscr{L}}$ 的公理集中得到 $K_{\mathscr{L}}$ 的一阶扩充 S 是协调的，而且显然有 $\vdash_S\sim\mathscr{A}'$。根据命题 5.24，存在 $\mathscr{L}$ 的解释 I，使得 S 的任何定理在 I 中均为真，特别地，有 $I\models\sim\mathscr{A}'$，这与 $\mathscr{A}'$ 逻辑普效矛盾。

注记 5.18　尽管一阶逻辑形式系统 $K_{\mathscr{L}}$ 与命题演算形式系统都具有可靠性与充分性，但不同的是：一般情况下，一阶逻辑是不可判定的，即不存在能行的判定过程可用来判定任意的谓词公式是否是逻辑普效的。这一结果的证明是由邱奇和图灵分别在 1936 年和 1937 年独立给出的。他们的证明揭示了一阶逻辑判定问题的不可解性与停机问题不可解性之间的联系。

本章习题

习题 5.1　试证明 $\vdash_K(\forall x_i)(\mathscr{A}\leftrightarrow\mathscr{B})\to((\forall x_i)\mathscr{A}\leftrightarrow(\forall x_i)\mathscr{B})$。

习题 5.2　试证明：如果 x_i 不在 $\mathscr{B}$ 中自由出现，那么有

(1) $\vdash(\forall x_i)(\mathscr{A}\to\mathscr{B})\leftrightarrow((\exists x_i)\mathscr{A}\to\mathscr{B})$

(2) $\vdash(\exists x_i)(\mathscr{A}\to\mathscr{B})\leftrightarrow((\forall x_i)\mathscr{A}\to\mathscr{B})$

习题 5.3　证明如果 $\mathscr{A}$ 的前束范式是 $\prod_n(\sum_n)$ 的，那么 $\sim\mathscr{A}$ 的前束范式为 $\sum_n(\prod_n)$ 的。

习题 5.4　给出命题 5.24 中 S_∞ 的协调性证明。

习题 5.5　一阶语言中的"闭项"是指不含任何变元的项，试用归纳的方式给出语言 $\mathscr{L}^+$

中闭项的定义。

习题 5.6 补充命题 5.24 证明步骤 3 中“$\mathscr{A}$是$\sim\mathscr{B}$”和“$\mathscr{A}$是$\mathscr{B}\to\mathscr{C}$”情形的证明。

习题 5.7 试证明 $K_{\mathscr{L}}$ 的一阶扩充 S 不是协调的当且仅当所有 $\mathscr{L}$ 的公式都是 S 的定理。

习题 5.8 设一阶系统 S 是协调的。如果对任意 $\mathscr{L}$的闭公式 $\mathscr{A}$,将 $\mathscr{A}$ 加入 S 的公理集得到的扩充系统协调就能推出 $\mathscr{A}$ 是 S 的定理,那么 S 一定是完全的。

习题 5.9 设 $\mathscr{A}$ 和 $\mathscr{B}$ 是 $\mathscr{L}$ 的公式。如果公式 $\mathscr{A}\vee\mathscr{B}$ 是 $K_{\mathscr{L}}$ 的定理,试问,是否一定有 $\mathscr{A}$ 是 $K_{\mathscr{L}}$ 的定理或者 $\mathscr{B}$ 是 $K_{\mathscr{L}}$ 的定理。如果“是”,请给出证明;如果“否”,则给出反例。

第 6 章　计算思维与计算

随着计算机科学技术的发展，计算领域已成为一个极其活跃的领域，计算学科也成为一门范围极为宽广的学科①。在此发展过程中产生的种种现象在很大程度上改变了人们对世界的认识，有力地刺激了人文科学的发展，人们对认知科学的研究就是"以电子计算机的产生发展为物质、技术基础，以计算机与人脑相类比为前提的。"②世界著名科学家钱学森教授以电子计算机诞生发展近 30 年引起的新技术革命和两千多年逻辑学发展的经验教训为出发点，针对当时作为符号处理系统的计算机在智能方面存在的严重缺陷，尤其是人们在高级抽象思维领域，如辩证思维、形象思维、创造性思维等领域尚缺乏系统深入研究等问题，对认知科学的发展进行了科学的分析，同时结合我国科学技术发展的状况和特点，提出了"思维学"的理念，给出了"思维科学"的研究框架、研究方向与基本道路，并在随后的一系列工作中进一步充实和完善了思维科学的理论与思想体系③。他曾指出："现代科学技术的实践，正预示着更重大的变革：思维科学的出现。""引出这项变革的是电子计算机。"而"推动思维科学研究的是计算机技术革命的需要。"④在钱学森的倡导下，自 20 世纪 80 年代起，面向新技术革命的思维科学研究愈来愈受到国内有关专家学者的关注与重视。

本章将简要回顾计算思维概念的形成与发展，介绍计算思维研究现状以及计算思维的基本特征，剖析计算机实现各种运算的策略思想，着重阐述累加与递归过程的基本原理与运行机制。通过学习，了解计算思维的概念，认识计算机的计算本质，理解并掌握累加计算与递归计算的方法与技术。同时，强化计算思维意识，学会用计算思维的方式去分析和解决计算问题。

6.1　计算思维的概念

1998 年底，由美国计算机学会（简称 ACM）和美国电气和电子工程师学会计算机分会（简称 IEEE-CS）组成的联合攻关组完成并提交"作为学科的计算科学"的报告⑤，计算学科的"存在性"得以证明。接着，CC1991 报告和 CC2001 报告等相继出台，从学科的角度诠释了计算科学的内涵与外延，为计算学科建立了现代课程体系。随后，在计算学科课程体系

① 董荣胜，古天龙．计算机科学技术与方法论[M]．北京：人民邮电出版社，2002．

② 卢明森．钱学森与思维科学[J]．中国工程科学，2002，4(2)：8-15．

③ 钱学森．关于思维科学[M]．上海：上海人民出版社，1986．

④ 钱学森．系统科学、思维科学与人体科学[J]．自然杂志，1981(1)：3-9．

⑤ Denning P J，et al. Computing as a discipline[J]. Communications of the ACM，1989，32(1)：63-70.

的本土化进程中，我国相关领域的专家学者经过艰辛的努力取得实质性成果，于 2002 年提出了“中国计算机科学与技术学科教程 2002 ”(简称 CCC2002[①])。在 CCC2002 教程的引导下，国内相关学者和广大的教育工作者，对计算机科学与技术学科教育方面的诸多问题进行了广泛、深入和有益的探讨，取得了一批成果，极大地丰富了计算学科课程体系建设的内容。在计算学科课程教育改革的进程中，培养既能熟练地掌握计算机科学知识与技能，又具有计算学科意识和素养的人才，逐步成为人们关注的主要方面。一个人的实践和创新能力与其思维方式有着密切关系。人的思维方式存在共性，但因思维对象的区别而又存在差异。从事计算机科学与工程研究与开发的工作人员，在思考问题、分析问题和解决问题方面无疑有其独特的地方。正如计算大师艾兹格·迪科斯彻(E. W. Dijkstra)所言：“我们所使用的工具影响着我们的思维方式和思维习惯，从而也将深刻地影响我们的思维能力。”[②]因此，在计算机与人们的生活联系变得越来越密切的形势下，研究与之相关的人类思维活动与思维方式便成为现代思维学科领域一个重要的课题。

6.1.1 何为计算思维

思维是人类活动的基本形式之一，是人脑对客观事物间接地、概括地反映。它既是认识活动，又是认识结果，是人们认识事物本质、事物间相互关系及其规律的必备手段。思维的本质是在人脑中进行的高级精神活动，是人作为主体对客观现实以及主体自身活动的能动反映或理性认识。依照思维特征，可以将思维大致分为一般性思维与对象或领域思维两类。领域思维与思维针对的领域对象有关，包括领域知识认知、解决领域问题、应用领域方法解决实际问题等。如数学思维、物理思维就属于领域思维范畴。而一般性思维则可视为一切思维活动共性的总结与概括。领域思维除了具有一般性思维的特点外，还具有与领域认知相关的特征。但任何一种思维形式都不是孤立存在的，学科的关联、领域认知的交叉使得各类思维呈现出相互作用与相互制约的姿态。

计算思维(computing thinking)属于领域思维范畴，是人们解决计算科学问题、发展计算科学理论和有意识地将计算科学理论、方法与技术用于生产、生活等各个领域的认识过程与认识活动[③]。人们可以从不同角度来诠释计算思维的概念。例如，从方法论的角度，计算思维被定义为“运用计算机科学的思想与方法进行问题求解、系统设计，以及人类行为理解等涵盖计算机科学之广度的一系列思维活动。”[④]但无论从哪个角度看，计算思维都涉及“解决计算问题”和“应用计算机解决问题”两个方面。如果把有关计算学科的知识问题和应用问题统称为“计算问题”，那么就可以认为，围绕“计算问题”产生和发展起来的理论、方法和技术构成了计算学科的全部内容体系。这其中既有关于计算学科内涵的部分，也有关于计算学科外延的部分。当把人类的思维活动同计算问题的这两个方面结合起来加以考

① 黄国兴，等. 中国计算机科学与技术学科教程 2002[M]. 北京：清华大学出版社，2002.

② 王飞跃. 从计算思维到计算文化[J]. 中国计算机学会通讯，2007，3(11)：81-82.

③ 张晓如，张再跃，陈峻. 谈谈计算机思维[J]. 计算机科学，2000，27(8)(增刊)：107-109.

④ 董荣胜，古天龙. 计算思维与计算机方法论[J]. 计算机科学，2009，36(1)：1-4，42.

虑时，人们自然会问：计算思维的核心部分是什么？它的内涵和外延是什么？

美国卡内基·梅隆大学计算机科学系的周以真(Jeannette M. Wing)教授在总结计算思维的特征时，将计算思维描述成“数学与工程思维的互补与融合”，并将计算思维的本质(essence)概括为抽象(abstraction)和自动化(automation)[①]。这似乎隐约说出了计算思维的“内涵”与“外延”。但是，我们不能简单地把计算思维的内涵描述成“数学思维”与“工程思维”的交集，也不能简单地把计算思维的外延描述成“数学思维”和“工程思维”的并集。国内有学者在关于计算思维研究的技术路线方面引进了“计算链”的概念，他们认为，计算思维源于并服务于由理论、技术、工程、工具、服务和应用构成的计算链(或计算网络)。这一计算链以理论为始点，以应用为终点，计算链上的每一结点都将产生计算思维。计算思维从计算链的始点到终点的转化构成了计算机思维的工程化，而从计算链的终点到始点的转化构成了计算机思维的抽象、升华和理论化。[②] 这段陈述以“计算链”的形式描述了计算思维的层次结构，并从“理论”与“实践”的相互转化预示了计算思维的发展。

“计算链”的陈述为理解和认识计算思维的“内涵”与“外延”带来启发。依照认知科学的基本规律，计算思维的抽象、升华和理论化并不是一次完成的，而是从“计算链”的“起点”到“终点”周而复始的转化过程中逐步形成和发展起来的。如果假设“计算链”包含计算学科的全部内容，以此作为基础，把“计算理论、计算技术”的研究与抽象纳入“解决计算机问题”的范畴，而把“计算工程、计算工具、计算服务和计算应用”的设计与开发纳入“应用计算机解决问题”的范畴，那么就可以把关于“计算理论、计算技术”的思维活动的内容归纳为计算思维的“内涵”，而把关于“计算工程、计算工具、计算服务和计算应用”的思维活动的内容概括为计算思维的“外延”。简单说，计算思维的“内涵”是“计算知识”的全部；计算思维的“外延”是“计算应用”的全部。理解计算思维的“内涵”和“外延”，能够帮助我们更好地认识计算思维，更好地研究计算思维，更好地应用计算思维，更好地发展计算思维。

然而，要想把计算思维的“内涵”和“外延”具体描述清楚，并非一件容易的事情，这是因为计算学科的发展如此迅猛，计算学科的应用如此广泛，即便是最伟大的计算机学家，也只能涉猎计算学科的局部而不是全部[③]。但是，对于一名从事计算机科学与技术研发的工作者而言，知晓计算思维的概念、具备计算思维的意识是十分重要的。

6.1.2　计算思维特征

思维是人类所特有的、有目的地发现、理解和解决问题的活动，通常具有概括性、间接性、逻辑性、层次性、生产性等特征[④]。思维与“问题”有关，世界著名数学大师希尔伯特(David Hilbert)指出：只要一门科学分支能提出大量的问题，它就充满着生命力；而问题缺乏则预示着独立发展的衰亡或终止。随着计算机应用领域的不断扩展，计算问题层出不穷，使

① Jeannette M Wing. Computational thinking and thinking about computing[J]. Philosophical Transactions(Series A), Mathematical, Physical and Engineering Science, 2008, 366(1881): 3717-3725.

② 郭喜凤，孙兆豪，赵喜清. 论计算思维工程化的层次结构[J]. 计算机科学，2009，36(4)：64-67.

③ 张晓如，张再跃. 再谈计算机思维[J]. 计算机教育，2010(12)：35-42.

④ 钱学森. 关于思维科学[M]. 上海：上海人民出版社，1986.

得计算科学呈现出欣欣向荣的发展局面。计算问题既包括计算学科自身知识体系方面的问题,也包括计算学科应用领域方面的问题,它们对计算学科的发展方向、研究方法、思维形式起着决定性影响。若离开计算问题,计算科学就不能发展,就会丧失生机。事实上,计算科学正是从现实世界提出的无数问题中获得力量得以发展、前进的,新的思想、方法、技术甚至技巧在解决问题的过程中得到证实,从而导致新的计算理论与方法的产生。其中,计算问题不仅为计算思维的产生提供了动力,而且也为计算思维的发展指出了方向。计算思维过程是不断地提出问题、解决问题的过程,而提出问题和解决问题也正是计算思维的目的。计算思维除了具有一般思维的特点外,还具有其自身的特性。周以真教授针对计算科学的基本问题,即"什么是可计算的?"以及"怎样去计算?",用"是与不是"之对比,阐述了计算思维的基本特征①。

(1) 抽象与继承性。计算思维是"概念化,不是程序化。计算机科学不是计算机编程。像计算机科学家那样去思维意味着远远不止能为计算机编程。它要求能够在抽象的多个层次上思维。"对此,我们可以从计算思维的形成与发展角度来理解其中的含义。早在公元前3世纪,古希腊和中国的数学家就有了算法的概念,像当时的欧几里得辗转相除法就是很好的例子。大约在公元7世纪,阿拉伯著名数学家花拉子密给出了现在人们所熟悉的自然数运算法则。在阿拉伯人的影响下,西班牙的卢利(R. Lully)提出要造机器来实现推理过程,这一思想对后世产生了深刻影响。17至18世纪间,一些计算装置相继出现。如法国数学与物理学家帕斯卡(Pascal)的"加法机"、德国数学与物理学家莱布尼兹(Leibniz)的"乘法机"等,尤其是莱布尼兹"为至少发现一切数学定理"而提出的"通用算法"思想,对逻辑演算形式化方法的形成和"程序化证明"思想的发展产生了极其重要的影响。19世纪末20世纪初,随着电子技术的发展,相继出现了一些电子计算装置,直到人们发明了电子计算机。由此可见,人类的计算思维是在计算机出现之前就开始了,而"计算机编程"仅仅是计算机应用技术领域的一个方面。计算思维始终伴随着人们探索新的计算方法与新的计算技术过程,是数学与物理思维的继承与发展。在计算技术高度发展的今天,"计算机"已经不是一个单纯的计算工具的代名词,而是信息时代高新技术的象征,其"通用性"改变着人们的思维方式,几乎成为一种"文化"渗透到了社会发展的各个领域。

(2) 基础与广泛性。计算思维是"基础的,不是机械的技能。基础的技能是每一个人为了在现代社会中发挥职能所必须掌握的。"也就是说,计算思维"是面向所有的人,所有的地方",而"不仅仅属于计算机科学家"。由于计算机的广泛应用,使得"计算机操作应用"成为继"阅读"、"写作"和"算术"之后对人们提出的基础技能方面的要求,进而也使得计算思维具有了广泛的存在基础与生存和发展空间。我们希望人人都能够有意识地进行计算思维,并且理解和掌握计算思维的基本思想和方法,但并非要求每个人都能达到计算机科学家的水平。"一个人可以主修计算机科学并且干什么都行",包括从事医学、法律、商业、政治,以及任何类型的科学和工程,甚至艺术工作。同时,应该看到,正是由于计算思维的基础与广泛性,使得每个人计算思维的对象和计算思维的水平存在极大差异。但只要勤于思考、善

① 周以真.计算思维[J].中国计算机学会通讯,2007,3(11):83-85.

于思考，努力发挥思维品质中的独创性，就能创造性地解决问题，就可以使不同层次的计算思维得到同步发展①。

(3) 主观与能动性。计算思维是“人的，不是计算机的思维。计算思维是人类求解问题的一条途径，但绝非试图使人类像计算机那样地思考。”即计算思维的主体是人，而非计算机。由于计算机“非凡的计算能力”，使之成为人们用来模拟人类思维的工具，人工智能作为计算机科学的前沿学科得到迅速发展。如今的计算机似乎已经变得十分“聪明”了。1997 年 5 月，IBM 公司研制的深蓝(Deep BLUE)计算机战胜了国际象棋大师卡斯帕洛夫(Kasparov)；2016 年 3 月，由戴密斯 · 哈萨比斯(Demis Hassabis)领衔的研发团队开发的阿尔法狗(AlphaGo)围棋程序与围棋世界冠军、职业九段棋手李世石进行围棋人机大战，结果以 4 比 1 的总比分获胜。种种迹象似乎表明，“机器思维”大有取代人类思维之势。然而，事实并非如此。与人相比，“计算机枯燥且沉闷，人类聪颖且富有想象力。”正是“我们人类赋予计算机以激情。”计算机是人发明的，“配置了计算设备，我们就能用自己的智慧去解决那些计算时代之前不敢尝试的问题，就能建造那些其功能仅仅受制于我们想象力的系统”，去实现“只有想不到，没有做不到”的意境。机器“思维”是人赋予的，人类的计算思维“具有典型的创造性、动态性、超前性。”②只要人们充分利用自身智慧，积极开展创造性的思维，综合知识、经验，多角度，横向、纵向、逆向去探索，去解决问题，就能创造出具有社会价值的、新颖而独特的产物。

(4) 交叉与融合性。计算思维是“数学和工程思维的互补与融合。计算机科学在本质上源自数学思维，因为像所有的科学一样，它的形式化解析基础建筑于数学之上。计算机科学又从本质上源自工程思维，因为我们建造的是能够与实际世界互动的系统。”纵观历史，计算机科学的形成与发展与数学、物理、机械、电子等学科的发展有着直接的关联，计算思维的雏形是以数学和物理思维方式为基础的，思维的形式与内容是在多学科交叉融合的过程中逐步形成的。横看现实，在计算机高度发展、广泛应用的今天，大量的计算问题层出不穷，这些问题不仅仅来源于计算科学自身，更多的却来源于其他的学科领域，致使计算科学和数学、物理、生物、化学、地理、信息、工程等几乎所有学科紧密地结合在了一起。一方面，“基本计算设备的限制迫使计算机学家必须计算性地思考，不能只是数学性地思考”；另一方面，“相互构建虚拟世界的自由使我们能够超越物理世界去打造各种系统”。由此可见，计算思维不是一种单纯的对象思维，而是一种综合性的对象思维。与多学科的交叉与融合，极大地促进了计算思维的综合发展，无论是内容还是形式都在发生着巨大变化，这种变化体现在其内涵的更加深入与外延的更加宽广，进而使之成为“对现实世界与计算机世界的统一及转换的一般性认识的思维过程。”

(5) 互动与传递性。计算思维“是思想，不是人造物。不只是我们生产的软硬件等人造物将以物理形式到处呈现并时时刻刻触及我们的生活”，更重要的是计算的概念、思想与方法的表述。在第 2 章的学习中，我们已经对计算概念的形成与发展有了初步认识，尤其是对

① 张晓如，张再跃，陈崚. 谈谈计算机思维[J]. 计算机科学，2000，27(8)(增刊)：107-109.

② 张晓如，张再跃. 再谈计算机思维[J]. 计算机教育，2010(12)：35-42.

计算概念的形式化描述，让我们更加深刻地理解了计算概念的本质。思维不仅有形式，而且有内容。思维的内容是通过"语言"表达出来的，如描述图灵机的图灵语言、描述递归函数的数学语言、描述理想计算机的URM语言等，没有语言就不能研究信息的存储变量，就无法理解思维的内容，也就难于探索思维的形式。计算思维活动最为典型的表达工具可谓"计算机语言"，这种语言用来描述解决计算问题的计算过程。随着计算技术的发展，计算机语言的表现形式也在发生着变化，从面向过程到面向对象，直至以固件形式的出现，表达能力越发强大，运用范围越发广阔。计算机语言和计算机本身所具有通用性，使得不同的国家和地区、不同的民族、不同的群体、不同层面上的人们都可借助它们进行交流。你可以读懂他人的"程序"，了解他人的算法思想；也可以将自己的"程序"和算法思想展现给他人。这种概念的表达方式可以"被人们用于问题求解、日常生活的管理，以及与他人进行交流和互动"。也正是这种交流与互动赋予了计算思维强大的生命力。

6.2 计算中的计算思维

在计算机科学与技术应用领域，计算思维的主要目的就是利用计算机，快速而有效地解决有关的"计算问题"。从理论上讲，任何一种解决问题的思想和方法，最终都可以归结为一种解决问题的"计算"方法。这里"计算"的概念是广义的，并非简单的数学运算，可以是"文本处理"，也可以是"模式识别"；可以是"数据分析"，也可以是"决策推理"等，其典型特点就是由人与计算机共同实现。正是因为有了计算机，才会使计算方法和计算模型发生质的变化，才会使人们敢于去面对和处理那些原本无法由人独立完成的问题求解和系统设计。但同时也应看到，许多计算问题是复杂的，人的智力发展水平和计算机计算过程的能力与限制，是人们着手解决计算问题时必须加以考虑的。采取什么样的计算策略往往是我们解决计算问题的出发点。在此，我们以"计算"为主题，对计算思维的基本策略进行探讨。

6.2.1 不可忽视的基本计算

在第1章集合论基础中，我们对计算机的计算"能力"进行了分析；在第2章可计算性理论基础中，又对能行计算的概念进行了描述。由此可以看到，任何"计算"，无论多么复杂，都是由一些"基本计算"组成的。计算机可以进行非常复杂的计算，这些计算是建立在计算机的一些基本计算基础上的，了解计算机的计算原理，可以帮助我们更好地开展计算思维。学过计算机原理的人都知道，计算机的基本计算实际上十分简单。

6.2.1.1 计算机的计数方式

大家知道，计算机存放数据的最小单元是"位"(bit)，存放1位$2^{\#}$(表示二进制)数字；基本单位是"字节"(byte)，由8位$2^{\#}$数字组成。存储装置(如内存、硬盘等)的容量是以字节数来表示的，如1 K表示1 024个字节，1 M是1 024 K，1 G是1 024 M等，一块1 T的硬盘存储的数据量为1 024 G，即2^{40}个字节。计算机中可以用若干个字节来表示一个处理对象，即所谓的"字"(word)，有双字节、4字节、8字节字等，它们分别为16位、32位和64位字。计算机操作系统的位数是指计算机的 CPU 一次性可处理的数据量。目前较为流行的微型计算机有 32 位(4 字节)和 64 位(8 字节)。大型计算机则把数以万计的 CPU 并联在一起,计算速度可谓大得惊人。

然而,无论计算机一次性处理的数据位数有多大,它始终是一个典型的有穷系统。构成计算机系统的硬件和软件在任何时刻都是有穷的,计算机的存储单位是有穷的,每个存储单位存放的数据也是有穷的。因此,计算机表示的数的范围是有限的。例如,64 位可表示的最大数为 $2^{64}-1$,如果再加 1,则恢复到 0。这样的计数方式称为循环计数。

一般地,如果 $2^{\#}$ 数据单元是 n 位的,那么它表示的自然数范围就是 $C=\{0,1,\cdots,2^n-1\}$,且有 $2^n\equiv 0$ 并以此循环往复。其中,符号"≡"表示"等同于"之意。

注记 6.1

(1) 为方便计,我们用 $C=\{0,1,\cdots,2^n-1\}$ 表示 n 位 $2^{\#}$ 数的表示范围,其中的数代表相应的 n 位 $2^{\#}$ 数,如 0 表示 n 位 $2^{\#}$ 数"0…00",1 表示"0…01",…,2^n-1 表示"1…11"等,一般地,一个 n 位 $2^{\#}$ 数表示为 $a=a_1\cdots a_n$,其中,$a_i(i=1,\cdots,n)$ 是 0 或者 1。

(2) 在循环计数系统 C 中并没有元素 2^n,$2^n\equiv 0$ 表示 2^n 等同于 C 中的 0 元素,在理解其含义的基础上,可直接表示为 $2^n=0$。

日常生活中循环计数的例子很多,如一天 24 h 计时系统,就有 $24\equiv 0$;角度表示系统中有$360°\equiv 0°$等。

命题 6.1 设 $S=\{0,1,\cdots,m-1\}$ 是一循环计数系统,其中 $m>1$ 且 $m\equiv 0$。对任意 $k\in S$,均存在 $\tilde{k}\in S$ 使得 $k+\tilde{k}=0$。

很明显,对 $k\in S$ 而言,只要取 $\tilde{k}=m-k$ 即可满足要求。$\tilde{k}$ 称为 k 在计数系统 S 中的"补"。利用"补"概念,很容易得到下列命题。

命题 6.2 设 $S=\{0,1,\cdots,m-1\}$ 是一循环计数系统,其中 $m>1$ 且 $m\equiv 0$。对任意 $h,k\in S$,$h-k=h+\tilde{k}$。即在循环计数系统中,"减法"运算可以通过"加补"运算实现。

计算机用 $2^{\#}$ 表示数据,加法运算都是按位相加,可以有"加"(用"+"表示)与"位加"(用"$+_{\text{bit}}$"表示)两种。"+"即一般的加法运算,高位相加时考虑低位的进位,"$+_{\text{bit}}$"则是单纯的按位加,不考虑低位进位。

命题 6.3 设 C 是一个 n 位 $2^{\#}$ 循环计数系统。

(1) 对任意 $2^{\#}$ 数 $a\in C$,若 $a=a_1\cdots a_n$,则 $(2^n-1)+_{\text{bit}}a=\bar{a}_1\cdots\bar{a}_n$,其中 $\bar{a}_i(i=1,\cdots,n)$ 表示 a_i 关于 0 和 1 的取反。即 $2^{\#}$ 数的"按位求反"可以通过位加 $+_{\text{bit}}$ 实现。

(2) 对任意 $2^{\#}$ 数 $a\in C$,$\tilde{a}=\bar{a}_1\cdots\bar{a}_n+1$,其中 $\tilde{a}$ 是 a 在系统 C 中的补。

综上分析可以看出,计算机的计数方式可以描述为一个 $2^{\#}$ 的循环计数系统。如果定义了加法运算,那么就可以进行"求补"运算,进而通过"加补"运算实现减法运算。对此,有下面结论成立。

命题 6.4 计算机的减法运算可以通过加法运算实现。

6.2.1.2 计算机位移操作

位移是计算机进行运算的基本操作之一。对一个 $2^{\#}$ 表示的数进行左位移操作是指将

该 $2^{\#}$ 数按位左移，末位补 0。例如：将 8 位 $2^{\#}$ 数 00101101 进行一次左位移操作，得到 $2^{\#}$ 数 01011010。用 $L(a)$ 表示对 $2^{\#}$ 数 a 进行一次左位移操作，则下面性质成立。

命题 6.5 对任意 $2^{\#}$ 数 a 有 $L(a)=a\times 2=a+a$，即左位移操作可以通过加法运算实现。一般可以对一个 $2^{\#}$ 数进行多次左位移操作。用 $L^n(a)$ 表示对 a 进行 n 次左位移操作，即满足 $L^0(a)=a, L^{n+1}(a)=L(L^n(a))$，则对任意 $2^{\#}$ 数 a 有 $L^n(a)=a\times 2^n$。

类似可以定义右位移操作 $R(a)$。

命题 6.6 对任意 $2^{\#}$ 数 a，$R(a)$ 相当于 $a\div 2$ 运算。用 $R^n(a)$ 表示对 a 进行 n 次右位移操作，即满足 $R^0(a)=a, R^{n+1}(a)=R(R^n(a))$，则对任意 $2^{\#}$ 数 a 有 $R^n(a)=a\times 2^{-n}$。

注记 6.2 注意到 n 位 $2^{\#}$ 数的移位操作可能会造成该 $2^{\#}$ 数的高位（左位移）或低位（右位移）的丢失，因此，在对 n 位的 $2^{\#}$ 数进行位移操作时，通常用 $2n$ 位或更多位来存放被操作的 $2^{\#}$ 数。这一策略在后面的乘法和除法运算中都会用到。

6.2.1.3 计算机乘法运算

任意 $2^{\#}$ 数都可以用按权展开求和的形式表示。若 $a=a_n\cdots a_1$，其中 $a_i\in\{0,1\}, i=1,\cdots,n$，则其按权展开求和的形式为 $a=a_n\times 2^{n-1}+a_{n-1}\times 2^{n-2}+\cdots+a_1\times 2^0$，其中 $2^{i-1}(i=1,\cdots,n)$ 称为 $2^{\#}$ 数第 i 位的位权。

设 a,b 为 n 位 $2^{\#}$ 数，其中 b 为 $b_n\cdots b_1$，其按权展开式为 $b=b_1\times 2^0+b_2\times 2^1+\cdots+b_n\times 2^{n-1}$，则 a 和 b 的乘积可表示为：

$$a\times b=(a\times b_1)\times 2^0+(a\times b_2)\times 2^1+\cdots+(a\times b_n)\times 2^{n-1} \tag{6.1}$$

其中，$b_i(i=1,\cdots,n)$ 是 0 或者 1。

式(6.1)为计算机乘法运算提供了操作基本策略，即逐步累加法：用 c 表示累加器，累加的中间结果称为“部分和”。计算过程从乘数的低位到高位，依次每次读取 b_i，此刻累加对象为 0（如果 $b_i=0$）；或者是 $a\times 2^i$（如果 $b_i=1$），即 $c\leftarrow c+L^{i-1}(a)$。由此看出，累加过程是将被乘数 a 不断左移进行累加，而相对 a 的左移，则可通过右移部分和 c 实现。

在计算机中，运算数据放在寄存器中。由于乘法（除法）运算需要位移，因此通常用 $2n$ 位存放有关的运算数据。设 $a=a_n\cdots a_1, b=b_n\cdots b_1$ 为两个 n 位 $2^{\#}$ 数，累加器为 c，用 $2n$ 位存放被乘数 a（低 n 位补 0）和累加器 c（初值为 0）。

为了使计算过程具有直观性，初始化时，a,b,c 在计算机中存放位置的逻辑关系示意如下：

$b_n\cdots b_2 b_1$		//乘数 b（n 位）
$a_n\cdots a_2 a_1$	$0\cdots 0$	//被乘数 a（$2n$ 位，其中，低 n 位补 0）
$c_n\cdots c_2 c_1$	$0\cdots 0$	//部分和 c（$2n$ 位），初值为 $2n$ 位 0

乘法计算过程描述如下：

for $i=1\rightarrow n$：若 $b_i=1$，则 $c\leftarrow c+a$，否则 $c\leftarrow c+0$；$c\leftarrow R(c)$

计算结束时,累加器 c 中的结果即为 a 和 b 的乘积。由此可得如下命题。

命题 6.7　计算机的乘法运算可以通过加法运算和位移操作实现。

6.2.1.4　计算机除法运算

数的除法运算实际上就是被除数和除数不断相减的过程。设被除数 $a=a_n\cdots a_1$,除数 $b=b_n\cdots b_1$。手工计算的方法为:从高位至低位依次读取被除数高位部分,当高位部分(用 c 表示,初值为 0)大于或等于除数时,用被除数的高位部分减去除数,并用差取代被除数高位部分,商的部分上 1(放在 a 的末尾)。如此下去,直到被除数读完且高位部分小于除数时,计算终止。由高位到低位(自左向右)读取被除数的过程可以通过左移被除数实现,商的部分上 1 的位置与被除数高位部分的末位的位置有关,因此在左移被除数时,商的部分须同时左移。同乘法运算一样,用 $2n$ 位寄存器存放被除数与除数,初始化时,a,b,c 在计算机中存放位置的逻辑关系示意如下:

$c=0\cdots0$	$a_na_{n-1}\cdots a_1$	//被除数 a($2n$ 位,高 n 位 $c=0$)
$b_nb_{n-1}\cdots b_1$	$0\cdots0$	//除数 b($2n$ 位,低 n 位补 0)

除法计算过程描述如下:

for $i=1\rightarrow n$:$ca\leftarrow L(ca)$(将 ca 作为一个整体同时左移,a 的高位部分依次进入 c 的低位部分),若 $c\geqslant b$,则 $c\leftarrow c-b$,$a\leftarrow a+1$(a 末位加 1,相当于商上 1),否则 $a\leftarrow a+0$。

计算结束时,c 中存放的是余数,而 a 中存放的则是商。由于减法可以通过加补运算实现,因此有如下命题。

命题 6.8　计算机的除法运算可以通过加法运算和位移操作实现。

通过上述分析可以看到,“加法”与“位移”是计算机全部计算的基础。计算机的计算原理就是用简单的基本计算来实现复杂的计算,而计算过程则采取“重复”与“叠加”方式完成。所谓“重复”是指基本计算的反复使用;“叠加”则是指对计算结果的处理方式,表现为计算结果状态的变化:由初始状态,经中间状态,到结果状态。因此,对基本计算的辨识与把握是解决计算问题的重要环节。

6.2.2　不可小觑的累加技术

累加器(Accumulator)是计算机运算器中的重要部件,由一组寄存器组成,专门用来存放算术或逻辑运算的中间结果。微型机的中央处理器(CPU)可以对累加器中的数据直接进行加、减、求补、位移、循环位移、读取、置零等操作。累加器的使用一方面可以保存中间结果,防止其他指令执行过程的破坏,另一方面可以避免运算过程 CPU 与内存之间过于频繁的数据交换,进而达到提高运算速度之目的。从广义上讲,计算机所有计算过程都可视为是数据的累加过程,这从计算机的基本计算的描述中可以得到佐证。因此,了解和掌握累加的基本思想方法是十分重要的。

6.2.2.1 高斯的累加策略

标准的累加计算就是把一组数据逐个加起来。

假定 A 是累加器，$\{d_1, d_2, \cdots, d_n\}$ 是一组数据，则计算 $d=d_1+d_2+\cdots+d_n$ 可通过下面累加计算完成。

$$A \leftarrow 0; \text{for } i=1 \rightarrow n: A \leftarrow A+d_i$$

最简单的累加例子莫过于求 1+2+…+100 的和，这很容易让人们想起德国著名数学家和物理学家高斯(Gauss)的故事。

儿时的高斯就表现出了极高的计算天赋。高斯 10 岁进入了一个首次创办的数学班学习，孩子们在这之前都没有听说过算术这么一门课程。一天，老师布置了一道题，1+2+…这样从 1 一直加到 100 等于多少。高斯很快就算出了答案，起初高斯的老师并不相信高斯算出了正确答案："你一定是算错了，回去再算算。"高斯非常坚定，说出答案就是 5 050。高斯是这样算的：1+100=101，2+99=101，…，50+51=101；从 1 加到 100 有 50 组这样的数，所以 50×101=5 050。老师对他刮目相看，特意从汉堡买了最好的算术书送给高斯，说："你已经超过了我，我没有什么东西可以教你了。"[①]

高斯的儿时并没有计算机，因而你可以说高斯的"百数求和"计算方法对如今运用计算机计算的人们而言并非最好的方法。计算机不仅可以用累加程序轻易地完成"百数求和"，而且累加的数据对象可以更为复杂。然而，当我们仔细分析高斯的"百数求和"，其计算过程反映出的计算思想却值得我们借鉴。高斯似乎运用了当今计算机数据处理最为流行的方法，即所谓"聚类"的方法，将累加对象先行做"聚类"处理，得到 50 个 101，再用 50×100+50 得到结果。

计算机的累加"能力"是强大的，然而这一"能力"只有在人的"干预"下方能实现。编程是一方面，最重要的是如何有效地实现累加过程。有时，对累加数据进行"预处理"是必要的，正如高斯累加前采取的"聚类"处理。例如"计算前 100 个素数之和"，累加对象是"素数"，必须先"找到素数"，然后再进行累加，这就需要在一定范围内对相关的数据进行预处理。比如，我们可以引进特征函数 $prime(m)$，当且仅当 m 为素数时 $prime(m)=1$。用 A 做累加器，C 为计数器，k 为指针，初始状态 $A \leftarrow 0, C \leftarrow 0, k \leftarrow 2$；依次计算 $prime(2)$，$prime(3)$，…，$prime(k)$，当某个 $prime(k)=1$ 时，执行累加操作 $A \leftarrow A+prime(k)$，同时 $C \leftarrow C+1$，直到 $C=100$ 终止。

6.2.2.2 累加的逼近方法

在集合论基础知识的学习中我们知道，计算机的程序之多是可数无穷的，然而现实世界存有的计算问题却是不可数的。例如，定义在实数集上的函数是不可数的。因此，绝大多数的实数函数是无法用计算机直接进行计算的。针对这样的计算问题，人们采取的计算策略通常为"近似计算"策略。在高等数学的学习中我们知道，较为复杂的函数往往可以通过一些相对简单的函数近似表示，如多项式函数、三角函数等，这些函数在进行实际计算时

① https://baike.baidu.com/item/卡尔·弗里德里希·高斯/5392095.

具有较好的可操作性。近似计算需要考虑"计算精确度"，即所谓误差。"精确度"可以预设，表示计算结果与实际结果的接近程度，而接近过程往往可通过累加实现。

命题 6.9　设 $f(x)$ 是定义在实数集 **R** 上的函数。若函数 $f(x)$ 在实数 x_0 的某邻域 $(x_0-\delta, x_0+\delta)(\delta>0)$ 内任意可导，则对任意 $x\in(x_0-\delta, x_0+\delta)$，下式成立。

$$f(x)=\frac{f(x_0)}{0!}+\frac{f'(x_0)}{1!}(x-x_0)+\cdots+\frac{f^{(n)}(x_0)}{n!}(x-x_0)^n+R_n(x) \tag{6.2}$$

其中，$f^{(n)}(x)$ 表示 $f(x)$ 的 n 阶导数；$R_n(x)$ 为余项，是 $(x-x_0)$ 的高阶无穷小。

公式(6.2)便是著名的泰勒(Taylor)级数展开公式，当 $x_0=0$ 时，式(6.2)也称为麦克劳林(Maclaurin)级数展开公式。

将式(6.2)表示为 $f(x)=P_n(x)+R_n(x)$，则 $P_n(x)$ 是关于 $(x-x_0)$ 的 n 阶多项式。余项 $R_n(x)$ 的形式有多种。例如，拉格朗日(Lagrange)余项可表示如下。

$$R_n(x)=\frac{f^{(n+1)}(\xi)}{(n+1)!}(x-x_0)^{n+1} \tag{6.3}$$

其中，ξ 是位于 x 和 x_0 之间的一个实数。

如果对任意 n，$f^{(n)}(x)$ 在邻域 $(x_0-\delta, x_0+\delta)$ 内一致有界，那么就有 $\lim\limits_{n\to\infty}R_n(x)=0$。此时，对任意的 $\varepsilon>0$，计算 n 使得 $|R_n(x)|<\varepsilon$，则函数 $f(x)$ 便可近似地表示为 $P_n(x)$，其误差为 $\pm\varepsilon$。

例题 6.1　利用 $f(x)=e^x$ 的泰勒-麦克劳林级数展开式求自然对数底数 e 的近似值。

解：利用高等数学知识我们知道，函数 e^x 的泰勒-麦克劳林级数展开式为：

$$e^x=1+x+\frac{x^2}{2!}+\cdots+\frac{x^n}{n!}+R_n(x) \tag{6.4}$$

其中，$R_n(x)=\dfrac{e^\xi}{(n+1)!}x^{n+1}$，$\xi\in(0,x)$。

在展开式(6.4)中，令 $x=1$，便得到：

$$e=1+1+\frac{1}{2!}+\cdots+\frac{1}{n!}+\frac{e^\xi}{(n+1)!}, \xi\in(0,1) \tag{6.5}$$

其中，$\dfrac{e^\xi}{(n+1)!}(\xi\in(0,1))$ 为余项，显然有 $\dfrac{e^\xi}{(n+1)!}<\dfrac{3}{(n+1)!}(\xi\in(0,1))$。

利用展开式(6.5)就可以采用累加法计算 e 的近似值，并且可以达到预先的精确度要求。例如计算 e，要求精确到小数点后 k 位的计算方法如下：

步骤(1)　初始 $n\leftarrow 0$；　repeat $n\leftarrow n+1$ untill $3/(n+1)!<10^{-(k+1)}$；输出 n；

步骤(2)　初始 $E\leftarrow 0$；　for $i=0\to n$: $E\leftarrow E+1/i!$；输出 E。

其中，第一步完成的任务是找到 n，使得式(6.5)中的余项 $e^\xi/(n+1)!$ $(\xi\in(0,1))$ 小于 $10^{-(k+1)}$；在此基础上，第二步计算出的 E 将满足 $|E-e|=e^\xi/(n+1)!<10^{-(k+1)}$，进而达到精确度要求。

类似的例子很多。现实生活中使用的绝大多数函数都可以近似地表示为级数多项式展开形式，利用计算机高效的计算速度，一个累加过程常常瞬间即可完成。

6.2.2.3 累加的算法优化

与其说累加是一种算法，倒不如说累加是一门技术。函数的累加逼近实际上就是在算法与技术合二为一的基础上完成的。算法改进和技术升级可以大大提高计算的效率。同样的问题可以有不同的算法，如何改进算法以提高计算效率常常是解决计算问题过程中需要研究与思考的问题，也是计算思维的重要导向之一。对此，我们以通过累加近似计算圆周率 π 为例予以说明。

例题 6.2 利用级数展开法求圆周率 π 的近似值。

解：用反正切函数 $f(x)=\arctan x$ 求解。函数 $\arctan x$ 的泰勒-麦克劳林级数展开式为：

$$\arctan x = x - \frac{x^3}{3} + \frac{x^5}{5} - \cdots + (-1)^{n-1}\frac{x^{2n-1}}{2n-1} + R_n(x) \tag{6.6}$$

其中，$R_n(x)$是余项。

在式(6.6)中令 $x=1$ 并且两端乘以 4，则有：

$$\pi = 4 - \frac{4}{3} + \frac{4}{5} - \cdots + (-1)^{n-1}\frac{4}{2n-1} + 4R_n(1) \tag{6.7}$$

其中，$4R_n(1)$是计算 π 值的余项。

旨在说明算法思想，不妨将余项 $4R_n(1)$近似地用第 $n+1$ 项的绝对值$4(2n+1)^{-1}$表示。

用展开式(6.7)计算 π 的近似值，要求精确到小数点后面 k 位。根据级数项累加求和、近似计算的基本方法，计算过程包括两个部分：

(1) 根据精确度要求确定累加的项数 n，满足 $4(2n+1)^{-1}<10^{-(k+1)}$。计算可得$n\approx 2\times 10^{k+1}$。

(2) 将式(6.7)的前 n 项累加起来，得到 π 的近似值。求解结束。

例题 6.2 中的计算在理论上是可行的，但在实际计算中，为了达到一定精确度要求，累加的项数往往大得惊人。如果精确度要求是小数点后 10 位，那么就需要将大约 2×10^{10}个项累加起来，计算效率显然无法令人满意。如果精确度要求进一步提高，例如 100 位，那么计算将近乎不可行。因此，对算法的改进势在必行。

改进方法一：对式(6.7)中的累加项进行预处理。注意到式(6.7)中的累加项以正、负的形式交替出现，如果将 1、2 两项合并为第一项；3、4 两项合并为第二项；……；将 $2n-1$、$2n$ 两项合并为第 n 项，如此下去，则有：

$$\pi = \frac{8}{3} + \frac{8}{35} + \cdots + \frac{8}{16n^2-16n+3} + 4R'_n(1) \tag{6.8}$$

其中，$4R_n'(1)$表示经过预处理后的余项，当 n 足够大时可以近似地等于 $1/(2\times n^2)$。

利用式(6.8)计算 π 的近似值，要求精确到小数点后面 k 位，则需 $1/(2\times n^2)<10^{-(k+1)}$。计算可得，只要 n 取到$10^{k/2+1}$即可。此时，累加的项数较例 6.2 中累加的项数相差接近$10^{k/2}$倍，因此计算的效率无疑会大大提高。然而，以10^k 的级别累加求和依旧不是最理想的，是否会有更好的方法？

改进方法二：利用改进的 π 计算公式的级数展开进行计算。

令 $\alpha=\arctan\frac{1}{2}$，则 $\tan(\frac{\pi}{4}-\alpha)=\frac{1-\tan\alpha}{1+\tan\alpha}=\frac{1}{3}$，即 $\frac{\pi}{4}-\alpha=\arctan\frac{1}{3}$。于是有：

$$\frac{\pi}{4}=\arctan\frac{1}{2}+\arctan\frac{1}{3} \tag{6.9}$$

这便是著名的欧拉(Euler)计算公式。利用级数展开，得：

$$\pi=\sum_{n=1}^{\infty}(-1)^{n-1}\frac{4}{2n-1}\left(\frac{1}{2}\right)^{2n-1}+\sum_{n=1}^{\infty}(-1)^{n-1}\frac{4}{2n-1}\left(\frac{1}{3}\right)^{2n-1} \tag{6.10}$$

式(6.10)中的余项有两个，其绝对值分别是：

$$R_n\left(\frac{1}{2}\right)=\frac{4}{2n-1}\left(\frac{1}{2}\right)^{2n-1}, R_n\left(\frac{1}{3}\right)=\frac{4}{2n-1}\left(\frac{1}{3}\right)^{2n-1} \tag{6.11}$$

如果计算 π 的精确度要求是精确到小数点后面 k 位，利用式(6.11)两个余项进行粗略估算，只要取两个级数的大约前 $4k$ 项求和即可满足要求。

比较3种 π 的近似计算方法，如果要求精确度为小数点后10位，那么3种方法需要累加的项数级别将分别为 10^{10}、10^5 和 4×10。之所以会有这样的差别，是因为三种方法余项收敛于0的速度级别不同，它们分别是 $o(n^{-1})$、$o(n^{-2})$ 和 $o(2^{-n})$。

注记 6.3 计算科学领域的能行计算的概念与数学科学中的相应概念是有区别的。数学科学中的能行计算是理论意义上"可计算"的概念。即对于一个计算问题，如果能综合运用"基本计算"在有限的时间内给出结果，那么这个计算问题在理论上讲就是可计算的。然而，在计算机应用领域，能行计算更为突出的是"能行"二字，"可计算"是前提，计算时间与空间的使用是"能行"的基础，运行时间越短、占用"空间"越少，程序(算法)越优。为了获得"更优"程序，算法改进常常是一项必需的工作，其中会用到大量的数学知识。因此，计算思维的精髓之一可谓是数学思维与计算机工程思维的有机结合。

6.2.3 充满智慧的递归方法

递归是计算机程序设计的重要方法之一，被誉为是一门伟大的艺术①。一个程序或过程在运行中调用了自身便产生递归效应。在第2章的学习中，我们介绍了递归函数的概念。其中，用递归模式产生递归函数的过程便是计算机领域运用递归方法进行程序设计的基础。用递归方法编写的程序可以称之为"递归程序"或"递归过程"，递归过程采用的算法称为"递归算法"。递归算法可以归结为"函数计算"形式，其典型特征为：函数"当前值"计算需用到该函数一个或多个"以往值"。在程序运行时，对"以往值"的获取将表现为对程序自身的调用，如此调用反复运行便出现层层递归的现象。

6.2.3.1 *递归基本要素分析*

在给出一个递归过程描述之前，弄清递归过程的基本要素是非常重要的。回顾第2章递归模式描述：

设 $f(x)$ 和 $g(x,y,z)$ 是原始递归函数，其中 $x=(x_1,\cdots,x_n)$。则运用递归模式产生的

① Jonathan Bartlett. Mastering recursive programming. https://www.ibm.com/developerworks/linux/library/l-recurs/index.html.

函数 $h(x,0)=f(x)$，$h(x,y+1)=g(x,y,h(x,y))$ 是原始递归函数。

从中看出，定义一个递归函数 $h(x,y)$ 通常需要用到两个函数，即 $f(x)$ 和 $g(x,y,z)$，其中 x,y,z 为函数变量，又称过程参数。如果把 h 视为一个递归过程，那么函数 f,g 以及变量 x,y,z 便是构成这一递归过程的基本要素。

定义 6.1 若递归过程 $h(x,y)$ 由过程或函数 $f(x)$ 和 $g(x,y,z)$ 定义，则称 $f(x)$ 为种子函数，$g(x,y,z)$ 为过程体或过程函数。其中，变元 x 称为种子变元，y 称为递归过程变元，z 称为过程体或过程函数中的引导变元。

下面，将通过实例对递归过程的基本要素进行分析，以强化对递归过程基本要素的认识。

例题 6.3 给出计算自然数加法函数 $x+y$ 的递归过程描述。

解：用 $add(x,y)$ 表示递归过程，用 $return\ E$ 表示计算表达式 E 的值，并带值返回。则自然数加法运算的递归过程 $add(x,y)$ 可描述为：

$$add(x,y):\text{if } y=0 \text{ then } return\ x \text{ else } return\ add(x,y-1)+1 \tag{6.12}$$

过程 $add(x,y)$ 运行包括两个部分。

(1) 奠基部分：当 $y=0$ 时，$add(x,0)$ 的返回值为 x，实为 $x+0$ 的结果，这是整个计算过程描述的基础情形。基础情形的特点是递归变元或参数取最小值的情形。基础情形计算由种子函数计算完成。本例中的种子函数可定义为 $I(x)=x$，其过程描述为：

$$I(x):return\ x \tag{6.13}$$

(2) 递归调用部分：这部分又称过程体，通过某个过程(函数)计算完成。本例中的过程体(函数)应当和种子变元 x，递归变元 y 有关，同时，由于过程体中出现过程自身 $add(x,y-1)$ 的调用，因此需要有一个引导变元 z 将过程 $add(x,y-1)$ 引入本过程体中，并完成 $+1$ 的计算动作。对此，过程体可用函数 $S(x,y,z)=z+1$ 表示，其过程描述可表示为：

$$S(x,y,z):return\ z+1 \tag{6.14}$$

于是，自然数加法的递归计算过程可完整表述为：

```
I(x):return x;                                  //种子函数定义
S(x,y,z):return z+1;                            //过程体定义
add(x,y):if y=0 then return I(x)                //基础情形判定
         else return S(x,y-1,add(x,y-1))        //递归过程定义
```

例题 6.4 给出计算自然数阶乘函数 $y!$ $(y\geqslant 0)$ 的递归过程描述。

解：用 $factorial(y)$ 表示计算 $y!$ 递归过程。因为有 $y!=y\cdot(y-1)!$，其中，"$\cdot$"表示乘法运算。于是计算 $y!$ 的递归过程似乎可以写成：

$$factorial(y):return\ y\cdot factorial(y-1) \tag{6.15}$$

但仔细分析会发现，(6.15)过程体中的调用自身的过程将永无止境地进行下去，直到资源耗尽仍无结果输出。就其原因，显然缺少基础情形描述。由此可见，递归过程描述的奠基部分不能或缺。

阶乘递归计算的奠基部分是计算 $factorial(0)$，即 $0!$，返回值为 1，所以种子函数可用

常量函数 1 表示，此时种子变元可缺省。递归调用部分是乘积 $y \cdot factorial(y-1)$，因此，可用函数 $mult(y,z)=y \cdot z$ 表示过程体，其中 z 是引导变元(参数)。一般地，过程 $mult(x,y)$ 可描述如下。

$$mult(x,y):\text{if } y=0 \text{ then } return\ 0 \text{ else } return\ add(x, mult(x, y-1)) \quad (6.16)$$

至此，计算 $y!$ 的递归过程正确描述应当是：

$$factorial(y):\text{if } y=0 \text{ then } return\ 1 \text{ else } return\ y \cdot factorial(y-1) \quad (6.17)$$

或者

$$factorial(y):\text{if } y=0 \text{ then } return\ 1 \text{ else } return\ mult(y, factorial(y-1))$$

例题 6.5　给出计算斐波拉契数列 $F(0)=0, F(1)=1, F(n)=F(n-1)+F(n-2)(n\geqslant 2)$ 的递归过程描述。

解：用 $fibonacci(y)$ 表示计算斐波拉契数列通项 $F(y)$ 递归过程，描述如下。

$fibonacci(y)$：if $y=0$ then *return* 0

else if $y=1$ then *return* 1

else *return* $fibonacci(y-2)+fibonacci(y-1)$　　(6.18)

过程(6.18)中，y 是递归过程变元(参数)。奠基部分包括了 $y=0$ 和 $y=1$ 两种基础情形描述，因此，过程种子函数有两个，分别是常数函数 0 和常数函数 1；递归调用部分是在 $y\geqslant 2$ 的情况下，通过调用过程自身 $fibonacci(y-2)$ 和 $fibonacci(y-1)$ 并求和完成，因此，过程体可用加法函数 $add(x,z)$ 表示，此时，其中的变元 x 和 z 都是引导变元。

注记 6.4

(1) 在递归过程的定义或描述过程中，奠基部分的基础情形描述是不可或缺的，它包括初始条件判定、初始过程计算与返回，它既是递归过程的基础，也是阻止递归过程陷入无限死循环的重要保障。种子函数可以是常量，可以是 1 个或多个，种子变元可以缺省。

(2) 过程体是构成递归过程的主体，可以是事先定义的函数，也可以是一组指令，引导变元是过程体中的变元参数，在程序中，引导变元实质为一个地址，指向本递归过程的首地址，执行时起到调用"自身"的作用。值得注意的是，调用"自身"时，过程变元参数必须发生"减少"变化。

(3) 递归过程中的引导变元可以是 1 个，也可以是多个。特别地，引导变元不是要计算函数的变元，而是为计算该函数构造递归过程体时引入的变元，通常来源于其他函数。

6.2.3.2　找到问题的递归算法

通过上述例子分析，我们了解了构成递归过程的基本要素，以及这些基本要素在递归过程中所起的作用。同时还了解到，一个递归过程通常包含两个部分，即奠基部分和递归调用部分。其中，奠基部分通过种子函数完成递归基本情形的计算，它既是递归过程的入口，也是递归调用部分依次调用自身过程末端的返回点。递归调用部分由递归过程体完成，过程体中必然有递归过程自身出现，并伴随递归参数"变小"的变化。

定义 6.2　若 $h(x,y)$ 表示某递归过程，其中 y 为递归过程变元，则对任意 $y'<y$，过程 $h(x,y')$ 称为 $h(x,y)$ 的更小子过程；递归变元定义域中的最小值 y_0 称为递归过程基线值；

$h(x, y_0)$称为递归过程种子值。

任何递归过程都遵循相同的基本步骤。

(1) 初始化算法。递归过程需要一个开始使用的值，即种子值。种子值是最小子过程的返回值，通常由所谓种子函数计算完成。种子函数可以是任意的可计算函数，包括常数函数，可以是1个或多个。递归种子值计算可视为整个递归过程的入口。

(2) 基础情形判断。检查要处理的递归变量当前值是否已经与基线值匹配，如果匹配，则进行处理并返回值。此时，返回值实质为递归过程的种子值，该过程调用也是整个递归过程的末端调用。以此保证递归过程得以在有限时间顺利完成。

(3) 子递归调用。使用一个或多个更小的子过程来重新定义答案。更小子过程的使用是对递归过程自身的调用，其中递归参数发生“减少”变化。

(4) 过程体计算。完成过程体“表达式”计算并获得结果。所谓过程体表达式可以是函数表达式，也可以是一组指令组成的程序。过程体“表达式”计算可以通过函数计算或程序运行实现。过程体“表达式”是递归过程算法的主要表现形式，也是构建递归过程的关键部分。

(5) 结果返回。返回过程体计算结果。

递归过程的基本步骤(1)和(2)是递归过程的奠基部分，(3)、(4)和(5)是递归过程的递归调用部分。从中可以看到，在有了过程体中递归算法描述后，编写递归程序就会很容易。于是编写递归程序最关键的问题就是：找到一个问题的递归算法。对此，美国著名程序员保罗·格雷厄姆(Paul Graham)指出，只需要做两件事情：

(1) 一般过程分析。“你必须要示范如何解决问题的一般情况，通过将问题切分成有限个更小的子问题。”也就是说，面对一个解决问题的过程，你必须弄清楚，过程的过程体“计算”是否可以借助于该过程的更小子过程实现。

(2) 最小过程定义。“你必须要示范如何通过有限的步骤，来解决最小的问题(基本用例)。”也就是说，递归过程的过程体可以借助更小子过程计算时，给出最小子过程的计算方法。

如果这两件事可行，那么也就有了解决问题的递归算法。按照递归过程的基本步骤写出计算程序即可。递归程序在执行过程中，每次递归都将问题变得更小，经有限次递归调用后将遇到最小子过程，而最小子过程可计算，由此产生种子值并返回。每次子过程调用产生的结果将在过程体中以同样的方式重新定义，如此重复，直到整个递归过程结束。

例题 6.6 试编写实现“链表逆置”功能的程序。

题意分析：在计算机应用领域，“链表”是一种十分重要的数据结构形式，它可以将计算机中在物理存储单元上非连续、非顺序的数据元素依照其逻辑关系有序地组织起来，按需要进行各种处理。链表由一系列结点组成，n个结点的链表数据结构可形象地表示为图6.1。

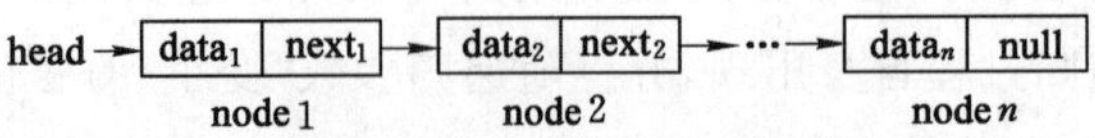

图 6.1 链表数据结构示意图

图中每个结点包括两个部分：一个是存储数据元素的数据域，域名用 data 表示；另一个是存储下一个结点地址的指针域，域名用 next 表示。head 是链表的首地址，即链表第一个结点地址，null 表示该结点是链表结束结点。用 head • 表示 head 指向的结点 node 1，head • date表示 head 指向结点 node 1 数据域中的数据 $data_1$，head • next 则表示结点 node 1指针域中的地址 $next_1$，以此类推，head • next • 表示结点 node 2 的地址，于是 head • next • data 为 $data_2$，head • next • next 为 $next_2$，等等，直到 node n，此刻指针域中的数据为 null，表示链表到此结束。题意是将上述链表逆置，使得最后一个结点变为首结点，其次变为链表的第二结点，……，直到第一个结点变为链表最末结点。

一般过程分析：用 *Reverse*(head)表示将指针 head 所指链表逆置，并返回逆置链表的首地址 p。从过程处理层面看，将一个长度为 n(n 个结点)的链表逆置与将一个长度为 $n-1$ 的链表逆置是类似的。于是算法的基本策略可设定为：先将整个链表后面 $n-1$ 个结点进行逆置处理，即首先运行 *Reverse*(head • next)，返回值 p 指向原先链表的最后一个结点 node n，而 node 2 成为暂时的末结点，即 $next_2$ 的值变成 null。此时，只要将原先链表的第一个结点 node 1 接到结点 node 2 后面即可大功告成。具体操作为：将结点 node 2 的指针指向 node 1；将 node 1 的指针值变成 null。对应指令为：head • next • next←head；head • next←null。

最小过程定义：假定链表不空。链表逆置最简单的情形就是链表中只有一个结点，此时 head • next 的值为 null。在这种情形下，直接返回 head 的值即可。最小过程定义，即基础情形处理是必要的。因为此时除了首结点，后面是一个空链表，盲目地对此进行递归调用处理，势必会造成不必要的麻烦。

有了上述分析，编程就容易了。

解：用 *Reverse*(head)表示将指针 head 所指链表逆置，并返回逆置后链表首地址 p。则过程可表示如下。

```
Reverse(head):if head • next=null then return head
              else p←Reverse(head • next);
                   head • next • next←head;
                   head • next←null;
              return p
```

在链表逆置程序 *Reverse*(head)中，head 是过程参数，其“减少”的变化是通过用下一个结点的指针值(即 head • next)逐次替换实现的。如果用 *length*(head)表示链表 head 的长度，那么显然有 *length*(head)>*length*(head • next)。因此，可以将 *Reverse*(head • next)视为是过程 *Reverse*(head)更小的子过程。递归过程的种子值是递归调用至末端，对最后一个结点处理时产生的结果，特别当链表中只有一个结点时，种子值即为 head。该过程的过程体由一组指令组成，包含子过程的递归调用和过程值重新定义。其中，引导参数是直接用过程名 *Reverse* 来表示的。

6.2.3.3　递归与递推

说到“递归”，很容易联想到“递推”。递推也是一种十分重要的计算技术。在数学领域，常常被用来计算数列的通项。

定义 6.3 设$\{a_n\}(n=0,1,\cdots)$是一个数的序列，$g(n,z)$是一个代数表达式，其中，n为自然数，表示序列号。若存在自然数N_0，使得对任意$n\leqslant N_0$，a_n为已知常量；而当$n>N_0$时，有$a_{n+1}=g(n,a_n)$，则称$\{a_n\}$为一递推数列。其中，常量$a_n(n\leqslant N_0)$和$a_{n+1}=g(n,a_n)$ $(n>N_0)$分别称为序列$\{a_n\}$的递推基础和递推关系式。

例如，在数学中常见的等差序列$a_0=q,a_{n+1}=a_n+p$和等比序列$a_0=q,a_{n+1}=q\cdot a_n$都是递推关系序列。递推序列在编程计算过程中通常也包含两个部分：其一是递推基础计算；其二是递推序列通项值计算。因此，一个递推过程也可以概括为奠基与递推两个部分。

例题 6.7 给出计算斐波拉契数列$F(0)=0,F(1)=1,F(n)=F(n-1)+F(n-2)(n\geqslant 2)$的递推过程描述。

求解方法一：用变量迭代方法实现。用f_0,f_1作为迭代变量，f为输出结果变量。输入为n时，计算$F(n)$的过程可描述为：

```
F(n): if n=0 then return 0;
      if n=1 then return 1;                    //奠基部分的基础情形计算
      f0←0; f1←1; f←0;                         //变量初始值
      for i=2→n: f←f1+f0, f0←f1, f1←f;         //递推过程的循环计算
      return f
```

求解方法二：用数组方法实现。设$f[n]$为数组变量，输入为n，不妨假定$n\geqslant 2$。则计算$F(n)$的过程可描述为：

```
F(n): f[n]←0;                                  //数组变量初始值置零
      f[0]←0; f[1]←1;                          //奠基部分基础情形计算
      for i=2→n: f[i]←f[i-1]+f[i-2];           //递推过程的循环计算
      return f[n]
```

从计算斐波拉契数列的递归案例与递推案例比较分析可见，递归过程与递推过程的基本结构与步骤是十分类似的，它们都包含了基础情形计算与过程体计算两个部分，而且基础情形的定义都是不可或缺的，同时计算过程也都具有“逐步”、“依次”的特点。区别何在？

(1) 出发点不同。递归过程的出发点可谓“直奔主题”，过程体是对最大过程的算法描述，奠基部分的基础情形定义是为以后的计算预置的；而递推则不然，可谓“循序渐进”，先在奠基部分完成基础情形计算，以此为基础，在计算过程中依次计算，直到最终结果出现。

(2) 算法思想不同。递归过程算法的基本思想是过程“自身”的反复调用；而递推过程的基本算法则借助叠加或循环技术实现。

(3) 技术路线不同。如果把解决问题比喻成“登山”，那么递推过程采取的策略是在“山底”做好准备(基础情形计算)，随后逐步“攀登”(依次计算推进)直至到达“山顶”，完成任务(给出结果)；而递归过程则不同，其策略是从山顶“拾级而下”(依次调用更小子过程)，在“山底”找到“种子值”(基础情形计算)，以此为基础，再逐步“攀登”(子过程从小到大依次返

回)直至到达“山顶”,完成任务(给出结果)。

注记 6.5　从两者的技术路线看,递归过程的“行走路线”要比递推的“长很多”,因此需要占用更多“时间”与“空间”资源。既然如此,为什么不用递推或循环来替代递归呢?理论上讲,递归是可以用循环、递推等算法替代的,关键在问题算法的表述。有些问题的算法用递推或循环表述比较困难,而用递归描述则相对容易。用递归方法编写程序,不仅可以简化程序,而且可省去变量参数的烦琐定义和大段大段的程序代码,使程序在结构与表现形式上获得“高颜值”,便于“赏阅”。

说到递归,一般都会提到汉诺(Hanoi)塔故事①。汉诺塔(又称河内塔)问题是一个益智游戏,源于印度古老传说。据说大梵天创造世界的时候做了 3 根金刚石柱子,在一根柱子上从下往上按照大小顺序摞着 64 片黄金圆盘。大梵天命令婆罗门把圆盘从下面开始按大小顺序重新摆放在另一根柱子上。并且规定,在小圆盘上不能放大圆盘,在 3 根柱子之间一次只能移动一个圆盘。抽象成数学问题,汉诺塔问题可表述如下。

汉诺塔问题:Hanoi 塔由 n 个大小不同的圆盘和 3 根柱子 A,B,C 组成。开始时,这 n 个圆盘由大到小依次套在 A 柱上(图 6.2)。要求把 A 柱上 n 个圆盘搬移到 C 柱上,搬移过程可借助第三根柱子 B,每次只能搬移一个圆盘,并且不允许大盘压小盘。

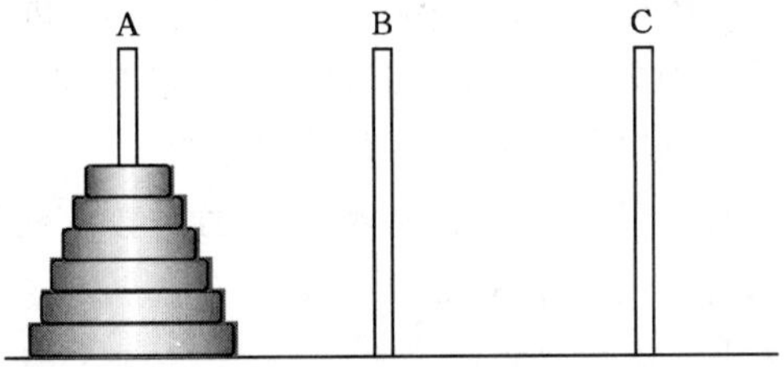

图 6.2　汉诺塔示意图

例题 6.8　(1) 给出汉诺塔问题的算法描述。

(2) 计算在解决汉诺塔问题过程中,搬移盘次的总数。

题意分析:题意已经十分清楚,关键是给出(1)的算法与(2)的计算办法。

为解决问题(1),用 $hanoi(n,x,y,z)$ 表示解决汉诺塔问题的算法过程。其中,n 表示盘数,同时表示最大盘子的编号,且约定这 n 个盘子自下而上从大到小摞放,参数 $x,y,z\in\{A,B,C\}$ 是柱子变元。$hanoi(n,x,y,z)$ 的寓意为:将自下而上从大到小的 n 个盘子从柱子 x,借助柱子 y,按规则搬到柱子 z 上的过程。过程 $hanoi(n,x,y,z)$ 中的基本动作用 $move(k,x,y)$ 表示,其中,变元 k 表示自上而下第 k 个盘子的盘号,寓意为将盘号为 k 的盘子从柱子 x 搬到柱子 y 上。

过程分析:当 $n=1$ 时,直接将盘 1 从 A 柱搬到 C 柱即可:即 $move(1,A,C)$;当 $n=2$ 时,可先将小盘 1 从 A 柱搬到 B 柱,再将大盘 2 从 A 柱搬到 C 柱,最后将小盘 1 从 B 柱搬到 C 柱,即依次执行 $move(1,A,B)$,$move(2,A,C)$,$move(1,B,C)$;当 $n=3$,$n=4$ 等又将

① https://baike.baidu.com/item/汉诺塔/3468295.

如何呢？分析发现，除了 $n=1$ 的情形，当 $n \geqslant 2$ 时，将 n 个盘子从一根柱子搬移至另一根柱子，都需要借助另一根柱子。一般地，如果借助某根柱子能够顺利将 $n-1$ 个盘子从一根柱子搬移至另一根柱子，那么就可以在此基础上实现 n 个盘子的搬移工作。具体做法是：先借助柱子 C，将 $n-1$ 个盘子从 A 柱搬到 B 柱（执行过程 $hanoi(n-1,A,C,B)$）；随后将 n 号盘从 A 柱搬到 C 柱（执行 $move(n,A,C)$）；最后，借助 A 柱再将 B 柱上的 $n-1$ 个盘子搬到 C 柱上（执行过程 $hanoi(n-1,B,A,C)$）。据此分析，不难给出解决汉诺塔问题算法的递归过程描述。

关于问题(2)，在解决汉诺塔问题的过程中，搬运盘次的总数与过程执行 $move(k,x,y)$ 的次数有关。对此，可引入变量 h 进行计数，初值为 0，过程运行中，每执行一次 $move(k,x,y)$，h 的值加 1。整个过程运行完成后，h 的值即为搬运盘次的总数。

解：(1) 用递归算法解决汉诺塔问题，过程描述如下。

```
hanoi(n,A,B,C): if n=1 then move(1,A,C)         //基础情形处理
                else hanoi(n-1,A,C,B);          //子过程调用
                move(n,A,C);
                hanoi(n-1,B,A,C)                //子过程调用
```

(2) 依据分析，只要在过程 $hanoi(n,A,B,C)$ 中引入计数变元 h 即可。这种解决方案是可行的，但感觉有点“不爽”。因为只有当过程完成之后，才会得到这个“莫名其妙”的数据。那么，这个数据可以通过直接计算得到吗？答案是肯定的。

用 $h(n)$ 表示解决 n 个盘子汉诺塔问题搬移盘子的次数。利用(1)的求解过程不难看出：当 $n=1$ 时，$h(n)=1$；当 $n \geqslant 2$ 时，有 $h(n)=2h(n-1)+1$。该式便是序列 $\{h(n)\}$ 的递推关系式，进而求得 $h(n)=2^n-1$。

注记 6.6

(1) 例题 6.8 中搬运次数函数 $h(n)$ 与解决汉诺塔问题的具体算法有关。

(2) 递归与递推方法的选择可以根据解决问题的需要，也可以根据自己的风格而定。如果你“崇尚节俭”，那么你可尽量采用递推的方法；如果你“崇尚完美”，那么你不妨试着用递归的方法。关键是要掌握方法的基本思想。

本章习题

习题 6.1 思考题：

(1) 何谓计算思维？

(2) 计算思维的特点是什么？

(3) 试阐述计算思维与数学思维之间的联系。

(4) 试分析计算思维与计算机专业教育之间的关系。

习题 6.2 举例说明循环计数系统“变减为加”的基本原理。

习题 6.3 举例说明递归过程遵循的基本步骤。

习题 6.4 举例说明如何找到问题的递归算法。

习题 6.5　举例说明递归与递推的联系与区别。

习题 6.6　分析说明递归过程 $hanoi(n,x,y,z)$ 中的基本元素以及它们在递归计算过程中的作用。

习题 6.7　编程实现自然对数底数 e 的近似值计算，精确至小数点后 n 位。

习题 6.8　编程实现圆周率 π 的近似值计算，精确至小数点后 n 位。

习题 6.9　设有递推序列 $a_0=p, a_n=q\cdot a_{n-1}+r(n>0)$，其中，$p,q,r$ 为常数。试分别用数组、迭代和递归方法实现该序列通项计算。

第7章　形式系统与哥德尔定理

在数理逻辑中，命题演算形式系统 L 和谓词演算形式系统 $K_{\mathscr{L}}$ 堪称经典，在第3章、第5章分别给予了介绍。显然，除了 L 和 $K_{\mathscr{L}}$，还有其他形形色色的形式系统。一般与形式系统概念密切关联的是形式语言与形式化方法。在逻辑学中，形式语言是一种基于人工符号的语言，一般由基本符号与形成规则两个部分组成，在基本符号的基础上，运用形成规则产生的对象通常被称为形式语言的合适公式。所谓形式化方法就是"用一套特制的表意符号(其意义可以解释的)，去表示概念、判断、推理，获得它们的形式结构，从而把对概念、判断、推理的研究，转化为对形式符号表达式系统的研究的方法"。形式系统则是借助形式语言，用形式化方法表述或定义的公理系统或自然推理系统，"是形式化方法高度发展的标志。"① 形式化能克服自然语言的歧义性，简洁地表达理论，为科学研究提供严格的、精确的表达工具。由于形式语言具有普遍适用性的特点，因而使得形式化方法不仅是现代逻辑研究的方法，而且也是数学、物理、化学、计算机等学科中广泛使用的方法。由此构建的形式系统随处可见，是各类学科理论实践与应用过程中研究的重要对象。

本章从逻辑基础与应用扩展两个层面，对不同公理体系和推理规则设定下所产生的形式系统多样性进行分析。引入逻辑系统与应用系统概念，从普遍性与特殊性两个方面，对逻辑系统与应用系统的基本性质和相互关系展开论述。介绍一阶算术形式系统，并在此基础上，阐述哥德尔不完备性定理证明的基本思想。通过本章学习，了解形式系统的基本特征，理解逻辑系统与应用系统之间的关系，掌握形式化方法的应用技术，知晓哥德尔不完备性定理的含义以及证明的思想方法。

7.1　公理化方法与形式系统

在逻辑与数学学科中，形式系统的类型是多样的。从共性分析，任何形式系统都需要借助某种形式语言来描述，都必须以"公理"作为演绎推理的基础。公理的表现形式可以不同，如用公式、命题甚至用推理规则替代。不同公理设定可产生不同的形式系统理论。因此，形式化与公理化成为构建形式系统最主要的手段。

① 彭漪涟，马钦荣. 逻辑学大辞典[M]. 上海：上海辞书出版社，2004.

7.1.1　公理与公理化方法

7.1.1.1　概念与公理

人们在认识客观世界的过程中，将反映一类事物或对象特征的“共性”以“命名”的方式予以表达，便产生所谓“概念”。概念是抽象思维的产物，也是人类所认知的思维体系中最基本的构筑单位。在逻辑系统、数学系统或其他学科体系中，概念往往是最先被引入的元素，是形式系统最基本单位，也是构建形式系统的基础。概念可以用来定义新的概念，并由此产生学科研究的基本对象。例如，命题演算形式系统研究的对象是命题公式，而命题公式则是由命题的概念而产生的。概念一般分为原始概念与生成概念两种。原始概念往往可“意会”却难给出明确“定义”，通常以“描述”方式引入。例如，命题逻辑中的“命题”、集合论中的“集合”、几何学中的“点”等都是原始概念。生成概念是在已有概念的基础上通过定义的方式产生的。例如，有了“命题”，可以定义“命题公式”；有了“集合”，可以定义“可数集”、“不可数集”、集合的“基数”；有了“点”，可以定义“直线”与“平面”等。

所谓“公理”是指人们共同“认可”的“真理”。“公理”是构成学科理论体系的基础，没有“公理”便没有所谓“学科体系”。在逻辑系统、数学系统或其他学科体系中，公理(axiom)通常包含两层含义：其一是对基本概念的“共识”；其二是对学科对象基本性质的“共识”，这种“共识”无须证明。对学科对象基本性质的“共识”通常以命题或公式的形式表达出来，作为推理出发点，依据推理规则，演绎出整个学科的理论体系。

7.1.1.2　公理化方法

公理化方法是指以公理作为基础，按照事先约定的一组演绎推理规则，推导出学科其他命题，包括命题之间的关系，进而形成整个学科理论体系的方法。

公理化方法源于古代逻辑学与几何学，成型于公元 3 世纪，最著名的著作是欧几里得的《几何原本》，其最重要特色是以“公理”为基础建立了比较严格的几何体系。《几何原本》用 23 个“定义”描述了几何体系中的基本概念与基本对象；用“5 条公理”和“5 条公设”建立了几何体系的理论基础；并以“分析”、“综合”、“归谬”作为基本演绎手段，在公理与公设基础上演绎证明了 48 道几何命题。《几何原本》堪称古典公理化方法之典范，但其中仍然存在一定的直观性和不严密性。19 世纪中叶，非欧几何的诞生不仅为公理化方法的进一步完善奠定了基础，而且为公理化方法的推广和建立新的数学理论提供了依据。20 世纪初，公理化方法进入形式化的阶段。形式化就是把逻辑与数学公理系统中的概念、命题与推理分别用符号、公式和符号变换表示出来，用“形式演绎”的方法“证明”系统的“定理”。在构建逻辑与数学系统过程中，引进基本概念，确立一组公理，是运用公理化方法的关键。希尔伯特认为“设置”和“选取”公理的 3 个重要原则是[①]：

(1) 协调性。又称“无矛盾性”或“相容性”，即从公理系统所确定的几个基本定义、公理和公设出发，无论推论多远，决不会出现相互矛盾的命题。

---

① 彭漪涟，马钦荣. 逻辑学大辞典[M]. 上海：上海辞书出版社，2004.

(2) 完备性。一个学科理论的公理系统中所选定的公理应当是足够的，该学科理论的任何定理均可由这几个公理推导出来。

(3) 独立性。在一个公理系统中，每条公理应当是独立的，不能由其他公理推导出来，公理系统的构造必须符合简单性原则，不容许出现多余的公理。

这里需要指出的是，公理设置原则中的“完备性”往往只是一种带有美好愿望的设想。20世纪30年代，哥德尔提出不完备性定理，表明任何包含初等数论的公理化系统都不是绝对严格和完备的。公理化体系是人类认识至一定阶段的总结，所谓“完备性”只是相对的。

7.1.2 公理系统与自然推理系统

在数理逻辑中，用形式化方法构建的形式系统大致可分为两种，即公理系统和自然推理系统。形式化公理系统的特点是，用形式语言来描述系统的基本对象，如项、合适公式等，推理过程则是以公理为基础，运用推理规则完成。也就是说，公理系统包含了“公理”与“推理规则”两个重要部分。自然推理系统则不然，除了基本对象的描述方式与公理系统一样外，其推理过程完全借助“变化规则”完成。也就是说，自然推理系统中只有“规则”，不谈“公理”。

自然推理系统又称自然演绎系统，起源于20世纪30年代。由德国逻辑学家根岑(G. Gentzen)、波兰逻辑学家雅斯科夫斯基(S. Jaskowski)等人共同建立，之后不断得到发展与完善，现今已得到普遍传播与广泛接受。在此，对自然推理系统做一简单介绍，旨在了解自然推理系统的构成方式与基本性质。

以命题演算为例，第3章介绍的命题演算形式系统 L 是一个标准的公理系统，简化后的 L 中包含了公理(L_1)、(L_2)和(L_3)，推理规则为假言推理 MP。与之相对应，可给出自然推理系统(记为 P)的定义。

定义 7.1 自然推理系统 P 由如下部分构成。

(1) P 的符号集。同 L 的符号集。

(2) P 的公式集。同 L 的公式集。

(3) P 的推理规则。

① 假设引入规则：可以根据需要随时引入一个假设，记为 Hyp；

② 复用规则：一个假设和假设下出现的公式可复用，记为 Rep；

③ 复述规则：一个假设和假设下出现的公式可在其他假设下复用，记为 Reit；

④ 条件词引入规则($\rightarrow^+$)：如果假设 $\mathscr{A}$ 下可得 $\mathscr{B}$，则有 $\mathscr{A}\rightarrow\mathscr{B}$；

⑤ 条件词消去规则($\rightarrow^-$)：如果有 $\mathscr{A}$ 和 $\mathscr{A}\rightarrow\mathscr{B}$，则有 $\mathscr{B}$；

⑥ 否定词消去规则($\sim^-$)：如果 $\sim\mathscr{A}$ 假设下有 $\mathscr{B}$ 和 $\sim\mathscr{B}$，则可得 $\mathscr{A}$。

注记 7.1

(1) P 共有6条推理规则，前3条称为结构推理规则，后3条是关于联结词的推理规则，其中“$\rightarrow^+$”和“$\rightarrow^-$”是关于联结词“$\rightarrow$”的，而“$\sim^-$”是关于联结词“$\sim$”的。

(2) 和 L 一样，在 P 中也可以定义其他联结词，如析取“$\vee$”、合取“$\wedge$”和双条件词“$\leftrightarrow$”等，此时，推理规则可按需增设。

定义 7.2 设 $\mathscr{A}_1,\mathscr{A}_2,\cdots,\mathscr{A}_n$ 是 P 的一个公式序列。如果对任意 $i(1\leqslant i\leqslant n)$，或者 $\mathscr{A}_i$ 是由结构推理规则(Hyp、Rep 或 Reit)引入，或者由其前面公式经过联结词推理规则($\rightarrow^+$、$\rightarrow^-$ 或 $\sim^-$)得到，那么该公式序列称为 P 的一个推理过程。

注记 7.2

(1) 在自然推理系统 P 的推理过程中，可以随时用 Hyp 引入假设，因此得到的结果只能说是基于“假设”的，并不能和所谓形式系统的“定理”联系起来。

(2) 在 P 的推理过程中，用 Hyp 引入的假设是可以借助联结词推理规则“消除”的。例如：如果假设 $\mathscr{A}$ 可以推出 $\mathscr{B}$，那么运用规则 $\rightarrow^+$，就可以“消除”假设 $\mathscr{A}$ 而得到公式 $\mathscr{A}\rightarrow\mathscr{B}$；如果假设 $\sim\mathscr{A}$ 可推出 $\mathscr{B}$ 和 $\sim\mathscr{B}$，则可运用规则 $\sim^-$，消除假设 $\sim\mathscr{A}$ 而得到 $\mathscr{A}$。

定义 7.3 如果假设 $\mathscr{A}$(或 $\sim\mathscr{A}$)可以“直接推出”$\mathscr{B}$(或 $\mathscr{B}$ 和 $\sim\mathscr{B}$)，并在此基础上，运用推理规则 $\rightarrow^+$ (或 $\sim^-$)产生了公式 $\mathscr{A}\rightarrow\mathscr{B}$(或 $\mathscr{A}$)，那么就称假设 $\mathscr{A}$(或 $\sim\mathscr{A}$)在推理过程中被终结，公式 $\mathscr{A}\rightarrow\mathscr{B}$(或 $\mathscr{A}$)称为假设 $\mathscr{A}$(或 $\sim\mathscr{A}$)的终结公式。

注记 7.3 定义 7.3 中“直接推出”的含义是，在假设 $\mathscr{A}$(或 $\sim\mathscr{A}$)到结果 $\mathscr{B}$ 的推导过程中没有引入新的假设，或有引入假设，但此假设在结果 $\mathscr{B}$ 出现时已被终结。

定义 7.4 设 $\mathscr{A}_1,\mathscr{A}_2,\cdots,\mathscr{A}_n$ 是 P 的一个推理过程，不妨认为 $\mathscr{A}_1$ 是最先引入的假设。如果在此推理过程中，所有假设均被终结，且 $\mathscr{A}_n$ 是假设 $\mathscr{A}_1$ 的终结公式，那么此推理过程称为 P 的一个证明，结果 $\mathscr{A}_n$ 称为 P 的定理，记为 $\vdash_P\mathscr{A}_n$。

命题 7.1 证明对任意合适公式 $\mathscr{A}$ 有 $\vdash_P\mathscr{A}\rightarrow\mathscr{A}$。

证明：构造 P 的推理过程如下：

① $\mathscr{A}$ //Hyp(假设引入)

② $\mathscr{A}$ //Rep(复用)

③ $\mathscr{A}\rightarrow\mathscr{A}$ //①、②$\rightarrow^+$

推理过程只有一个假设，即①中的 $\mathscr{A}$，②中的 $\mathscr{A}$ 是①中假设 $\mathscr{A}$ 的复用，可视为由 $\mathscr{A}$ 直接推出的结果。最后，③中的公式 $\mathscr{A}\rightarrow\mathscr{A}$ 是假设 $\mathscr{A}$ 终结公式。根据定义知，上述推理过程是 P 的一个证明，即 $\mathscr{A}\rightarrow\mathscr{A}$ 是 P 的定理，故 $\vdash_P\mathscr{A}\rightarrow\mathscr{A}$。

命题 7.2 证明对任意合适公式 $\mathscr{A},\mathscr{B},\mathscr{C}$ 有：

(1) $\vdash_P\mathscr{A}\rightarrow(\mathscr{B}\rightarrow\mathscr{A})$

(2) $\vdash_P(\mathscr{A}\rightarrow(\mathscr{B}\rightarrow\mathscr{C}))\rightarrow((\mathscr{A}\rightarrow\mathscr{B})\rightarrow(\mathscr{A}\rightarrow\mathscr{C}))$

(3) $\vdash_P(\sim\mathscr{A}\rightarrow\sim\mathscr{B})\rightarrow(\mathscr{B}\rightarrow\mathscr{A})$

证明：(1) 构造 P 的推理过程如下：

① $\mathscr{A}$ //Hyp(假设引入)

② $\mathscr{B}$ //Hyp(假设引入)

③ $\mathscr{A}$ //①Reit

④ $\mathscr{B}\rightarrow\mathscr{A}$ //②、③$\rightarrow^+$(注意：此时假设 $\mathscr{B}$ 被终结)

⑤ $\mathscr{A}\rightarrow(\mathscr{B}\rightarrow\mathscr{A})$ //①、④$\rightarrow^+$(注意：此时假设 $\mathscr{A}$ 被终结)

不难看出，上述推导过程是 P 的一个证明，故 $\vdash_P\mathscr{A}\rightarrow(\mathscr{B}\rightarrow\mathscr{A})$。此外，(2)和(3)的证明也不难，留作习题。

相对于公理系统而言，自然推理系统的推理方式更为直观，甚至更为“简单”。通过引入假设推导出结论的推理形式，似乎与人们在解决问题过程中的“因-果”分析思维更为贴近，因而作为一种思想方法，在许多学科领域得到广泛应用。

7.1.3 逻辑系统与应用系统

在逻辑与数学学科中，存在着各种类型的形式系统，而每一种形式系统都有其相对独立的理论体系，并由此产生各具特色的学科分支。但任何一个形式系统，无论其理论体系多么与众不同，都无一例外地需要“基础”支撑，这里的“基础”是一种“共识”，即“公理”。

7.1.3.1 逻辑公理与逻辑系统

数理逻辑中的形式系统又称“符号系统”。从形式与结构上讲，形式系统中对象，如项、原子公式、合适公式甚至公理与定理等，不过就是按照一定规则形成的“符号串”，可以说只有“语法”，而无“语义”。形式系统的语义是人们赋予的。在此之前，首先要明确“对”与“错”的概念，于是便有了“真”与“假”的表述。

命题演算形式系统的语义通过“赋值”的方法实现。例如，L 的赋值是一个函数 v，其定义域是 L 的全体公式组成的集合，值域为$\{T,F\}$，T 表示“真”，F 表示“假”。同时，对任意公式 $\mathscr{A},\mathscr{B}$，规定：

① $v(\mathscr{A})\neq v(\sim\mathscr{A})$；

② $v(\mathscr{A}\rightarrow\mathscr{B})=T$ 当且仅当 $v(\mathscr{A})=F$ 或 $v(\mathscr{B})=T$。

谓词演算形式系统的语义通过“解释”的方法实现。例如，$K_{\mathscr{L}}$ 的一个解释 I 会首先指出 $K_{\mathscr{L}}$ 中个体变元的变化范围，即所谓解释域，随后将 $K_{\mathscr{L}}$ 的公式描述为 D_I 上的关系，最后再用赋值的概念将 $K_{\mathscr{L}}$ 的个体与解释域 D_I 中的元素对应起来，于是 $K_{\mathscr{L}}$ 的公式便成了关于解释域 D_I 中一些元素之间关系性质的陈述，由此产生“含义”。利用 I 中赋值的“可满足性”概念，可以定义 $K_{\mathscr{L}}$ 公式的“真”与“假”。在一个给定的解释中，有两个非常重要的性质：

① 公式 $\mathscr{A}$ 为真当且仅当$\sim\mathscr{A}$为假；

② 公式 $\mathscr{A}\rightarrow\mathscr{B}$ 为真当且仅当 $\mathscr{A}$ 为假或者 $\mathscr{B}$ 为真。

注记 7.4 不难看出，在形式系统 L 和 $K_{\mathscr{L}}$ 的“语义”描述中，对公式真与假的定义具有共性。其中之一是不能“既真又假”，任何一个公式一旦成为“命题”，必具“真”、“假”之一，绝无第三种情形。具有这样性质的逻辑系统称为二值逻辑，或经典逻辑。其次，对蕴含式 $\mathscr{A}\rightarrow\mathscr{B}$的真假定义是关于联结词$\rightarrow$的，不难推广到其他逻辑运算，如$\wedge$，$\vee$，$\leftrightarrow$等。这样的真假定义是以“共识”作为基础的，从某种意义上讲，也是一种“公设”，是“公理”的另一种表现形式。

有了语义，就有了真与假的定义。在此基础上，便可产生“真理”的概念。在形式系统 L 和 $K_{\mathscr{L}}$ 中，分别用“重言式”和“逻辑普效”概念给出了“真理”的描述。同时证明了形式系统 L 和 $K_{\mathscr{L}}$ 是可靠的，其可靠性基础是形式系统 L 和 $K_{\mathscr{L}}$ 中的定理都是“真理”。L 中“重言式”的性质也可以视为是一种“逻辑普效”性。对此，不妨给出如下定义。

定义 7.5 在一个形式系统中，具有逻辑普效性的公理称为逻辑公理。如果一个形式系统中的公理都是逻辑普效的，那么该公理系统称为逻辑系统。

在逻辑与数学系统中，L 和 $K_{\mathscr{L}}$ 都是逻辑系统。可靠性与完备性是逻辑系统的基本特性。一方面，逻辑系统的“定理”是“逻辑普效”的，另一方面，任一“逻辑普效”的公式也一定是逻辑系统的“定理”。正是因为逻辑系统的可靠性与完备性特征，而使得逻辑系统成为构建其他数学系统的基础。

7.1.3.2　非逻辑公理与应用系统

在第4章例题4.12中，曾对 $\mathscr{L}$ 的符号给出解释 N 如下：

(1) 解释域为 $D_N =_{df} \{0,1,2,\cdots\}$，即自然数集。

(2) a_0 解释成自然数0（即 $\bar{a}_0$ 为0）。

(3) 函数符号解释。

① f_1^1 看成自然数集上的后继函数（即 $\bar{f}_1^1(n) =_{df} n+1$）；

② f_1^2 看成自然数集上的加法函数（即 $\bar{f}_1^2(n,m) =_{df} n+m$）；

③ f_2^2 看成自然数集上的乘法函数（即 $\bar{f}_2^2(n,m) =_{df} n\times m$）。

(4) 谓词符号 A_1^2 解释成自然数集上的相等关系（即 $\bar{A}_1^2(n,m)$ 表示 $n=m$）。

在解释 N 下，$\mathscr{L}$ 的公式就变成了自然数集上的关系表达式。特别地，如果是闭公式就变成了关于自然数的命题。考察下列公式：

$$\forall x_1 \forall x_2 \forall x_3 (A_1^2(x_1,x_3) \wedge A_1^2(x_2,x_3) \rightarrow A_1^2(x_1,x_3)) \tag{7.1}$$

和

$$\forall x_1 \forall x_2 \forall x_3 (A_1^2(x_1,x_3) \wedge A_1^2(x_2,x_3) \rightarrow A_1^2(x_1,x_2)) \tag{7.2}$$

经过解释，它们都成为关于自然数的命题。公式(7.1)表示的命题为：

$$\text{对任意 } a,b \text{ 和 } c\text{，若 } a=c \text{ 并且 } b=c\text{，则 } a=c \tag{7.3}$$

式(7.2)所表示的命题则为：

$$\text{对任意 } a,b \text{ 和 } c\text{，若 } a=c \text{ 并且 } b=c\text{，则 } a=b \tag{7.4}$$

依据经验，这两道关于自然数的命题都是“正确”的。然而，当深究其正确性的“依据”时，就会遇到问题。

首先，对公式(7.1)所产生命题(7.3)的正确性陈述如下。

因为公式 $A_1^2(x_1,x_3)\wedge A_1^2(x_2,x_3)\rightarrow A_1^2(x_1,x_3)$ 是重言式，所以是逻辑普效的。进而，它的全称封闭公式(7.1)也是逻辑普效的。因此，公式(7.1)在任何解释中均为真。特别地，在解释 N 中的命题(7.3)“对任意 a,b 和 c，若 $a=c$ 并且 $b=c$，则 $a=c$”是正确的。

以上陈述无疑是正确的，是一个完整的逻辑推理。但此推理过程与把 A_1^2 解释成是“=”号、个体对象是“自然数”没有任何关系。它所依据的是逻辑公理 $\mathscr{A}\wedge\mathscr{B}\rightarrow\mathscr{A}$ 的逻辑普效性。

其次，对公式(7.2)所产生命题(7.4)的正确性可陈述如下。

对任意的量 a,b 和 c，如果 $a=c$ 并且 $b=c$，那么根据“=”的性质，就有 $a=b$。

这样陈述似乎也“不错”，所依据的是相等关系“=”的性质。但是，这里的关系符号

“=”是由谓词符号 A_1^2 解释而来，它的性质应当由 A_1^2 的“性质”决定。事实上，如果将 A_1^2 解释成“≥”关系，那么由(7.2)产生的命题就是“错误的”。因为，由 $a \geq c$ 和 $b \geq c$，无法得到 $a \geq b$。然而，在形式系统 $K_{\mathscr{L}}$ 中却没有关于 A_1^2 任何特殊性质的描述。

解决问题最直接的办法就是扩充 $K_{\mathscr{L}}$。在 $K_{\mathscr{L}}$ 已有 6 条公理的基础上，加上“公理”

$$A_1^2(x_1,x_3) \wedge A_1^2(x_2,x_3) \rightarrow A_1^2(x_1,x_2) \tag{7.5}$$

便得到形式系统 K'。不难看出，形式系统 K' 是 $K_{\mathscr{L}}$ 的协调扩充，因为解释 N 就是 K' 的一个模型。显然，公理(7.5)不是逻辑普效的，K' 也因此失去了“可靠性”性质。

定义 7.6 形式系统中，针对系统特性而引入的非逻辑普效的“公理”称为非逻辑公理；包含非逻辑公理而产生的形式系统称为数学应用系统，简称应用系统。

注记 7.5 “可靠性”是相对的，逻辑系统的可靠性是基于逻辑普效性的。K' 虽然失去了“可靠性”的性质，但却增加了“针对性”的性质。形式系统的逻辑普效性除了其“完美”一面，似乎不能做任何其他的事情，而“针对性”往往才是人们所需要的。因此，可以说，相比 $K_{\mathscr{L}}$ 而言，K' 多了针对性，所以更具“实用”价值，它至少告诉人们：实际应用中存在一种“关系”，如果两个“量”与第三个“量”都有这种“关系”，那么这两个“量”也有此“关系”。

7.1.3.3 非逻辑公理的价值

形式语言 $\mathscr{L}$ 中包含了大量谓词符号 A_i^n，也可称为关系符号。因为在实际应用中，这些符号通常解释为应用对象之间的“关系”。既然是关系，就有一定的特殊性质。但是，在逻辑系统 $K_{\mathscr{L}}$ 中却没有对任何“关系”的性质给予描述。对此，非逻辑公理的引入是必要的，它们可以将蕴含在实际应用过程中的一些对象以及对象之间的关系性质“确定”下来。公式(7.5)针对“相等”关系，只是一个方面，通常意义的“相等”关系性质可以通过所谓“等词公理”加以完整地描述。

逻辑系统 $K_{\mathscr{L}}$ 包括公理(K_1)、(K_2)、(K_3)、(K_4)、(K_5)和(K_6)。如果将 A_1^2 理解成通常意义上的相等“=”关系，那么在 $K_{\mathscr{L}}$ 的公理集中，就需要针对 A_1^2 增加相应公理，使之具有“=”的关系性质。增加公理如下：

(E_7) $A_1^2(x_1,x_1)$

(E_8) $A_1^2(t_k,u) \rightarrow A_1^2(f_i^n(t_1,\cdots,t_k,\cdots,t_n), f_i^n(t_1,\cdots,u,\cdots,t_n))$

(E_9) $A_1^2(t_k,u) \rightarrow (A_i^n(t_1,\cdots,t_k,\cdots,t_n) \rightarrow A_i^n(t_1,\cdots,u,\cdots,t_n))$

其中，$t_1,\cdots,t_n,u$ 是任意的项，A_i^n 为 $\mathscr{L}$ 的任意谓词符号，f_i^n 为 $\mathscr{L}$ 的任意函数符号。显然，公理(E_7)、(E_8)和(E_9)不是逻辑普效的。由于公理增加，公理系统 $K_{\mathscr{L}}$ 得到扩展，形成一个新的公理系统。

定义 7.7 公理(E_7)、(E_8)和(E_9)称为等词公理，其中 A_1^2 称为等词。对任何一阶形式系统 S，如果 S 是 $K_{\mathscr{L}}$ 的扩展且包含公理(E_7)、(E_8)和(E_9)，那么就称 S 为带等词的一阶系统。

命题 7.3 设 S 是带等词的一阶系统，x_i 为任意变元。下面公式是 S 的定理。

(1) $(\forall x_i)A_1^2(x_i,x_i)$

(2) $(\forall x_1)(\forall x_2)(A_1^2(x_1,x_2) \rightarrow A_1^2(x_2,x_1))$

(3) $(\forall x_1)(\forall x_2)(\forall x_3)(A_1^2(x_1,x_2)\to(A_1^2(x_2,x_3)\to A_1^2(x_1,x_3)))$

证明:(1) 的证明。由公理(E_7)使用推理规则 $\forall^+$ 即可得到$(\forall x_1)A_1^2(x_1,x_1)$,再用"约束变元更名"定理,便得到$(\forall x_i)A_1^2(x_i,x_i)$。

(2)的证明。构造证明公式序列。

① $A_1^2(x_1,x_2)\to(A_1^2(x_1,x_1)\to A_1^2(x_2,x_1))$　　//(E_9)

② $(A_1^2(x_1,x_2)\to(A_1^2(x_1,x_1)\to A_1^2(x_2,x_1)))\to$
$((A_1^2(x_1,x_2)\to A_1^2(x_1,x_1))\to(A_1^2(x_1,x_2)\to A_1^2(x_2,x_1)))$　　//(K_2)

③ $(A_1^2(x_1,x_2)\to A_1^2(x_1,x_1))\to(A_1^2(x_1,x_2)\to A_1^2(x_2,x_1))$　　//①、②MP

④ $A_1^2(x_1,x_1)\to(A_1^2(x_1,x_2)\to A_1^2(x_1,x_1))$　　//(K_1)

⑤ $A_1^2(x_1,x_1)$　　//(E_7)

⑥ $A_1^2(x_1,x_2)\to A_1^2(x_1,x_1)$　　//⑤、④MP

⑦ $A_1^2(x_1,x_2)\to A_1^2(x_2,x_1)$　　//⑥、③MP

⑧ $(\forall x_1)(\forall x_2)(A_1^2(x_1,x_2)\to A_1^2(x_2,x_1))$　　//⑦ $\forall^+$

(3) 的证明。构造证明公式序列。

① $A_1^2(x_2,x_1)\to(A_1^2(x_2,x_3)\to A_1^2(x_1,x_3))$　　//(E_9)

② $A_1^2(x_1,x_2)\to A_1^2(x_2,x_1)$　　//本命题(2)

③ $A_1^2(x_1,x_2)\to(A_1^2(x_2,x_3)\to A_1^2(x_1,x_3))$　　//②、①HS

④ $(\forall x_1)(\forall x_2)(\forall x_3)(A_1^2(x_1,x_2)\to(A_1^2(x_2,x_3)\to A_1^2(x_1,x_3)))$　　//③ $\forall^+$

注记 7.6　命题 7.3 中各式分别反映了等词的基本性质,即等词具有"自反性"、"对称性"和"传递性"。

命题 7.4　若 S 是带等词的一阶系统,则 $\vdash_S A_1^2(x_1,x_3)\wedge A_1^2(x_2,x_3)\to A_1^2(x_1,x_2)$。

证明:构造 S 的证明。

① $A_1^2(x_1,x_3)\wedge A_1^2(x_2,x_3)$　　//假设

② $A_1^2(x_1,x_3),A_1^2(x_2,x_3)$　　//①、(L_5)MP

③ $A_1^2(x_2,x_3)\to A_1^2(x_3,x_2)$　　//命题 7.3 (2)

④ $A_1^2(x_3,x_2)$　　//②、③MP

⑤ $A_1^2(x_1,x_3)\to(A_1^2(x_3,x_2)\to A_1^2(x_1,x_2))$　　//命题 7.3 (3)

⑥ $A_1^2(x_3,x_2)\to A_1^2(x_1,x_2)$　　//⑤、②MP

⑦ $A_1^2(x_1,x_2)$　　//⑥、④MP

由此得到 $A_1^2(x_1,x_3)\wedge A_1^2(x_2,x_3)\vdash SA_1^2(x_1,x_2)$,利用演绎定理,有:

$$\vdash_S A_1^2(x_1,x_3)\wedge A_1^2(x_2,x_3)\to A_1^2(x_1,x_2)$$

注记 7.7　在命题 7.4 中,对公式 $A_1^2(x_1,x_3)\wedge A_1^2(x_2,x_3)\to A_1^2(x_1,x_2)$进一步使用概括规则 $\forall^+$,便可得到公式 $\forall x_1\forall x_2\forall x_3(A_1^2(x_1,x_3)\wedge A_1^2(x_2,x_3)\to A_1^2(x_1,x_2))$。该公式是 S 的定理。如果仍用解释 N,那么式(7.4)表示的命题不仅正确,而且"有据可依",其"依据"就是 S 中关于等词 A_1^2 基本特性的"约定"。

对等词性质的描述,不仅适用于自然数,而且对数学科学研究的绝大多数对象都适用。

在欧几里得《几何原本》表述的几何系统中，有 5 条关于“量”的公理，其中一条公理是：

与同一个量相等的两个量相等，即 $a=c$ 且 $b=c$ 可得 $a=b$

这条公理又称等量代换公理，正是式(7.4)陈述的命题。现在知道，只有当“=”词的特性被“约定”之后，该命题才能认为是正确的。

除了 5 条被称为“公理”的命题以外，欧几里得在几何基础描述中还用了 5 条“公设”。之所以用“公设”而不用“公理”，无疑说明欧几里得十分清楚，这些“公设”是针对几何的，而并非针对整个“数学”。如今，人们把这些“公设”叫作“几何公理”，其中有一条是关于“平行线”性质的。用通俗的方法表达“平行线公理”，即为：

从直线外一点，可以且仅可以作一条直线与该直线平行

19 世纪 10 至 20 年代，俄国数学家罗巴切夫斯基(N. I. Lobachevsky)对“平行线公理”的性质进行深入研究，最终试图证明“平行线公理”的独立性，即“平行线公理”不能由其他几何公理推证出来。对此，他采用反正法，用

从直线外一点，至少可以作两条直线和这条直线平行

来代替欧式几何中的“平行线公理”。然而，这一与“平行线公理”截然相反的“假设”并没有带来他所希望的“矛盾”，却“一路畅通”地与其他几何公理建立起了“协调共存”的“友好”关系。这一重大发现，为非欧几何的产生与发展奠定了重要基础。

综上分析可见，所谓“公理”有绝对的一面，即逻辑普效性；也有相对的一面，即针对数学分支的特殊性。正是因为非逻辑公理的“存在”，才使数学科学有了“共性”与“个性”的协调融合，变得如此“丰富多彩”。

7.2　一阶算术系统$\mathscr{N}$

采用对逻辑系统 $K_{\mathscr{L}}$“解释”的手段为我们提供了形式化定义数学系统的“灵感”。通过对 $K_{\mathscr{L}}$ 的扩展就可以得到各种各样的数学应用系统。在扩展过程中，不仅可以通过添加公理来“约定”某些谓词符号的性质，而且也可以通过添加公理来“约定”某些函数符号的性质。例如，可以将 $\mathscr{L}$ 的函数符号 f_1^1、f_1^2 和 f_2^2 分别解释为自然数集上的“后继”、“加法”和“乘法”运算，并用公理对它们的运算性质进行“约定”。数学科学中最为典型的应用系统莫过于一阶算术系统 $\mathscr{N}$。本节将给出一阶算术系统 $\mathscr{N}$ 的形式化描述，从中学习和认识应用系统的形式化定义方法。一阶算术系统 $\mathscr{N}$ 是一个带等词的数学系统，用来描述 $\mathscr{N}$ 的形式语言记为 $\mathscr{L}_{\mathscr{N}}$。其中，直接用符号“=”表示等词。至于那些含有“特殊性质”的函数符号，如“后继”、“加法”和“乘法”，分别用“ ′ ”，“+”和“ · ”来表示。

7.2.1　一阶算术系统$\mathscr{N}$的定义

定义 7.8　一阶算术系统又称形式数论系统。其符号集、项与公式集、公理集和推理规则描述如下：

(1) 符号集

① 逻辑符号：$\rightarrow$，$\wedge$，$\vee$，$\neg$，$\forall$，$\exists$；

② 谓词符号：=（等于，又称等词）；

③ 函数符号：'（后继），+（加法），·（乘法）；

④ 个体常量：0；

⑤ 个体变元：$a,b,c,d,\cdots$，或 $x_1,x_2,\cdots$；

⑥ 技术符号：(，)。

(2) 项与公式

♦项

① 0 是项；

② 变元是项；

③ 如果 s 与 t 是项，则 $s+t,s\cdot t,s'$ 也是项；

④ 凡是项仅由生成规则①至③给出。

♦公式

① 如果 s 与 t 是项，则 $s=t$ 是公式（原子公式）；

② 如果 A,B 为公式，则 $A\to B,A\wedge B,A\vee B$ 与 $\neg A$ 为公式；

③ 如果 A 是公式，x 是变元，则 $\forall xA$ 与 $\exists xA$ 为公式；

④ 只有规则①至③给出的才是公式。

(3) 公理集

(N_1) $A\to(B\to A)$

(N_2) $(A\to(B\to C))\to((A\to B)\to(A\to C))$

(N_3) $(\neg A\to\neg B)\to(B\to A)$

(N_4) $A\to(B\to A\wedge B)$

(N_5) $A\wedge B\to A,A\wedge B\to B$

(N_6) $A\to A\vee B,B\to A\vee B$

(N_7) $(A\to C)\to((B\to C)\to(A\vee B\to C))$

(N_8) $(\forall x)A(x)\to A(t)$

(N_9) $A(t)\to(\exists x)A(x)$

(N_{10}) $a'=b'\to a=b$

(N_{11}) $\neg(a'=0)$

(N_{12}) $a=b\to(a=c\to b=c)$

(N_{13}) $a=b\to a'=b'$

(N_{14}) $a+0=a$

(N_{15}) $a+b'=(a+b)'$

(N_{16}) $a\cdot 0=0$

(N_{17}) $a\cdot b'=a\cdot b+a$

(N_{18}) $(A(0)\wedge(\forall x)(A(x)\to A(x')))\to A(x)$（数学归纳法）

(4) 推理规则

① MP：$A,A\to B$ 可演绎出 A；

② $\forall^+$：$C\to A(x)$可演绎出$C\to(\forall x)A(x)$；

③ $\exists^+$：$A(x)\to C$可演绎出$(\exists x)A(x)\to C$；

④ HS：$A\to B$，$B\to C$可演绎出$A\to C$。

注记7.8

(1) 一阶算术系统$\mathcal{N}$的描述方法与逻辑系统$K_{\mathscr{L}}$的描述方法类似，都是由符号集、项与公式集、公理集和推理规则组成。

(2) 尽管逻辑运算合取"∧"、析取"∨"，还有量词"∃"，可以通过非词"¬"、蕴涵词"→"以及全称量词"∀"来定义，有关合取"∧"、析取"∨"还有量词"∃"的公理模式可以用其他的公理模式推出，但在一个具体的算术系统描述中通常都会将它们列出，这样做的主要目的是为算术系统的研究与应用提供更多便利。

(3) 一阶算术系统$\mathcal{N}$的公理集中既包含了逻辑公理$(N_1)\sim(N_9)$，又包含了反映一阶算术性质特征的非逻辑公理$(N_{10})\sim(N_{18})$。其中，$(N_{10})\sim(N_{13})$给出了等词"="和后继函数"$'$"的性质描述；$(N_{14})\sim(N_{15})$给出了加法运算"+"的性质描述；$(N_{16})\sim(N_{17})$给出了乘法运算"·"的性质描述；公理模式(N_{18})则是人们熟悉的"数学归纳原理"。

7.2.2 一阶算术系统$\mathcal{N}$的基本性质

一阶算术系统$\mathcal{N}$的描述是形式化的，它的描述语言，不妨用$\mathscr{L}_{\mathcal{N}}$表示，所采用的符号就是$\mathcal{N}$的符号集所使用的符号。与一阶系统$K_{\mathscr{L}}$一样，可以给出形式系统$\mathcal{N}$的"证明"和"定理"的定义。用$\vdash_{\mathcal{N}}A$表示$\mathscr{L}_{\mathcal{N}}$的公式$A$是$\mathcal{N}$的定理，在不至于产生混淆的情况下，$\vdash_{\mathcal{N}}A$可简单地记为$\vdash A$。

注记7.9

(1) 在$\mathcal{N}$定义中，虽然使用了一些大家熟悉的符号，如等词符号"="，函数符号"+"和"·"等，并且在公理集中增加了有关这些符号的公理模式，但这些都是从"语法"的角度来"约定"的，不能与平常在数的相等(=)、数的加法(+)、数的乘法(·)的表示和运算中所使用的有关符号相提并论，这是因为平时使用的这些符号是有"语义"的。在一阶算术系统$\mathcal{N}$中，等词符号"="、函数符号"+"和"·"等相关性质，只能通过$\mathcal{N}$的"定理"反映出来，并且需要有严格的"证明"。

(2) 在$\mathcal{N}$的推理证明过程中，类似于一阶系统$K_{\mathscr{L}}$，可以使用演绎定理。如果将公理(N_{18})同演绎定理结合起来，就形成了算术系统$\mathcal{N}$的形式归纳规则。

定义7.9(形式归纳规则) 设x是一变元，$A(x)$是一公式，Γ是一不含自由变元x的公式集。如果有$\Gamma\vdash A(0)$，且又有$\Gamma\cup\{A(x)\}\vdash A(x')$，其中$x'$表示$x$的后继，自由变元相对于$A(x)$保持固定，那么就有$\Gamma\vdash A(x)$。

注记7.10 在形式数论系统有关命题的证明过程中，经常用到形式归纳规则。运用的方法通常是施归纳于公式中的某个个体变元。例如，可以施归纳于公式$A(a)$中的个体变元a来证明$\Gamma\vdash A(a)$。奠基步：证明$\Gamma\vdash A(0)$；归纳推导步：可以假定$\Gamma\vdash A(a)$，并在此基础上证明$\Gamma\cup\{A(a)\}\vdash A(a')$，其中$a'$是$a$的后继。由此得到结论。

命题7.5 下列各式是$\mathcal{N}$的定理，它们反映了等词"="的基本性质。

(1) $\vdash a=a$(自反性)

(2) $\vdash a=b\to b=a$(对称性)

(3) $\vdash a=b\wedge b=c\to a=c$(传递性)

证明:(1) 的证明。构造证明公式序列。

① $a=b\to(a=c\to b=c)$　　//(N_{12})

② $(0=0)\to((0=0)\to(0=0))$　　//(N_1)此公式记为 $A(0)$

③ $(a=b\to(a=c\to b=c))\to(A(0)\to(a=b\to(a=c\to b=c)))$　　//(N_1)

④ $A(0)\to(a=b\to(a=c\to b=c))$　　//①、③MP

⑤ $A(0)\to(\forall a)(\forall b)(\forall c)(a=b\to(a=c\to b=c))$　　//由④反复运用推理规则 $\forall^+$

⑥ $(\forall a)(\forall b)(\forall c)(a=b\to(a=c\to b=c))$　　//②、⑤MP

⑦ $(a+0=a\to(a+0=a\to a=a))$　　//在⑥中,运用 N_8,$\forall xA(x)\to A(t)$,以项 $a+0$ 替换 a,a 替换 b 和 c 即可

⑧ $a+0=a$　　//(N_4)

⑨ $a=a$　　//(⑦、⑧MP)、⑧MP

(2) 的证明。构造证明公式序列。

① $a=b\to(a=a\to b=a)$　　//(N_{12})

② $a=b$　　//假设(在 $\mathscr{N}$ 中演绎定理的运用)

③ $a=a\to b=a$　　//①、②MP

④ $a=a$　　//本命题(1)

⑤ $b=a$　　//③、④MP

故有 $a=b\vdash b=a$,根据演绎定理知 $\vdash a=b\to b=a$。

(3) 的证明。构造证明公式序列。

① $a=b\wedge b=c$　　//假设

② $a=b,b=c$　　//①(N_5),再用 MP

③ $b=a,b=c$　　//②和等词对称性

④ $(b=a)\to(b=c\to a=c)$　　//(N_{12})

⑤ $a=c$　　//(③、④MP)、③MP

故有 $a=b\wedge b=c\vdash a=c$,由演绎定理得 $\vdash a=b\wedge b=c\to a=c$。

注记 7.11　命题 7.5 中证明的(1)式 $\vdash a=a$ 实际上是等词公理$(E_7)A_1^2(x_1,x_1)$在算术系统 $\mathscr{N}$ 中的表示形式,不过是将谓词符号 A_1^2 用"="表示,变元符号 x_1 用 a 表示而已。因此,等词公理(E_7)也可作为 $\mathscr{N}$ 的公理来运用。

命题 7.6　下列各式是 $\mathscr{N}$ 的定理。

(1) $\vdash a=b\to a+c=b+c$

(2) $\vdash a=b\rightarrow c+a=c+b$

(3) $a=b\rightarrow a\cdot c=b\cdot c$

(4) $\vdash a=b\rightarrow c\cdot a=c\cdot b$

证明:(1) 用形式归纳规则证明。证明的基本策略:假设 $a=b$,然后施归纳于变元 c,证明 $a+c=b+c$。用 $A(c)$表示公式 $a+c=b+c$,证明如下:

① $a=b$ //假设(相当于 $\Gamma=\{a=b\}$)

② $a+0=a, b+0=b$ //公理

③ $a+0=b+0$ //①、②及等词的传递性,即 $A(0)$成立

④ $a+c=b+c$ //归纳假设,即假设 $A(c)$

⑤ $(a+c)'=(b+c)'$ //④(N_{13})MP

⑥ $a+c'=(a+c)', b+c'=(b+c)'$ //(N_{15})

⑦ $a+c'=b+c'$ //⑤、⑥及等词的传递性

⑧ $a+c=b+c\rightarrow a+c'=b+c'$ //④～⑦演绎定理,即 $A(c)\rightarrow A(c')$成立

⑨ $a+c=b+c$ //③、⑧,根据形式归纳规则,$A(c)$成立

由此证明了 $a=b\vdash a+c=b+c$,再由演绎定理即得 $\vdash a=b\rightarrow a+c=b+c$。

(2) 的证明。假设 $a=b$,施归纳于 a 证明 $c+a=c+b$。

奠基步:当 a 为 0 时,则由假定和等词的传递性知 $b=0$,再由(N_{14})即得:

$$c+a=c+0=c=c+0=c+b$$

归纳推导步:假定有:

$$a=b\rightarrow c+a=c+b \tag{7.6}$$

运用归纳推导规则,须证明:

$$a'=b\rightarrow c+a'=c+b \tag{7.7}$$

对此,施归纳于 b:

奠基步:如果 $b=0$,则有 $a'=0$。注意到$\neg(a'=0)(N_{11})$,利用 $\vdash A\rightarrow(\neg A\rightarrow B)$并视公式 B 为 $c+a'=c+0$,则有 $a'=0\rightarrow c+a'=c+0$。

归纳推导步:假设 $a'=b\rightarrow c+a'=c+b$,欲证:

$$a'=b'\rightarrow c+a'=c+b' \tag{7.8}$$

对此,假设 $a'=b'$,则由公理(N_{10})得 $a=b$,再由式(7.6)得 $c+a=c+b$。进而由公理(N_{13})可得到$(c+a)'=(c+b)'$,即 $c+a'=c+b'$,故式(7.8)成立。由此证得,对任意 b,均有式(7.8)成立。从而命题(2)得证。

类似可以证明(3)和(4),留作练习。

注记 7.12 等词公理(E_8)为 $A_1^2(t_k,u)\rightarrow A_1^2(f_i^n(t_1,\cdots,t_k,\cdots,t_n),f_i^n(t_1,\cdots,u,\cdots,t_n))$,如果将谓词符号 A_1^2 换成符号"=",则可表示为 $t_k=u\rightarrow f_i^n(t_1,\cdots,t_k,\cdots,t_n)=f_i^n(t_1,\cdots,u,\cdots,t_n)$。显然,这一公理模式是针对函数符号的。在形式系统 $\mathcal{N}$ 中,所使用的函数符号有 3 个,即后继"'"、加法"+"和乘法"·"。$\mathcal{N}$ 的公理$(N_{13})a=b\rightarrow a'=b'$ 相当于公理模式(E_8)针对后继函数"'"的具体表现形式;命题 7.6 中(1)与(2)、(3)与(4)则分别可视为公理

模式(E_8)关于加法"+"和乘法"·"的具体表现形式。

命题 7.7　下列各式是 $\mathcal{N}$ 的定理。

(1) $\vdash a=b\to(a=c\to b=c)$

(2) $\vdash a=b\to(c=a\to c=b)$

注记 7.13

(1) 命题 7.7(1)是公理(N_{12});命题 7.7(2)则可直接运用等词的对称性证明。

(2) 等词的公理模式(E_9)

$$A_1^2(t_k,u)\to(A_i^n(t_1,\cdots,t_k,\cdots,t_n)\to A_i^n(t_1,\cdots,u,\cdots,t_n)) \tag{7.9}$$

是关于等词符号 A_1^2 的,其中 A_i^n 是任意谓词符号。注意到一阶算术系统 $\mathcal{N}$ 只有一个谓词符号"=",所以将(7.9)中的谓词符号都换成符号"=",则公理模式(E_9)变为:

$$t_k=u\to(t_k=t\to u=t)\text{ 或 }t_k=u\to(t=t_k\to t=u) \tag{7.10}$$

因此,命题 7.7 中的式子可视为公理模式(E_9)在 $\mathcal{N}$ 中的具体表示。

命题 7.5、7.6 和 7.7 反映了算术系统 $\mathcal{N}$ 中等词的重要性质。等词的一般特性可通过替换定理予以揭示。

命题 7.8(替换定理)　算术系统 $\mathcal{N}$ 满足等量替换原理。即:

(1) 设 u_r 是项,项 r 在 u_r 中明指出现。将 u_r 中的项 r 换成项 s 后得到项 u_s,则 $r=s\vdash u_r=u_s$。

(2) 设 C_r 是公式,项 r 在 C_r 中明指出现。将 C_r 中的项 r 换为项 s 后得到 C_s,则 $r=s\vdash C_r\leftrightarrow C_s$。

证明:(1) 用归纳法,施归纳于 u_r 的深度。

奠基步:u_r 是 r,则 u_s 为 s,显然 $r=s\vdash r=s$。

归纳推导步:

情形(1)　设 u_r 为 v_r+t_r,则 $u_s=v_s+t_s$。如果有 $r=s$,那么根据归纳假定应有 $v_r=v_s$ 和 $t_r=t_s$。利用等词的性质即可得到 $u_r=v_r+t_r=v_s+t_r=v_s+t_s=u_s$。

情形(2)　设 u_r 为 $v_r\cdot t_r$,则 $u_s=v_s\cdot t_s$。若 $r=s$,根据归纳假定应有 $v_r=v_s$ 和 $t_r=t_s$。利用等词的性质即可得到 $u_r=v_r\cdot t_r=v_s\cdot t_r=v_s\cdot t_s=u_s$。

情形(3)　设 $u_r=(t_r)'$,则 $u_s=(t_s)'$。利用公理(N_{16}),当 $t_r=t_s$ 时,就有 $(t_r)'=(t_s)'$。根据归纳原理得到(1)成立。

(2) 的证明。施归纳于公式 C_r 的深度。

奠基步:设 C_r 为 $u_r=v_r$,则 C_s 为 $u_s=v_s$。

由(1)知,当 $r=s$ 时,有 $u_r=u_s$ 和 $v_r=v_s$。设 $u_r=v_r$,那么由 $v_r=v_s$ 可得 $u_r=v_s$,再由 $u_r=u_s$ 可得到 $u_s=v_s$,即有 $u_r=v_r\to u_s=v_s$。

同理可证 $u_s=v_s\to u_r=v_r$。所以 $C_r\leftrightarrow C_s$,命题成立。

归纳推导步:不失一般性,仅对公式 C_r 为 $A_r\to B_r$,$\neg A_r$ 和$(\forall x)A_r$ 的情形加以证明。

情形(1)　C_r 为 $A_r\to B_r$ 的情形。根据归纳假定有 $A_r\leftrightarrow A_s$ 和 $B_r\leftrightarrow B_s$,由此便可得到$(A_r\to B_r)\leftrightarrow(A_s\to B_s)$。

情形(2) C_r 为$\neg A_r$ 的情形。根据归纳假定有 $A_r \leftrightarrow A_s$，进而有$\neg A_r \leftrightarrow \neg A_s$。

情形(3) C_r 为$(\forall x)A_r$ 的情形。根据归纳假定有 $A_r \leftrightarrow A_s$，证$(\forall x)A_r \leftrightarrow (\forall x)A_s$。设 A_r 为$A(x,r)$。若有$(\forall x)A(x,r)$，用公理(N_8)得 $A(s,r)$，根据归纳假定 $A(x,r) \leftrightarrow A(x,s)$，即可得到 $A(x,s)$，于是有$(\forall x)A(x,r) \rightarrow A(x,s)$。注意到 x 不在该式前件中自由出现，因此，用概括推理$\forall^+$即可得到$\forall xA(x,r) \rightarrow \forall xA(x,s)$，即$\forall xA_r \rightarrow \forall xA_s$。同理可证明 $\forall xA_s \rightarrow \forall xA_r$。故有 $C_r \leftrightarrow C_s$。

在一阶算术系统$\mathcal{N}$中，除了谓词“=”具有等词的特性外，函数符号“+”和“·”也都有它们各自特殊的性质，这些性质可以通过下面的算术定律表示出来。

命题 7.9(算术定律) 下列各式是$\mathcal{N}$的定理。

(1) $\vdash (a+b)+c=a+(b+c)$，即“加法运算”满足结合律。

(2) $\vdash a+b=b+a$，即“加法运算”满足交换律。

(3) $\vdash a\cdot(b+c)=(a\cdot b)+(a\cdot c)$，即“乘法”关于“加法”满足左分配律。

(4) $\vdash (a\cdot b)\cdot c=a\cdot(b\cdot c)$，即“乘法运算”满足结合律。

(5) $\vdash a\cdot b=b\cdot a$，即“乘法运算”满足交换律。

(6) $\vdash (b+c)\cdot a=(b\cdot a)+(c\cdot a)$，即“乘法”关于“加法”满足右分配律。

(7) $\vdash a+b=c+b \rightarrow a=c$，即“加法”运算满足消去律。

(8) $\vdash c\neq 0 \rightarrow (a\cdot c=b\cdot c \rightarrow a=b)$，即“乘法”运算满足消去律。

命题 7.9 的证明主要采用归纳法，留作练习。还有其他关于算术系统$\mathcal{N}$的运算定律，此处不再赘述，有兴趣者可以参阅 S. C. Kleene 的《元数学导论》①。

7.2.3 一阶算术系统$\mathcal{N}$中的次序

在算术系统$\mathcal{N}$的定义中，只给出了唯一的谓词符号“=”。从相关的公理以及推出的有关“定理”可以看出，谓词符号“=”所具有的性质与通常意义下数的“相等关系”是一致的。在算术系统$\mathcal{N}$中还可以定义其他的“关系谓词”，其中“次序关系”便是一种十分重要的关系。

定义 7.10(次序的定义) 在形式语言$\mathscr{L}_{\mathcal{N}}$中引进谓词符号“<”(或“>”)。对任意的变元 a,b，用 $a<b$(或 $b>a$)表示公式$\exists c(c'+a=b)$。进一步，$a\leqslant b$(或 $b\geqslant a$)表示公式 $a<b \vee a=b$，$a<b<c$ 表示公式$(a<b)\wedge(b<c)$。

命题 7.10(次序的基本性质) 下列各式是$\mathcal{N}$的定理。

(1) $\vdash a<b<c \rightarrow a<c$

(2) $\vdash a\leqslant b<c \rightarrow a<c$

(3) $\vdash a<b\leqslant c \rightarrow a<c$

(4) $\vdash a\leqslant b\leqslant c \rightarrow a\leqslant c$

(5) $\vdash a<a'$

(6) $\vdash 0<a'$

---

① S. C. Kleene. 元数学导论[M]. 莫绍揆，译. 北京：科学出版社，1985：195-204.

(7) $\vdash 0 \leqslant a$

(8) $\vdash (a \leqslant b) \leftrightarrow (a < b')$

(9) $\vdash (a > b) \leftrightarrow (a \geqslant b')$

(10) $\vdash (a < b) \vee (a = b) \vee (a > b)$

(11) $\vdash \neg (a < a)$

(12) $\vdash (a < b) \rightarrow \neg (a > b)$

注记 7.14　命题 7.10 总结性地概述次序的基本性质。其中，(1)至(4)反映次序的传递性；(5)至(9)反映个体常元“0”和后继函数“$'$”具有的次序性质；(10)至(12)则反映了次序的连通性、反自反性和反对称性。命题 7.10 中各式的证明留作习题。

在算术系统 $\mathcal{N}$ 中有一个非常特殊的个体常元“0”，如果将后继函数“$'$”反复作用在 0 上便可得到一个项的序列：

$$0, 0', 0'', \cdots, 0^{(n)}, \cdots \tag{7.11}$$

其中 n 是自然数，$0^{(n)}$ 表示用后继函数“$'$”对个体常元“0”作用 n 次得到的项。如果将个体常元“0”与自然数 0 对应，$0'$ 与自然数 1 对应，一般地将 $0^{(n)}$ 与自然数 n 对应，那么序列(7.11)中的各项便与自然数有了 1-1 对应的关系。不仅如此，这种 1-1 对应还保持了和自然数一致的序关系。由命题 7.10(5)即可得到：

$$0 < 0' < 0'' < \cdots < 0^{(n)} < \cdots \tag{7.12}$$

命题 7.11　在一阶算术系统 $\mathcal{N}$ 中，下列式子成立。

(1) $\vdash a = 0 \vee \exists b (a = b')$

(2) $\vdash (a = 0) \vee (a = 0') \vee (\exists b)(a = b'')$

证明：(1) 若 $a = 0$，则命题显然成立；假设命题对 a 成立，则利用 $a' = a'$ 即有 $(\exists b)(a' - b')$，命题对 a' 也成立。根据归纳规则，命题(1)成立。

(2) 设 $A(a)$ 表示公式 $(a = 0) \vee (a = 0') \vee (\exists b)(a = b'')$，则 $A(0)$，$A(0')$ 显然成立；当 $a \neq 0, a \neq 0'$ 时，若有 b 使得 $a = b''$，则有 $a' = b''' = (b')''$。

注记 7.15　命题 7.11 有更加一般的形式，即对任意自然数 n 有：

$$\vdash (a = 0) \vee (a = 0') \vee \cdots \vee (a = 0^{(n)}) \vee (\exists b)(a = b^{(n+1)}) \tag{7.13}$$

其中，$b^{(n+1)}$ 表示用后继函数对 b 作用 $n+1$ 次运算的结果。结论(7.13)告诉我们，在算术系统 $\mathcal{N}$ 中，对任意个体变元 a，如果 a 一旦取定，那么 a 一定是某个形如 $0^{(n)}$ 的项。

通过上面的分析，我们已经初步认识了算术系统 $\mathcal{N}$ 的基本性质。从感觉上讲，形式系统 $\mathcal{N}$ 所表现出的特性与我们所熟知的自然数系统的特性非常“吻合”。自然数系统是数学领域最基本的算术系统之一，而 $\mathcal{N}$ 则可视为其形式化表示。一阶算术系统 $\mathcal{N}$ 与哥德尔不完备性定理有着密切的联系。

7.3　哥德尔不完备性定理

一阶算术系统 $\mathcal{N}$ 可视为一阶逻辑系统 $K_{\mathcal{L}}$ 的扩展，它的公理集中增添了许多具有“$\mathcal{N}$ 特色”的公理。在数学领域，人们在进一步抽象的基础上描绘的各种形式系统，往往是为数学不同分支的理论"量身定做"的。例如,一阶算术形式系统 $\mathcal{N}$ 就是为自然数理论"量身定做"的。除此以外,还有集合论公理体系、欧几里得几何公理体系以及其他代数系统的形式化描述等。形式化方法的根本目的在于建立古典数学的可靠性。数学大师希尔伯特认为:"每一门数学都可以看成基于它的公理的一个演绎系统,它们是根本不会产生逻辑矛盾的。数学的可靠性就在于它的协调性。"为呈现这一事实,可分 3 步进行:首先,需要将要讨论的古典数学理论(如算术理论)公理化,使得古典数学理论能够表示成一些形式符号和符号公式组成的系统(如一阶算术系统);其次,构建用于研究和讨论形式系统的理论,即元数学理论,并用元数学理论对形式系统的协调性进行研究;最终,用元数学方法证明在形式系统理论中不会有某个论断 $\mathscr{A}$,使得 $\mathscr{A}$ 与 $\sim\mathscr{A}$ 同时可以推出,也即形式系统理论是协调的,并以此保证所讨论的数学理论不会产生矛盾。这便是著名的"希尔伯特计划"。[①]

形式系统 $\mathcal{N}$ 是自然数理论的形式化表示。尽管在 $\mathcal{N}$ 的定义时采用了大家所熟悉的"="、"+"、"·"等符号,但这些符号并无任何实际含义,它们的"特性"是以公理的形式给出的。同时还知道,形式系统 $\mathcal{N}$ 当中关于谓词符号"="、函数符号"+"与函数符号"·"的公理不是逻辑普效的。因此,关于自然数理论可靠性的说明也就转化成了关于形式系统 $\mathcal{N}$ 协调性的讨论。对此所关心的问题是:对一个 $\mathcal{N}$ 的合适公式 A(尤其是闭公式),A 是否为 $\mathcal{N}$ 的定理?或许希望有:如果 A 是关于 $\mathcal{N}$ 的命题,那么 A 和 $\neg A$ 之一是 $\mathcal{N}$ 的定理。若能如此,$\mathcal{N}$ 便堪称"完美",这种"完美"称为 $\mathcal{N}$ 的完备性。完美是数学家们所希望的,也是哥德尔所希望的。然而,哥德尔在致力于实现这一"完美"的过程中却得到了相反的结果:任一包含一阶算术的形式系统都是不完备的,即总有那么一个公式 U,U 和 $\neg U$ 都不是它的定理。这一著名论断被称为哥德尔第一不完备性定理[②]。本节将以简洁的方式介绍哥德尔不完备性定理所涉及的思想方法与技术,并给出不完备性定理的概要证明。

7.3.1 $\mathcal{N}$ 的模型与可表示性定理

一阶算术系统 $\mathcal{N}$ 是建立在一阶语言 $\mathscr{L}_{\mathcal{N}}$ 之上的。

定义 7.11 设 N 是关于 $\mathscr{L}_{\mathcal{N}}$ 的解释,具体如下。

(1) N 的解释域为 $D_N=\{0,1,2,\cdots\}$,即自然数集。

(2) 常元符号"0"解释为自然数 0。

(3) 函数符号的解释。

① 函数符号"$'$"解释为自然数集上的后继函数,即 n' 为 $n+1$;

② 函数符号"+"解释为自然数集上的加法;

③ 函数符号"·"解释为自然数集上的乘法。

(4) 谓词符号"="解释为自然数集上的"相等"关系。

经过解释 N 得到的数学系统 $\langle D_N,0,',+,\cdot\rangle$ 称为 $\mathcal{N}$ 的模型。

不难看出,数学系统 $\langle D_N,0,',+,\cdot\rangle$ 实际上就是自然数系统。在形式系统 $\mathcal{N}$ 中用函数

---

① 中国大百科全书(数学)[M]. 北京·上海:中国大百科全书出版社,1988:745.

② http://en.wikipedia.org/wiki/Godel%27s_Incompleteness_Theorem#First_incompleteness_theorem.

符号“$'$”反复作用于常元符号 0 便可得到一个项的序列 $0, 0', 0'', \cdots, 0^{(n)}, \cdots$，在解释 N 中这些项分别与自然数 $0, 1, 2, \cdots, n, \cdots$ 对应起来，它们之间最基本的关系可以通过下列命题反映出来。

命题 7.12　对任意 $m, n \in D_N$，下列结论成立。

(1) 如果 $m \neq n$，那么 $\vdash_{\mathcal{N}} \neg (0^{(m)} = 0^{(n)})$。

(2) 如果 $m = n$，那么 $\vdash_{\mathcal{N}} (0^{(m)} = 0^{(n)})$。

证明：(1) 的证明。如果 $m = 0$，那么 $n > 0$，根据公理(N_{11})就有 $\vdash_{\mathcal{N}} \neg (0^{(0)} = 0^{(n)})$，其中，项 $0^{(0)}$ 表示常元 0。以下在 $m > 0$ 的情况下分析。不失一般性可假定 $m < n$，则存在 $k > 0$ 使得 $n = m + k$。则由公理(N_{10})知，$\vdash_{\mathcal{N}} (0^{(m)} = 0^{(m+k)} \rightarrow 0^{(m-1)} = 0^{(m+k-1)})$。反复运用推理规则 HS 即可得到 $\vdash_{\mathcal{N}} (0^{(m)} = 0^{(m+k)} \rightarrow 0^{(0)} = 0^{(k)})$。注意到 $0^{(k)} = (0^{(k-1)})'$，根据公理(N_{11})就应当有 $\vdash_{\mathcal{N}} \neg (0^{(0)} = 0^{(k)})$。因此，在 $\vdash_{\mathcal{N}} (0^{(m)} = 0^{(m+k)} \rightarrow 0^{(0)} = 0^{(k)})$ 的基础上运用反证原理即可得到 $\vdash_{\mathcal{N}} \neg (0^{(m)} = 0^{(m+k)})$，即 $\vdash_{\mathcal{N}} \neg (0^{(m)} = 0^{(n)})$。

(2) 的证明。如果 $m = n$，那么 $0^{(m)}$ 和 $0^{(n)}$ 是 N 相同的项，根据(1)即有 $\vdash_{\mathcal{N}} (0^{(m)} = 0^{(n)})$。

注记 7.16　命题 7.12(1)和(2)中的假设部分说的是自然数集 D_N 上的“相等”关系，而在其结论部分则是在 $\mathcal{N}$ 中对自然数集上“相等”关系的公式表示。如果将 $\mathcal{N}$ 的公式 $x_1 = x_2$ 记为 $A(x_1, x_2)$，则命题 7.12 的(1)和(2)可分别表示为：如果 $m \neq n$，那么 $\vdash_{\mathcal{N}} \neg A(0^{(m)}, 0^{(n)})$；如果 $m = n$，那么 $\vdash_{\mathcal{N}} A(0^{(m)}, 0^{(n)})$。因此可以说：自然数集 D_N 上的“相等”关系通过公式 $A(x_1, x_2)$ 在 $\mathcal{N}$ 中得到了充分的展示。

命题 7.13　对任意 $m, n \in D_N$，下列结论成立。

(1) 如果 $m \leqslant n$，那么 $\vdash_{\mathcal{N}} (\exists x)(0^{(m)} + x = 0^{(n)})$。

(2) 如果 $m \nleqslant n$，那么 $\vdash_{\mathcal{N}} \neg (\exists x)(0^{(m)} + x = 0^{(n)})$。

证明：首先证明(1)。设 $m \leqslant n$，则有 $k \geqslant 0$ 使得 $m + k = n$，于是在 $\mathcal{N}$ 中有 $0^{(m+k)} = 0^{(n)}$。注意到 $0^{(m+k)} = 0^{(m)} + 0^{(k)}$，利用等词的传递性就有 $0^{(m)} + 0^{(k)} = 0^{(n)}$，再利用推理规则 $\exists^+$ 及分离规则 MP，即可得到 $\vdash_{\mathcal{N}} (\exists x)(0^{(m)} + x = 0^{(n)})$。

对于(2)，可设 $n < m$，于是有 $k > 0$，使得 $n + k = m$。在 $\mathcal{N}$ 中首先有 $\neg (0^{(k)} \leqslant 0)$，即 $\neg (\exists x)(0^{(k)} + x = 0)$。用公理($N_{10}$)和($N_{13}$)可证得 $(0^{(k)} + x = 0) \leftrightarrow (0^{(k+n)} + x = 0^{(n)})$，所以在 $\mathcal{N}$ 中有 $\neg (\exists x)(0^{(m)} + x = 0^{(n)})$。

注记 7.17　命题 7.13 和命题 7.12 类似，(1)和(2)中的假设部分说的是自然数集 D_N 上的“小于等于”关系，而在其结论部分则是在 $\mathcal{N}$ 中对自然数集上“小于等于”关系的公式表示。将公式 $(\exists x)(x_1 + x = x_2)$ 记为 $A(x_1, x_2)$，则命题 7.13 的(1)和(2)可分别表示为：如果 $m \leqslant n$，那么 $\vdash_{\mathcal{N}} A(0^{(m)}, 0^{(n)})$；如果 $m \nleqslant n$，那么 $\vdash_{\mathcal{N}} \neg A(0^{(m)}, 0^{(n)})$。因此可以说：自然数集 D_N 上的“小于等于”关系在 $\mathcal{N}$ 中是可表示的。

将有关具体数学系统的命题，如论域上的“关系”和“函数”等，在其公理化的形式系统中加以表示是分析和研究数学系统有关性质的重要手段。这一手段把有关数学系统命题的证明同基于公理的形式化推理有效地结合起来。

定义 7.12　设 R 是自然数集 D_N 上的 k 元关系。如果有含 k 个自由变元的公式 $A(x_1,$

$\cdots,x_k)$，使得对任意 $n_1,\cdots,n_k\in D_N$，满足：

(1) $R(n_1,\cdots,n_k)$ 在 D_N 中成立，则 $\vdash_{\mathcal{N}}A(0^{(n_1)},\cdots,0^{(n_k)})$。

(2) $R(n_1,\cdots,n_k)$ 在 D_N 中不成立，则 $\vdash_{\mathcal{N}}\neg A(0^{(n_1)},\cdots,0^{(n_k)})$。

那么就称 R 在 $\mathcal{N}$ 中是可表示的。公式 $A(x_1,\cdots,x_k)$ 称为 R 的表示公式。

自然数集 D_N 上的函数可视为 D_N 上的关系，因此有下面定义。

定义 7.13 称自然数集上的 k 元函数 $f:D_N^k\to D_N$ 在 $\mathcal{N}$ 中是可表示的，如果它作为 D_N 上的一个 $k+1$ 元关系在 $\mathcal{N}$ 中可表示。

例如，自然数集上的加法函数 $f(m,n)=m+n$ 在 $\mathcal{N}$ 中是可表示的。只要取 $\mathcal{N}$ 的合适公式 $A(x_1,x_2,x_3)$ 为 $x_3=x_1+x_2$，则不难看出，对任意的 $m,n,p\in D_N$，有：

(1) 如果 $p=m+n$，那么 $\vdash_{\mathcal{N}}0^{(p)}=0^{(m)}+0^{(n)}$，即 $\vdash_{\mathcal{N}}A(0^{(p)},0^{(m)},0^{(n)})$。

(2) 如果 $p\neq m+n$，那么 $\vdash_{\mathcal{N}}\neg(0^{(p)}=0^{(m)}+0^{(n)})$，即 $\vdash_{\mathcal{N}}\neg A(0^{(p)},0^{(m)},0^{(n)})$。

值得注意的是，并非自然数集上所有的关系或函数都可以在 $\mathcal{N}$ 中表示。那么究竟哪些关系或函数在 $\mathcal{N}$ 中可表示呢？下面的命题给出了自然数集上的关系（函数）在 $\mathcal{N}$ 中可表示的充要条件。该命题称为可表示性定理。

命题 7.14 D_N 上的函数(关系)在 $\mathcal{N}$ 中可表示当且仅当它是递归函数(递归关系)。

注记 7.18 命题 7.14 的证明涉及更广的知识范围，在此略去。本书第 2 章曾经给出自然数集上递归函数与递归关系的定义，并对其相关性质进行了分析研究。命题 7.14 则是对递归函数和递归关系的又一重要特性进行了阐述，这一结论对最终完成哥德尔不完备性定理的证明起到了至关重要的作用。

7.3.2 哥德尔编码与哥德尔数

哥德尔在证明不完备性定理过程中引入递归函数与递归关系的概念，还有一项关键技术就是对形式系统的对象和论断进行编码，即著名的哥德尔编码。一般情况下，对形式语言 $\mathscr{L}$ 的哥德尔编码是一个定义在 $\mathscr{L}$ 的元素集上，到自然数集上的函数 g，可以分 3 步定义完成。

(1) 对 $\mathscr{L}$ 的符号进行编码。

例如，可定义函数 g，使得：

$g(()=3,g())=5,g(,)=7,g(\to)=9,g(\sim)=11,g(\forall)=13,$

$g(x_k)=7+8k(k=1,2,\cdots),$

$g(a_k)=9+8k(k=1,2,\cdots),$

$g(f_k^n)=11\times8\times2^n\times3^k(n,k=1,2,\cdots),$

$g(A_k^n)=13+8\times2^n\times3^k(n,k=1,2,\cdots)$。

注记 7.19 这里旨在说明哥德尔编码的基本方法，选用的对象是一般意义下的形式语言，而且只考虑了逻辑符号～(否定)和→(蕴含)以及量词符号∀。哥德尔编码不是唯一的，还可以定义其他编码函数，关键是要有规律可循而且不能有重码。

(2) 对 $\mathscr{L}$ 的项和公式进行编码。

形式系统中的项和公式可视为 $\mathscr{L}$ 的符号串。设 $u_1 \cdots u_k$ 是 $\mathscr{L}$ 的符号串，继续使用函数 g，则它的哥德尔编码可定义为：

$$g(u_1 \cdots u_n) = 2^{g(u_1)} \times 3^{g(u_2)} \times \cdots \times p_k^{g(u_k)} \tag{7.14}$$

其中，p_k 是第 k 个素数。$g(u_1 \cdots u_n)$ 又称为符号串 $u_1 \cdots u_n$ 的哥德尔数。

例如，项 $f_1^1(x_1)$ 的哥德尔数(码)为：

$$g(f_1^1(x_1)) = 2^{g(f_1^1)} \times 3^{g(()} \times 5^{g(x_x)} \times 7^{g())} = 2^{59} \times 3^3 \times 5^{15} \times 7^5 \tag{7.15}$$

而公式 $(A_1^2(x_1, x_2) \rightarrow A_1^1(x_1))$ 的哥德尔数(码)则是：

$$g((A_1^2(x_1, x_2) \rightarrow A_1^1(x_1)))$$

$$= 2^{g(()} \times 3^{g(A_1^2)} \times 5^{g(()} \times 7^{g(x_1)} \times 11^{g(,)} \times 13^{g(x_2)} \times 17^{g())} \times$$

$$19^{g(\rightarrow)} \times 23^{g(A_1^1)} \times 29^{g(()} \times 31^{g(x_1)} \times 37^{g())} \times 41^{g())}$$

$$= 2^3 \times 3^{109} \times 5^3 \times 7^{15} \times 11^7 \times 13^{23} \times 17^5 \times 19^{11} \times 23^{61} \times 29^3 \times 31^{15} \times 37^5 \times 41^5$$

(3) 对 $\mathscr{L}$ 的公式序列进行编码。

如果 $\mathscr{A}_1, \cdots, \mathscr{A}_k$ 是一公式序列，继续使用函数 g，则它的哥德尔编码可定义为：

$$g(\mathscr{A}_1, \cdots, \mathscr{A}_k) = 2^{g(A_1)} \times 3^{g(A_2)} \times \cdots \times p_k^{g(A_k)} \tag{7.16}$$

其中，p_k 是第 k 个素数。$g(\mathscr{A}_1, \cdots, \mathscr{A}_k)$ 称为公式序列 $\mathscr{A}_1, \cdots, \mathscr{A}_k$ 的哥德尔数。

7.3.3　形式系统论断的关系表示

哥德尔引入编码的目的是希望将有关 $\mathscr{N}$ 的论断转化成有关数的论断，然后再将这些论断在形式系统中加以表示。从上面分析可以看出，这些关于形式系统的论断涉及形式系统的合适公式、定理、证明等。

例如，“公式序列 $\mathscr{A}_1, \cdots, \mathscr{A}_k, \mathscr{A}$ 是 $\mathscr{N}$ 中一个证明”表示 $\mathscr{N}$ 的一个论断。利用哥德尔数，可以将这一论断用 D_N 上的关系 $Pf(m,n)$ 来表示。对任意 m,n，$Pf(m,n)$ 成立的充要条件是：m 是 $\mathscr{N}$ 中某公式序列 $\mathscr{A}_1, \cdots, \mathscr{A}_k, \mathscr{A}$ 的哥德尔数，公式序列 $\mathscr{A}_1, \cdots, \mathscr{A}_k, \mathscr{A}$ 是 $\mathscr{N}$ 中的证明，并且证明结果 $\mathscr{A}$ 的哥德尔数为 n。

可以证明 $Pf(m,n)$ 是 D_N 上的递归关系。因此，根据可表示性定理(命题 7.14)知，它在 $\mathscr{N}$ 中是可表示的，即存在合适公式 $P(x_1, x_2)$，使得对任意 $m, n \in D_N$，有：

(1) 如果 $Pf(m,n)$ 成立，那么 $\vdash_{\mathscr{N}} P(0^{(m)}, 0^{(n)})$；

(2) 如果 $Pf(m,n)$ 不成立，那么 $\vdash_{\mathscr{N}} \neg(0^{(m)}, 0^{(n)})$。

下面的命题告诉我们，还有很多类似的有关形式系统 $\mathscr{N}$ 的论断，它们都可以表示为自然数集上的关系，而且这些关系都是递归的，从而又可以在形式系统 $\mathscr{N}$ 中加以表示。

命题 7.15　下列 D_N 上的关系都是递归的，因而在 $\mathscr{N}$ 中可表示。

(1) wf：$wf(n)$ 成立当且仅当 n 是 $\mathscr{N}$ 中某个公式的哥德尔数。

(2) Lax：$Lax(n)$ 成立当且仅当 n 是 $\mathscr{N}$ 的逻辑公理的哥德尔数。

(3) $Prax$：$Prax(n)$ 成立当且仅当 n 是 $\mathscr{N}$ 的系统公理的哥德尔数。

(4) Prf：$Prf(n)$ 成立当且仅当 n 是 $\mathscr{N}$ 中某个证明的哥德尔数。

(5) Pf：$Pf(m,n)$ 成立当且仅当 m 是某证明的哥德尔数，n 是结果的哥德尔数。

(6) $Subst$:$Subst(m,n,p,q)$成立当且仅当把哥德尔数为 n 的表达式中的哥德尔数为 q 的全体自由变元用哥德尔数为 p 的项替换后所产生的表达式的哥德尔数为 m。

(7) W:$W(m,n)$成立当且仅当 m 是某个公式 $A(x_1)$的哥德尔数,其中 x_1 为自由变元,而 n 是 $\mathcal{N}$中关于 $A(0^{(m)})$的证明的哥德尔数。

(8) D:$D(m,n)$成立当且仅当 m 是某个公式 $A(x_1)$的哥德尔数,其中 x_1 自由,而 n 是 $A(0^{(m)})$的哥德尔数。

7.3.4 不完备性定理的证明

考虑 D_N 上的关系 W。因为 W 是递归的,所以 W 在 $\mathcal{N}$中可表示,于是存在合适公式 $W(x_1,x_2)$,使得对任意 $m,n\in D_N$,有:

(1) 如果 $W(m,n)$成立,则 $\vdash_{\mathcal{N}}W(0^{(m)},0^{(n)})$;

(2) 如果 $W(m,n)$不成立,则 $\vdash_{\mathcal{N}}\neg W(0^{(m)},0^{(n)})$。

考虑公式$(\forall x_2)\neg W(x_1,x_2)$。设 m 是该公式的哥德尔数,用 $0^{(m)}$ 替换其中的 x_1 得到公式$(\forall x_2)\neg W(0^{(m)},x_2)$。用 U 表示公式$(\forall x_2)\neg W(0^{(m)},x_2)$,则有下列命题成立。

命题 7.16 U 和$\neg U$ 均不是 $\mathcal{N}$的定理。

证明:将$(\forall x_2)\neg W(x_1,x_2)$记为 $A(x_1)$,则 U 为 $A(0^{(m)})$。其中,m 是$(\forall x_2)\neg W(x_1,x_2)$的哥德尔数。

首先,假设 U 是 $\mathcal{N}$的定理,则有 n,n 是关于 U 证明的哥德尔数。于是有下面的陈述:

m 是 $A(x_1)$的哥德尔数,其中 x_1 为自由变元,而 n 是 $\mathcal{N}$中关于 $A(0^{(m)})$的证明的哥德尔数。

根据关系 W 的定义(命题 7.15 (7))知,$W(m,n)$在 D_N 中成立。而 $W(x_1,x_2)$是关系 W 在 $\mathcal{N}$中的表示公式,因此有:

$$\vdash_{\mathcal{N}}W(0^{(m)},0^{(n)}) \tag{7.17}$$

注意到假设 U 是 $\mathcal{N}$的定理,因而 $\vdash_{\mathcal{N}}U$,即 $\vdash_{\mathcal{N}}(\forall x_2)\neg W(0^{(m)},x_2)$,并由此可以得到 $\vdash_{\mathcal{N}}\neg W(0^{(m)},0^{(n)})$,和式(7.17)矛盾。此矛盾说明,$U$ 不是 $\mathcal{N}$的定理。

其次,假定 U 不是 $\mathcal{N}$的定理,那么在 $\mathcal{N}$中不存在 U 的证明,即对任意 n,n 都不是 $A(0^{(m)})$证明的哥德尔数。于是可以得到如下陈述:

m 是公式 $A(x_1)$的哥德尔数,其中 x_1 为自由变元,不存在数 n,n 是关于 $A(0^{(m)})$在 $\mathcal{N}$中证明的哥德尔数,即对任意 n,n 均不是 $A(0^{(m)})$证明的哥德尔数。

根据关系 W 的定义知,对任意 n,$W(m,n)$不成立。即对任意 n 均有:

$$\vdash_{\mathcal{N}}\neg W(0^{(m)},0^{(n)}) \tag{7.18}$$

如果$\neg U$ 是 $\mathcal{N}$的定理,那么就有 $\vdash_{\mathcal{N}}\neg((\forall x_2)\neg W(0^{(m)},x_2))$,也即 $\vdash_{\mathcal{N}}\exists x_2 W(0^{(m)},x_2)$,这与(7.18)是矛盾的①。此矛盾说明,$\neg U$ 不能是 $\mathcal{N}$的定理。

---

① Hamilton A G. Logic for mathematicians[M]. London:Cambridge University Press,1978:147.

本章习题

习题 7.1　补充证明命题7.2中留作练习部分，即用自然推理证明下列式子。

(1) $\vdash_P (\mathscr{A}\to(\mathscr{B}\to\mathscr{C}))\to((\mathscr{A}\to\mathscr{B})\to(\mathscr{A}\to\mathscr{C}))$

(2) $\vdash_P (\sim\mathscr{A}\to\sim\mathscr{B})\to(\mathscr{B}\to\mathscr{A})$

习题 7.2　试证明命题7.6中的留作练习部分，即证明下列式子。

(1) $\vdash_{\mathscr{N}} a=b\to a\cdot c=b\cdot c$

(2) $\vdash_{\mathscr{N}} a=b\to c\cdot a=c\cdot b$

习题 7.3　试证明：

(1) $\vdash (a+b)'=a'+b$

(2) $\vdash a'\cdot b=a\cdot b+b$

习题 7.4　给出算术定理各式的证明。

(1) $\vdash (a+b)+c=a+(b+c)$，即“加法运算”满足结合律。

(2) $\vdash a+b=b+a$，即“加法运算”满足交换律。

(3) $\vdash a\cdot(b+c)=(a\cdot b)+(a\cdot c)$，即“乘法”关于“加法”满足左分配律。

(4) $\vdash (a\cdot b)\cdot c=a\cdot(b\cdot c)$，即“乘法运算”满足结合律。

(5) $\vdash a\cdot b=b\cdot a$，即“乘法运算”满足交换律。

(6) $\vdash (b+c)\cdot a=(b\cdot a)+(c\cdot a)$，即“乘法”关于“加法”满足右分配律。

(7) $\vdash a+b=c+b\to a=c$，即加法之消去律。

(8) $\vdash c\neq 0\to(a\cdot c=b\cdot c\to a=b)$，即乘法之消去律。

习题 7.5　给出次序基本性质的证明。

(1) $\vdash a<b<c\to a<c$

(2) $\vdash a\leqslant b<c\to a<c$

(3) $\vdash a<b\leqslant c\to a<c$

(4) $\vdash a\leqslant b\leqslant c\to a\leqslant c$

(5) $\vdash a<a'$

(6) $\vdash 0<a'$

(7) $\vdash 0\leqslant a$

(8) $\vdash (a\leqslant b)\leftrightarrow(a<b')$

(9) $\vdash (a>b)\leftrightarrow(a\geqslant b')$

(10) $\vdash (a<b)\vee(a=b)\vee(a>b)$

(11) $\vdash \neg(a<a)$

(12) $\vdash (a<b)\to\neg(a>b)$

习题 7.6　试证明算术系统 $\mathscr{N}$ 中，加法与乘法满足下列不等式。

(1) $\vdash a+b\geqslant a$

(2) $\vdash b\neq 0\to ab\geqslant a$

(3) $\vdash b\neq 0\rightarrow a+b>a$

(4) $\vdash a\neq 0\wedge b>0'\rightarrow ab>a$

(5) $\vdash b\neq 0\rightarrow a'b>a$(故 $\vdash b\neq 0\rightarrow \exists c(cb>a)$)

(6) $\vdash a<b\leftrightarrow a+c<b+c$

(7) $\vdash a\leqslant b\leftrightarrow a+c<b+c$

(8) $\vdash c\neq 0\rightarrow (a<b\leftrightarrow ac<bc)$

(9) $\vdash c\neq 0\rightarrow (a\leqslant b\leftrightarrow ac\leqslant bc)$

习题 7.7 试证明算术系统 $\mathcal{N}$ 中带余表示定理。

(1) $\vdash b\neq 0\rightarrow \exists q\exists r(a=bq+r\wedge r<b)$

(2) $\vdash (a=bq_1+r_1\wedge r_1<b)\wedge(a=bq_2+r_2\wedge r_2<b)\rightarrow q_1=q_2\wedge r_1=r_2$

(注:这里应有 $b\neq 0$ 为前提条件,但在本题的前件中,有 $r_1,r_2<b$,因而当 b 为零时,命题已自然成立)

附录 习题解答

第 1 章习题解答

习题 1.1 试证明集合之间的等价关系满足:(1) 自反性,即对任意集合 A,有 $A\simeq A$;(2) 对称性,即对任意集合 A 和 B,如果 $A\simeq B$,那么 $B\simeq A$;(3) 传递性,即对任意集合 A,B 和 C,如果 $A\simeq B$ 且 $B\simeq C$,那么 $A\simeq C$。

证明概要:(1) 利用集合 A 到 A 的恒等映射证明 $A\simeq A$;(2) 通过双射 $\varphi:A\to B$ 的逆映射 φ^{-1} 证明 $B\simeq A$;(3) 证明两个双射的合成映射也是双射。

习题 1.2 证明如果 A 是可数集,B 是有穷集,那么 $A\cup B$ 是可数集。

证明概要:可设集合 $B=\{b_0,\cdots,b_m\}$ 和 $A=\{a_0,a_1,\cdots\}$,则 $A\cup B$ 的一个枚举可为 $b_0,\cdots,b_m,a_0,a_1,\cdots$,即先枚举完集合 B 中的元素再依照 A 的枚举办法依次枚举 A 的元素。

习题 1.3 证明任何可数集的无穷子集都是可数集。

证明概要:设 $A=\{a_0,a_1,\cdots\}$ 是可数无穷集,且 $B\subseteq A$。从 a_0 开始逐个枚举 A 的元素,并将属于 B 的元素按枚举顺序依次列出,即可得到集合 B 的一个枚举。

习题 1.4 试证明在实平面中圆 $x^2+y^2=1$ 上的点组成的集合与区间 $[0,1]$ 等价。

证明概要:先证明上半圆的点集与 $[0,1]$ 区间等价,然后是下半圆,接着证明 $[0,1]\cup[0,1]\simeq[0,1]$。

习题 1.5 证明所有无理数组成集合的基数为 $2^{\aleph_0}$。

证明概要:利用实数集合 $\mathbf{R}$ 的基数为 $2^{\aleph_0}$ 和有理数集是可数的事实进行反证。

习题 1.6 设 $A_0,A_1,\cdots$ 是一组两两不交的集合,且每个集合的基数都是 $2^{\aleph_0}$。令 $A=\bigcup\limits_{i=0}^{\infty}A_i$,证明 $|A|=2^{\aleph_0}$。

证明概要:证明每个 A_i 与区间 $[i,i+1)$ 等价,于是有 $A\simeq\bigcup\limits_{i=0}^{\infty}[i,i+1)$,而后者为全体大于等于 0 的实数组成的集合,基数为 $2^{\aleph_0}$。

习题 1.7 设 $R[x]$ 是由全体实系数多项式组成的集合,证明 $R[x]$ 的基数为 $2^{\aleph_0}$。

证明概要:用 $R_n[x]$ 表示所有 n 次实系数多项式全体,证明 $R_n[x]$ 的基数为 $2^{\aleph_0}$。而 $R[x]=\bigcup\limits_{n=0}^{\infty}R_n[x]$,利用习题 1.6 的结果,即可证明 $R[x]$ 的基数为 $2^{\aleph_0}$。

习题 1.8 设 $\mathbf{R}$ 是实数集,如果 $R\subseteq\mathbf{R}\times\mathbf{R}$,则称 R 为一实二元关系。试计算所有实二元关系组成集合的基数。

解题概要：只要计算幂集 $\mathscr{P}(\mathbf{R}\times\mathbf{R})$ 的基数即可。

习题 1.9 设 **Q** 是有理数集。证明存在 **Q** 上的序关系“$\prec$”，如果对任意有理数 p 和 q，当 $p\prec q$ 时，则称“p 小于 q”，那么对 **Q** 的任意非空子集 $P\subseteq\mathbf{Q}$，P 都有在序关系“$\prec$”下的“最小元”。

证明概要：因为有理数集 **Q** 可数，于是它的元素和自然数集 **N** 中的自然数有 1-1 对应关系，利用该关系定义有理数上的序关系“$\prec$”，并在此基础上证明本命题。

第 2 章习题解答

习题 2.1 试证明下列定义在自然数集上的函数是递归函数。

(1) $x+y$ (2) $x\cdot y$ (3) x^y (4) $x!$

参考证明：(1) 用函数 $I(x)=x$ 和 $S(x)=x+1$ 递归定义：$x+0=I(x)$；$x+(y+1)=S(x+y)$。

(2) 用(1)并递归定义：$x\cdot 0=0$；$x\cdot(y+1)=x\cdot y+x$。

(3) 用(2)并递归定义：$x^0=1$；$x^{y+1}=x^y\cdot x$。

(4) 利用(1)和(2)并递归定义：$0!=1$；$(x+1)!=x!\cdot(x+1)$。

习题 2.2 试证明定义在自然数集上的函数 $x\dot{-}y=\begin{cases}0, & \text{如果 } x\leqslant y\\ x-y, & \text{如果 } x>y\end{cases}$ 是递归函数。

参考证明：首先证明函数 $x\dot{-}1$ 为递归函数，其定义 $0\dot{-}1=0$；$(x+1)\dot{-}1=x$。然后用递归定义：$x\dot{-}0=x$；$x\dot{-}(y+1)=(x\dot{-}y)\dot{-}1$。

习题 2.3 试证明绝对值函数 $|x-y|$ 是递归函数。

参考证明：绝对值函数可定义为 $|x-y|=(x\dot{-}y)+(y\dot{-}x)$。

习题 2.4 试证明符号函数 $\mathrm{sg}(x)=\begin{cases}0, & \text{如果 } x=0\\ 1, & \text{如果 } x\neq 0\end{cases}$ 和 $\overline{\mathrm{sg}}(x)=\begin{cases}1, & \text{如果 } x=0\\ 0, & \text{如果 } x\neq 0\end{cases}$ 是递归函数。

参考证明：递归定义 $\mathrm{sg}(0)=0$；$\mathrm{sg}(x+1)=1$。随后有 $\overline{\mathrm{sg}}(x)=1\dot{-}\mathrm{sg}(x)$。

习题 2.5 试证明函数 $\min(x,y)$ 与 $\max(x,y)$ 是递归函数，其中 $\min(x,y)$ 表示取 x 和 y 中较小者，$\max(x,y)$ 表示取 x 和 y 中较大者。

参考证明：两函数可分别定义为：$\min(x,y)=x\dot{-}(x\dot{-}y)$ 和 $\max(x,y)=x+(y\dot{-}x)$。

习题 2.6 设函数 $f_1(x),\cdots,f_k(x)$ 是递归函数，$M_1(x),\cdots,M_k(x)$ 是递归谓词。证明分情形定义的函数：

$$g(x)=\begin{cases}f_1(x), & \text{如果 } M_1(x) \text{ 成立}\\ f_2(x), & \text{如果 } M_2(x) \text{ 成立}\\ \vdots & \vdots\\ f_k(x), & \text{如果 } M_k(x) \text{ 成立}\end{cases}$$

是递归函数。

参考证明：设 $c_i(x)$表示 $M_i(x)$的特征函数，$i=1,\cdots,k$，则函数 g 可表示为：

$$g(x) = c_1(x)f_1(x) + \cdots + c_k(x)f_k(x)$$

习题 2.7 试证明如果谓词 $M(x)$和 $Q(x)$是递归谓词，那么$\sim M(x)$，$M(x)\land Q(x)$，$M(x)\lor Q(x)$和 $M(x)\to Q(x)$都是递归的。

证明提示：用谓词特征函数的数学运算表示谓词的逻辑运算。

习题 2.8 试证明函数 $g(x)=\begin{cases}\sqrt{x}, & \text{如果 } x \text{ 是某自然数的平方} \\ \uparrow, & \text{如果 } x \text{ 不是某自然数的平方}\end{cases}$ 是部分递归函数。

参考证明：令 $f(x,y)=|x-y^2|$，验证 $g(x)\simeq\mu y(f(x,y)=0)$。

习题 2.9 试编制计算 $x+y$ 的图灵机程序。

解答提示：q_1 状态：令机器的读头右移，找到输入的首 1，将其置 0；q_2：再找到下一个 1，置 0；结束。

习题 2.10 试编写计算 $x\cdot y$ 的 URM 程序。

解答提示：可先编制 $x+y$ 的 URM 程序，并用递归调用编写 $x\cdot y$ 计算程序。

第3章习题解答

习题 3.1 用命题公式表示下列陈述语句。

(1) 小王工作很努力，小李也是。

(2) 要么用武力收回这些地方，要么共同开发这些地方，主权问题是不能讨价还价的。

(3) 如果路上车不多，我们就可以准时到达，可是路上车太多了，所以我们迟到了。

(4) 你之所以能够取得这样好的成果，要归功于你平时的刻苦努力。

(5) 中国只有强大了，才能维护亚太地区的和平与安宁。

(6) 不是我不把你放在眼里，而是你自己太差劲了。

(7) 我非要教训你不可，否则你太不自觉了。

(8) 如果你不贪玩，你就会抓紧时间学习；只有抓紧时间学习，才能弄懂学习的内容。

(9) 要么我到上海出差，要么我去西安出差；如果我去上海，可以安排小李去西安。

(10) 本系统由 3 个模块组成：输入 1 则执行第一模块，输入 2 则执行第二模块，输入 3 则执行第三模块，输入其他值，系统就停止运行。

参考答案：

(1) $p\land q$。其中，p：小王工作很努力，q：小李工作很努力。

(2) $(p\lor g)\land(\sim q)$。其中，p：用武力收回这些地方，g：共同开发这些地方，q：主权问题能讨价还价。

(3) $(\sim p\to q)\land(p\to(\sim q))$。$p$：路上车多，$q$：准时到达。

(4) $(\sim p)\to(\sim q)$或 $q\to p$。q：取得好成果，p：平时刻苦努力。

(5) $(\sim p)\to(\sim q)$或 $q\to p$。p：中国强大，q：能维护亚太地区的和平与安宁。

(6) $(\sim q)\to p$ 或 $q\vee p$。p:我把你放在眼里,q:你自己差劲。

(7) $q\to(\sim p)$或$\sim(\sim q\wedge\sim p)$。p:我教训你,q:你自觉。

(8) $(\sim p\to q)\wedge(\sim q\to\sim r)$。$p$:你贪玩,$q$:你抓紧时间学习,$r$:能弄懂学习内容。

(9) $(\bar{p}\vee q)\wedge(p\to r)$。$p$:我到上海出差,$q$:我去西安出差,$r$:小李去西安。

(10) $p\wedge(i_1\to p_1)\wedge(i_2\to p_2)\wedge(i_3\to p_3)\wedge(\sim(i_1\vee i_2\vee i_3)\to s)$。$p$:本系统由3个模块组成,$i_k(k=1,2,3)$:输入 k,$p_k(k=1,2,3)$:执行第 k 模块,s:系统停止运行。

习题 3.2 证明下列各式

(1) $\mathscr{A}\to\mathscr{B}\vdash(\mathscr{A}\wedge\mathscr{C})\to(\mathscr{B}\wedge\mathscr{C})$

(2) $\mathscr{A}\to\mathscr{B}\vdash(\mathscr{C}\wedge\mathscr{A})\to(\mathscr{C}\wedge\mathscr{B})$

(3) $\mathscr{A}\to\mathscr{B}\vdash\mathscr{A}\vee\mathscr{C}\to\mathscr{B}\vee\mathscr{C}$

(4) $\mathscr{A}\to\mathscr{B}\vdash\mathscr{C}\vee\mathscr{A}\to\mathscr{C}\vee\mathscr{B}$

证明:(1) 可假设 $\mathscr{A}\to\mathscr{B}$,$(\mathscr{A}\wedge\mathscr{C})$,推理得到 $\mathscr{B}$,$\mathscr{C}$ 即可。(2)与(1)类似。

(3) 的证明。

① $\mathscr{A}\to\mathscr{B}$ //(假设)

② $\mathscr{A}\vee\mathscr{C}$ //(假设)

③ $\mathscr{B}\to\mathscr{B}\vee\mathscr{C}$ //(L_6)

④ $\mathscr{A}\to\mathscr{B}\vee\mathscr{C}$ //①、③HS

⑤ $\mathscr{C}\to\mathscr{B}\vee\mathscr{C}$ //(L_6)

⑥ $(\mathscr{A}\to\mathscr{B}\vee\mathscr{C})\to((\mathscr{C}\to\mathscr{B}\vee\mathscr{C})\to(\mathscr{A}\vee\mathscr{C}\to\mathscr{B}\vee\mathscr{C}))$ //(L_7)

⑦ $(\mathscr{C}\to\mathscr{B}\vee\mathscr{C})\to(\mathscr{A}\vee\mathscr{C}\to\mathscr{B}\vee\mathscr{C})$ //④、⑥MP

⑧ $\mathscr{A}\vee\mathscr{C}\to\mathscr{B}\vee\mathscr{C}$ //⑤、⑦MP

⑨ $\mathscr{B}\vee\mathscr{C}$ //②、⑧MP

故 $\mathscr{A}\to\mathscr{B},\mathscr{A}\vee\mathscr{C}\vdash\mathscr{B}\vee\mathscr{C}$,由演绎定理得 $\mathscr{A}\to\mathscr{B}\vdash\mathscr{A}\vee\mathscr{C}\to\mathscr{B}\vee\mathscr{C}$。

(4) 证明类似(3)。

习题 3.3 设 L 是命题演算形式系统,试完成下列各式的证明。

(1) 试证明等价命题公式的"自反性"、"对称性"和"传递性",即:

(a) $\vdash\mathscr{A}\leftrightarrow\mathscr{A}$ (b) $\mathscr{A}\leftrightarrow\mathscr{B}\vdash\mathscr{B}\leftrightarrow\mathscr{A}$ (c) $\mathscr{A}\leftrightarrow\mathscr{B},\mathscr{B}\leftrightarrow\mathscr{C}\vdash\mathscr{A}\leftrightarrow\mathscr{C}$

(2) 试给出下列各式的证明。

(a) $\mathscr{A}\to\mathscr{B},\mathscr{B}\to\mathscr{A}\vdash\mathscr{A}\leftrightarrow\mathscr{B}$ (d) $\mathscr{A}\leftrightarrow\mathscr{B}\vdash\mathscr{B}\to\mathscr{A}$

(b) $\mathscr{A}\leftrightarrow\mathscr{B}\vdash(\mathscr{A}\to\mathscr{B})\wedge(\mathscr{B}\to\mathscr{A})$ (e) $\mathscr{A}\leftrightarrow\mathscr{B},\mathscr{A}\vdash\mathscr{B}$

(c) $\mathscr{A}\leftrightarrow\mathscr{B}\vdash\mathscr{A}\to\mathscr{B}$ (f) $\mathscr{A}\leftrightarrow\mathscr{B},\mathscr{B}\vdash\mathscr{A}$

(3) 试给出下列各式的证明。

(a) $(\mathscr{A}\leftrightarrow\mathscr{B})\vdash\sim\mathscr{A}\leftrightarrow\sim\mathscr{B}$

(b) $\mathscr{A}\leftrightarrow\mathscr{B},\mathscr{C}\leftrightarrow\mathscr{D}\vdash\mathscr{A}\wedge\mathscr{C}\leftrightarrow\mathscr{B}\wedge\mathscr{D}$

(c) $\mathscr{A}\leftrightarrow\mathscr{B},\mathscr{C}\leftrightarrow\mathscr{D}\vdash\mathscr{A}\vee\mathscr{C}\leftrightarrow\mathscr{B}\vee\mathscr{D}$

(d) $\mathscr{A}\leftrightarrow\mathscr{B},\mathscr{C}\leftrightarrow\mathscr{D}\vdash(\mathscr{A}\to\mathscr{C})\leftrightarrow(\mathscr{B}\to\mathscr{D})$

(4) 试证明逻辑演算形式系统中的 D. Mongen 定律。即对任意公式 $\mathscr{A}$ 和 $\mathscr{B}$ 有：

(a) $\vdash \sim(\mathscr{A} \vee \mathscr{B}) \leftrightarrow (\sim\mathscr{A}) \wedge (\sim\mathscr{B})$ (b) $\vdash \sim(\mathscr{A} \wedge \mathscr{B}) \leftrightarrow (\sim\mathscr{A}) \vee (\sim\mathscr{B})$

证明提示：(1)，(2)和(3)的证明不难，可以根据等词的定义来证明。

(4) 的证明如下：要证明(a) $\vdash \sim(\mathscr{A} \vee \mathscr{B}) \leftrightarrow (\sim\mathscr{A}) \wedge (\sim\mathscr{B})$，只要证

(a_1) $\sim(\mathscr{A} \vee \mathscr{B}) \vdash \sim\mathscr{A} \wedge \sim\mathscr{B}$ 并且

(a_2) $\sim\mathscr{A} \wedge \sim\mathscr{B} \vdash \sim(\mathscr{A} \vee \mathscr{B})$

其中，(a_1)的证明为：

① $\sim(\mathscr{A} \vee \mathscr{B})$ //(假设)

② $\mathscr{A} \to \mathscr{A} \vee \mathscr{B}, \mathscr{B} \to \mathscr{A} \vee \mathscr{B}$ //(L_6)

③ $(\mathscr{A} \to (\mathscr{A} \vee \mathscr{B})) \to (\sim(\mathscr{A} \vee \mathscr{B}) \to \sim\mathscr{A})$

$(\mathscr{B} \to (\mathscr{A} \vee \mathscr{B})) \to (\sim(\mathscr{A} \vee \mathscr{B}) \to \sim\mathscr{B})$ //(反证原理)

④ $\sim(\mathscr{A} \vee \mathscr{B}) \vdash \sim\mathscr{A}, \sim\mathscr{B}$ //②、③MP

⑤ $\sim\mathscr{A}, \sim\mathscr{B}$ //①、④MP

⑥ $\sim\mathscr{A} \to (\sim\mathscr{B} \to (\sim\mathscr{A} \wedge \sim\mathscr{B}))$ //(L_4)

⑦ $\sim\mathscr{A} \wedge \sim\mathscr{B}$ //(⑤、⑥MP)、⑤MP

(a_2) 的证明为：

① $\sim\mathscr{A} \wedge \sim\mathscr{B}$ //(假设)

② $\sim\mathscr{A} \wedge \sim\mathscr{B} \to \sim\mathscr{A}, \sim\mathscr{B}$ //(L_5)

③ $((\sim\mathscr{A} \wedge \sim\mathscr{B}) \to \sim\mathscr{A}) \to (\mathscr{A} \to \sim(\sim\mathscr{A} \wedge \sim\mathscr{B}))$

$((\sim\mathscr{A} \wedge \sim\mathscr{B}) \to \sim\mathscr{B}) \to (\mathscr{B} \to \sim(\sim\mathscr{A} \wedge \sim\mathscr{B}))$ //(反证原理)

④ $\mathscr{A} \to \sim(\sim\mathscr{A} \wedge \sim\mathscr{B}), \mathscr{B} \to \sim(\sim\mathscr{A} \wedge \sim\mathscr{B})$ //②、③MP

⑤ $(\mathscr{A} \to \sim(\sim\mathscr{A} \wedge \sim\mathscr{B})) \to ((\mathscr{B} \to \sim(\sim\mathscr{A} \wedge \sim\mathscr{B}))$

$\to (\mathscr{A} \vee \mathscr{B} \to \sim(\sim\mathscr{A} \wedge \sim\mathscr{B})))$ //(L_7)

⑥ $\mathscr{A} \vee \mathscr{B} \to \sim(\sim\mathscr{A} \wedge \sim\mathscr{B})$ //④、⑤MP

⑦ $(\mathscr{A} \vee \mathscr{B} \to \sim(\sim\mathscr{A} \wedge \sim\mathscr{B})) \to (\sim\mathscr{A} \wedge \sim\mathscr{B} \to \sim(\mathscr{A} \vee \mathscr{B}))$ //(反证原理)

⑧ $(\sim\mathscr{A} \wedge \sim\mathscr{B}) \to \sim(\mathscr{A} \vee \mathscr{B})$ //⑥、⑦MP

⑨ $\sim(\mathscr{A} \vee \mathscr{B})$ //①、⑧MP

(b)的证明可利用(a)来完成。

① $\sim(\sim\mathscr{A} \vee \sim\mathscr{B}) \leftrightarrow \sim(\sim\mathscr{A}) \wedge \sim(\sim\mathscr{B})$ //由(a)

② $\sim\sim\mathscr{A} \leftrightarrow \mathscr{A}, \sim\sim\mathscr{B} \leftrightarrow \mathscr{B}$ //(负负得正原理)

③ $\sim(\sim\mathscr{A} \vee \sim\mathscr{B}) \leftrightarrow \mathscr{A} \wedge \mathscr{B}$ // ①、②及替换定理

④ $\sim\mathscr{A} \vee \sim\mathscr{B} \leftrightarrow \sim(\mathscr{A} \wedge \mathscr{B})$ // ③与等词$\leftrightarrow$的性质

习题 3.4 设 L' 是只包含 L 的(L_1)、(L_2)和(L_3)作为公理的形式系统。在 L' 中如用 $\mathscr{A} \vee \mathscr{B}$ 表示公式 $\sim\mathscr{A} \to \mathscr{B}$ 的缩写，$\mathscr{A} \wedge \mathscr{B}$ 表示公式 $\sim(\mathscr{A} \to \sim\mathscr{B})$ 的缩写，试证明下列各式。

(1) $\vdash_{L'} \mathscr{A} \wedge \mathscr{B} \to \mathscr{B}$

(2) $\vdash_{L'} \mathscr{B} \to (\mathscr{A} \vee \mathscr{B})$

(3) $\vdash_{L'} (\mathscr{A} \to \mathscr{B}) \to ((\mathscr{A} \to (\mathscr{B} \to \mathscr{C})) \to (\mathscr{A} \to \mathscr{C}))$

(4) $\vdash_L (\mathscr{A}\to\mathscr{B})\to((\mathscr{A}\to\sim\mathscr{B})\to\sim\mathscr{A})$

证明提示:对(1),① $\sim\mathscr{B}\to(\mathscr{A}\to\sim\mathscr{B})$ //(L_1)

② $(\sim\mathscr{B}\to(\mathscr{A}\to\sim\mathscr{B}))\to(\sim(\mathscr{A}\to\sim\mathscr{B})\to\mathscr{B})$ //(反证)

③ $\sim(\mathscr{A}\to\sim\mathscr{B})\to\mathscr{B}$ //①、②MP

对(2),即要证 $\vdash_L \mathscr{B}\to(\sim\mathscr{A}\to\mathscr{B})$,此为($L_1$)。

对(3),① $\mathscr{A}\to\mathscr{B}$ //(假设)

② $\mathscr{A}\to(\mathscr{B}\to\mathscr{C})$ //(假设)

③ $(\mathscr{A}\to(\mathscr{B}\to\mathscr{C}))\to((\mathscr{A}\to\mathscr{B})\to(\mathscr{A}\to\mathscr{C}))$ //(L_2)

④ $(\mathscr{A}\to\mathscr{B})\to(\mathscr{A}\to\mathscr{C})$ //②、③MP

⑤ $\mathscr{A}\to\mathscr{C}$ //①、④MP

运用演绎定理即得 $\vdash_L (\mathscr{A}\to\mathscr{B})\to((\mathscr{A}\to(\mathscr{B}\to\mathscr{C}))\to(\mathscr{A}\to\mathscr{C}))$。

对(4),只要证明 $\mathscr{A}\to\mathscr{B},\mathscr{A}\to\sim\mathscr{B}\vdash_L\sim\mathscr{A}$。

习题 3.5 设 L 和 L' 是两个形式系统,有相同符号集、公式集和推理规则 MP,而公理集分别为:

L 的公理:

(L_1) $\mathscr{A}\to(\mathscr{B}\to\mathscr{A})$

(L_2) $(\mathscr{A}\to(\mathscr{B}\to\mathscr{C}))\to((\mathscr{A}\to\mathscr{B})\to(\mathscr{A}\to\mathscr{C}))$

(L_3) $(\sim\mathscr{A}\to\sim\mathscr{B})\to(\mathscr{B}\to\mathscr{A})$

L' 的公理:

(L_1') $\mathscr{A}\to(\mathscr{B}\to\mathscr{A})$

(L_2') $(\mathscr{A}\to(\mathscr{B}\to\mathscr{C}))\to((\mathscr{A}\to\mathscr{B})\to(\mathscr{A}\to\mathscr{C}))$

(L_3') $(\sim\mathscr{A}\to\sim\mathscr{B})\to((\sim\mathscr{A}\to\mathscr{B})\to\mathscr{A})$

试证明 L 和 L' 等价,即对任意的 wff $\mathscr{A}$,$\vdash_L\mathscr{A}$ 当且仅当 $\vdash_{L'}\mathscr{A}$。

证明提示:只要(1) 在 L 中证明 $\vdash_L((\sim\mathscr{A}\to\sim\mathscr{B})\to((\sim\mathscr{A}\to\mathscr{B})\to\mathscr{A}))$和(2) 在 L' 中证明 $\vdash_{L'}(\sim\mathscr{A}\to\sim\mathscr{B})\to(\mathscr{B}\to\mathscr{A})$即可。

注意:L 和 L' 中的前两条公理是相同的,而演绎定理的证明只用到这两条公理,故在 L 和 L' 中均可运用演绎定理。

(1) 在 L 中证明。

① $\sim\mathscr{A}\to\sim\mathscr{B}$ //(假设)

② $\sim\mathscr{A}\to\mathscr{B}$ //(假设)

③ $(\sim\mathscr{A}\to\sim\mathscr{B})\to(\mathscr{B}\to\mathscr{A})$ //(L_3)

④ $\mathscr{B}\to\mathscr{A}$ //①、③MP

⑤ $\sim\mathscr{A}\to\mathscr{A}$ //②、④HS(在 L 中 HS 成立)

⑥ $(\sim\mathscr{A}\to\mathscr{A})\to\mathscr{A}$ //是 L 中的定理

⑦ $\mathscr{A}$ //⑤、⑥MP

运用演绎定理即得所要证明的命题。

(2) 在 L' 中证明。

① $\sim\mathscr{A}\to\sim\mathscr{B}$	//(假设)
② $(\sim\mathscr{A}\to\sim\mathscr{B})\to((\sim\mathscr{A}\to\mathscr{B})\to\mathscr{A})$	//(L_3')
③ $(\sim\mathscr{A}\to\mathscr{B})\to\mathscr{A}$	//①、②MP
④ $\mathscr{B}$	//(假设)
⑤ $\mathscr{B}\to(\sim\mathscr{A}\to\mathscr{B})$	//(L_1')
⑥ $\sim\mathscr{A}\to\mathscr{B}$	//④、⑤MP
⑦ $\mathscr{A}$	//③、⑥MP

运用演绎定理即得所要证明的命题。

习题 3.6 设 $\mathscr{A}$ 是 L 的公式，L^* 是把 $\mathscr{A}$ 加入 L 的公理集所得到的 L 的扩充。证明：L^* 的定理集不同于 L 的定理集的充要条件是 $\mathscr{A}$ 不是 L 的定理。

证明提示：用反证法证明必要性。即如果 $\mathscr{A}$ 是 L 的定理，那么 L^* 的定理集与 L 的是相同的。充分性是显然的，适当说明即可。

习题 3.7 设 J 是 L 的协调完全扩充，$\mathscr{A}$ 是 L 的公式。证明：把 $\mathscr{A}$ 加到 J 的公理集中所得 J 的扩充是协调的充要条件是 $\mathscr{A}$ 是 J 的定理。

证明提示：依据完全协调扩充的定义，如果 $\mathscr{A}$ 不是 J 的定理，那么 $\sim\mathscr{A}$ 就是 J 的定理，此时把 $\mathscr{A}$ 加到 J 的公理集中所得 J 的扩充不可能是协调的。反之，如果 $\mathscr{A}$ 是 J 的定理，则把 $\mathscr{A}$ 加到 J 的公理集中所得的扩充就是 J，当然是协调的。

习题 3.8 设 $\mathscr{A}$ 是公式，其中出现的命题字母为 $p_1, p_2, \cdots, p_n$，设 $\mathscr{A}_1, \mathscr{A}_2, \cdots, \mathscr{A}_n$ 为任意 n 个公式，把 $\mathscr{A}$ 中 p_i 的所有出现都换成 $\mathscr{A}_i$ $(1\leqslant i\leqslant n)$，所得的公式为 $\mathscr{B}$。证明若 $\mathscr{A}$ 是 L 的定理，那么 $\mathscr{B}$ 也是。

证明提示：对任意 L 赋值 v，可定义 L 赋值 v' 满足 $v'(p_i)=v(\mathscr{A}_i)$ $(i=1,\cdots,n)$，然后施归纳于 $\mathscr{A}$ 的结构证明 $v'(\mathscr{A})=v(\mathscr{B})$。

第 4 章习题解答

习题 4.1 用谓词表达式表示下列陈述。

(1) 小张学习很努力，小李也是。

(2) 生物有动物和植物两种，有些生物既是动物也是植物。

(3) 世上的事物都是一分为二的，即具有好的一面，也有不好的一面。

(4) 天下乌鸦一般黑。

(5) x, y, z 都是参数，其中 x 是全程变量，而 y 和 z 是局部变量。

(6) 除了 2 以外，其他所有的素数都是奇数。

(7) 我或者去北京或者去上海，如果我去北京，那么你就去上海。

(8) 是人就有思想，你是人，你就应该有思想。

(9) 一切反动派都是纸老虎。

参考答案：

(1) $Studyhard(a)\wedge Studyhard(b)$，其中，$a,b$ 分别表示小张和小李。

(2) $(\forall x)(Livingbeings(x)\rightarrow Animal(x)\vee Plant(x))\wedge(\exists x)(Livingbeings(x)\wedge Animal(x)\wedge Plant(x))$

(3) $(\forall x)(Thing(x)\rightarrow Goodside(x)\wedge Badside(x))$

(4) $(\forall x)(\forall y)(Crow(x)\wedge Crow(y)\rightarrow Black(x)\wedge Black(y)\wedge Sameblackwith(x,y))$

(5) $Parameter(x)\wedge Parameter(y)\wedge Parameter(z)\wedge Global\ \mathrm{var}(x)\wedge Local\ \mathrm{var}(y)\wedge Local\ \mathrm{var}(z)$

(6) $(\forall x)(Primenumber(x)\wedge\sim Equalto(x,2)\rightarrow Oddnumber(x))$

(7) $(Gotobeijing(\mathrm{I})\bar{\vee} Gotoshanghai(\mathrm{I}))\wedge(Gotobeijing(\mathrm{I})\rightarrow Gotoshanghai(\mathrm{you}))$

(8) $(\forall x)(Humanbeing(x)\rightarrow Toughtful(x))\wedge Humanbeing(\mathrm{you})\rightarrow Toughtful(\mathrm{you})$

(9) $(\forall x)(IsReactionary(x)\rightarrow IsPapertiger(x))$

习题 4.2 设$\mathscr{L}$是一阶语言，包括常元 a_0，函数符号 f_1^2，和谓词字母 A_2^2。令$\mathscr{A}$表示合适公式$(\forall x_1)(\forall x_2)(A_2^2(f_1^2(x_1,x_2),a_0)\rightarrow A_2^2(x_1,x_2))$，并定义$\mathscr{L}$的解释 I 为：D_I 是 $\mathbf{Z}$(整数集)，$\bar{a}_0$ 是 0，$\bar{f}_1^2(x,y)$是 $x-y$，$\bar{A}_2^2(x,y)$是 $x>y$。

(1) 试写出公式$\mathscr{A}$在解释 I 中的含义并指出其是否真确。

(2) 再找一种解释，使公式$\mathscr{A}$在该解释中代表命题与在前面解释下的命题具有相反的真值(即原来的错，现在的就对；原来的对，现在的就错)。

参考解答：在$\mathscr{L}$的解释 I 下，公式$\mathscr{A}$表示的关系式为：

$$(\forall x\in\mathbf{Z})(\forall y\in\mathbf{Z})(x-y>0\rightarrow x>y)$$

即对任意的整数 x 和 y，如果 $x-y>0$，则 $x>y$，是正确的。

如果把解释 $\bar{f}_1^2(x_1,x_2)$改为 $x+y$，则$\mathscr{A}$所表示的关系式为：

$$(\forall x\in\mathbf{Z})(\forall y\in\mathbf{Z})(x+y>0\rightarrow x>y)$$

显然，该命题是错误的。

注意：也可以令 $D_I=\mathbf{Z}$，$\bar{a}_0$ 为 0，$\bar{f}_1^2(x,y)$为 $x+y$，$\bar{A}_2^2(x,y)$为 $x=y$，结果又如何呢？

习题 4.3 是否存在$\mathscr{L}$的解释 I 使得：

(1) 公式$(\forall x_1)(A_1^1(x_1)\rightarrow A_1^1(f_1^1(x_1)))$在该解释下是假的？如果有则详细写出，否则说明理由。

(2) 对公式$(\forall x_1)(A_1^2(x_1,x_2)\rightarrow A_1^2(x_2,x_1))$又如何呢？

参考答案：(1) 令 $D_I=\mathbf{Z}$，$\bar{A}_1^1(x_1)$为 $x>0$，$\bar{f}_1^1(x)$为 $-x$，则$(\forall x_1)(\bar{A}_1^1(x_1)\rightarrow\bar{A}_1^1(\bar{f}_1^1(x_1)))$为$(\forall x\in\mathbf{Z})(x>0\rightarrow -x>0)$，是假的。

(2) 对公式$(\forall x_1)(A_1^2(x_1,x_2)\rightarrow A_1^2(x_2,x_1))$，把 $\bar{A}_1^2(x_1,x_2)$解释为 $x_1>x_2$，则得到的关系式为$(\forall x\in\mathbf{Z})(\forall y\in\mathbf{Z})(x>y\rightarrow y>x)$，也是假的。

注意：如果在公式$(\forall x_1)(A_1^2(x_1,x_2)\rightarrow A_1^2(x_2,x_1))$中将 $\bar{A}_1^2(x_1,x_2)$解释为 $x_1=x_2$，结

果又将怎样?

习题 4.4 试证明在解释 I 中,赋值 v 满足公式$(\exists x_i)\mathscr{A}$的充要条件是在 I 中至少存在一个与 v i-等价的赋值v' 满足 $\mathscr{A}$。

证明提示:把$(\exists x_i)\mathscr{A}$看成是$\sim(\forall x_i)(\sim\mathscr{A})$的缩写,然后用赋值满足$(\forall x_i)\mathscr{A}$的定义证明。

习题 4.5 补充证明命题 4.7 中的"情形 1"和"情形 2"。

证明提示:利用归纳假定以及赋值可满足性定义直接证明即可。

习题 4.6 试证明下列公式是逻辑普效的。

(1) $(\exists x_1)(\forall x_2)A_1^2(x_1,x_2)\to(\forall x_2)(\exists x_1)A_1^2(x_1,x_2)$

(2) $(\forall x_1)A_1^1(x_1)\to((\forall x_1)A_2^1(x_1)\to(\forall x_2)A_1^1(x_2))$

(3) $(\forall x_1)(\mathscr{A}\to\mathscr{B})\to((\forall x_1)\mathscr{A}\to(\forall x_1)\mathscr{B})$

(4) $((\forall x_1)(\forall x_2)\mathscr{A}\to(\forall x_2)(\forall x_1)\mathscr{A})$

(5) $(\forall x_1)(\forall x_2)A_1^2(x_1,x_2)\to A_1^2(x_1,x_2)$

参考证明:(1) 的证明:把公式记为 $\mathscr{A}$。设 I 是 $\mathscr{L}$ 的任一解释,v 是 I 中的任一赋值,证明 v 满足 $\mathscr{A}$。如果 v 不满足$(\exists x_1)(\forall x_2)A_1^2(x_1,x_2)$,则 v 已满足 $\mathscr{A}$,对此假定 v 满足$(\exists x_1)(\forall x_2)A_1^2(x_1,x_2)$,并由此证明 v 满足$(\forall x_2)(\exists x_1)A_1^2(x_1,x_2)$。

要证明 v 满足$(\forall x_2)(\exists x_1)A_1^2(x_1,x_2)$,只要证明任意和 v 2-等价的赋值 v' 都满足$(\exists x_1)A_1^2(x_1,x_2)$。设 v' 是任一与 v 2-等价的赋值,要证明 v' 满足$(\exists x_1)A_1^2(x_1,x_2)$,只要证明存在和 v' 1-等价的赋值 v'' 能满足 $A_1^2(x_1,x_2)$,因此找到 v'' 是解决本题的关键。

由 v 满足$(\exists x_1)(\forall x_2)A_1^2(x_1,x_2)$知,存在与 v 1-等价的赋值 w 满足$(\forall x_2)A_1^2(x_1,x_2)$,于是任意和 w 2-等价的赋值都满足 $A_1^2(x_1,x_2)$。利用 v' 和 w 定义赋值 v'':

$$\begin{cases} v''(x_k)=v'(x_k), & k\neq 1 \\ v''(x_1)=w(x_1), & k=1 \end{cases}$$

显然,v'' 与 v' 是 1-等价的,现在只要证明 v'' 与 w 是 2-等价的即可。

对 $x_k(k\neq1,k\neq2)$,有 $v''(x_k)=v'(x_k)$(v'' 的定义和 $k\neq1$),$v'(x_k)=v(x_k)$($k\neq2$ 和 v' 与 v 是 2-等价的),$v(x_k)=w(x_k)$($k\neq1$ 和 w 与 v 是 1-等价的),故 $v''(x_k)=w(x_k)$;而当$k=1$时,显然有 $v''(x_1)=w(x_1)$,故 v'' 与 w 是 2-等价的,因而 v'' 满足 $A_1^2(x_1,x_2)$。而 v'' 与 v' 是 1-等价的,故有 v' 满足$(\exists x_1)A_1^2(x_1,x_2)$。又 v' 是任意与 v 2-等价的赋值,故 v 满足$(\forall x_2)(\exists x_1)A_1^2(x_1,x_2)$。

(2) 的证明:注意到$(\forall x_1)A_1^1(x_1)$与$(\forall x_2)A_1^1(x_2)$可视为同样公式,故(2)中公式可视为 L 的重言式$(p_1\to(p_2\to p_1))$的替换特例,因而是 $\mathscr{L}$ 的重言式,所以是逻辑普效的。

(3) 的证明:任给解释 I 及 I 中的赋值 v。可设 v 不满足$(\forall x_1)\mathscr{A}\to(\forall x_1)\mathscr{B}$,于是有 v 满足$(\forall x_1)\mathscr{A}$并且 v 不满足$(\forall x_1)\mathscr{B}$,因此可以找到一个与 v 1-等价的赋值 v',v' 满足 $\mathscr{A}$ 但 v 不满足 $\mathscr{B}$,由此可得 v' 不满足 $\mathscr{A}\to\mathscr{B}$,所以 v 不满足$(\forall x_1)(\mathscr{A}\to\mathscr{B})$。换句话说就是,如果 v 满足$(\forall x_1)(\mathscr{A}\to\mathscr{B})$就有 v 满足$((\forall x_1)A\to(\forall x_1)\mathscr{B})$。

(4) 的证明:先证明命题"v 满足$(\forall x_1)(\forall x_2)\mathscr{A}$ 当且仅当任一与 v $\{1,2\}$-等价的赋值

都满足 $\mathscr{A}$，其中赋值 v 和 v' 称为是$\{1,2\}$-等价的是指：如果当 $k\neq 1,2$ 时，均有 $v(x_k)=v'(x_k)$。”

“⇒”：设 v 满足$(\forall x_1)(\forall x_2)\mathscr{A}$，$v'$ 是任一与 v $\{1,2\}$-等价的赋值。若 v' 不满足 $\mathscr{A}$，那么构造 v''：$v''(x_1)=v'(x_1)$，$v''(x_2)=v(x_2)$，$v''(x_k)=v(x_k)=v'(x_k)(k\geqslant 2)$，则有 $v''\equiv_1 v$并且 $v''\equiv_2 v'$。由 v' 不满足 $\mathscr{A}$ 得 v'' 不满足$(\forall x_2)\mathscr{A}$，进而得 v 不满足$(\forall x_1)(\forall x_2)\mathscr{A}$，矛盾。故必有 v' 满足 $\mathscr{A}$。

“⇐”：若 v 不满足$(\forall x_1)(\forall x_2)\mathscr{A}$，那么有 $v'\equiv_1 v$，v' 不满足$(\forall x_2)\mathscr{A}$，又有 $v''\equiv_2 v'$，v'' 不满足 $\mathscr{A}$，此 v'' 显然和 v 是$\{1,2\}$-等价的。

用所证命题来说明$((\forall x_1)(\forall x_2)\mathscr{A}\to(\forall x_2)(\forall x_1)\mathscr{A})$是逻辑普效的。

(5) 的证明：任取 v，若 v 满足$(\forall x_1)(\forall x_2)A_1^2(x_1,x_2)$，则所有与 v $\{1,2\}$-等价的赋值均满足 $A_1^2(x_1,x_2)$，因为 v 与 v 是$\{1,2\}$-等价的，当然 v 也满足。

注意：公式$(\forall x_1)(\exists x_2)A_1^2(x_1,x_2)\to(\exists x_2)(\forall x_1)A_1^2(x_1,x_2)$，$(\forall x_1)A_1^2(x_1,x_2)\to(\exists x_2)(\forall x_1)A_1^2(x_1,x_2)$和公式$(\forall x_1)(\sim A_1^1(x_1)\to\sim A_1^1(a_1))$均不是逻辑普效的。要证明某个公式不是逻辑普效的，通常是找一个具体的解释 I 以及某赋值 v 不满足它。

习题 4.7　试证明如果项 t 在公式 $\mathscr{A}(x_i)$中对 x_i 自由，则$(\mathscr{A}(t)\to(\exists x_1)\mathscr{A}(x_i))$是逻辑普效的。

参考解答：利用命题 4.2，设 v 满足 $\mathscr{A}(t)$，定义一个 v'，$v'\equiv_i v$ 且 $v'(x_i)=v(t)$，则 v' 满足 $\mathscr{A}(x_i)$，再根据习题 4.4 的结论，得到 v 满足$(\exists x_i)A(x_i)$。

第 5 章习题解答

习题 5.1　试证明 $\vdash_K(\forall x_i)(\mathscr{A}\leftrightarrow\mathscr{B})\to((\forall x_i)\mathscr{A}\leftrightarrow(\forall x_i)\mathscr{B})$。

参考证明：只要证明(1) $(\forall x_i)(\mathscr{A}\leftrightarrow\mathscr{B})\vdash_K(\forall x_i)\mathscr{A}\to(\forall x_i)\mathscr{B}$

(2) $(\forall x_i)(\mathscr{A}\leftrightarrow\mathscr{B})\vdash_K(\forall x_i)\mathscr{B}\to(\forall x_i)\mathscr{A}$

(1) 的证明序列：

① $(\forall x_i)(\mathscr{A}\leftrightarrow\mathscr{B})$　　//假设

② $(\forall x_i)\mathscr{A}$　　//假设

③ $(\forall x_i)(\mathscr{A}\leftrightarrow\mathscr{B})\to(\mathscr{A}\leftrightarrow\mathscr{B})$　　//(K_4)或(K_5)

④ $\mathscr{A}\leftrightarrow\mathscr{B}$　　//①、③MP

⑤ $\mathscr{A}\to\mathscr{B}$　　//④等价性质

⑥ $(\forall x_i)\mathscr{A}\to\mathscr{A}$　　//(K_4)或(K_5)

⑦ $\mathscr{A}$　　//②、⑥MP

⑧ $\mathscr{B}$　　//⑤、⑦MP

⑨ $(\forall x_i)\mathscr{B}$　　//⑧概括

故有$\{(\forall x_i)(\mathscr{A}\leftrightarrow\mathscr{B}),(\forall x_i)\mathscr{A}\}\vdash_K(\forall x_i)\mathscr{B}$，由演绎定理即得

$$\vdash_K(\forall x_i)(\mathscr{A}\leftrightarrow\mathscr{B})\to((\forall x_i)\mathscr{A}\to(\forall x_i)\mathscr{B})$$

即(1)成立,类似可证(2)。

习题 5.2 试证明:如果 x_i 不在 $\mathscr{B}$ 中自由出现,那么有:

(1) $\vdash(\forall x_i)(\mathscr{A}\to\mathscr{B})\leftrightarrow((\exists x_i)\mathscr{A}\to\mathscr{B})$

(2) $\vdash(\exists x_i)(\mathscr{A}\to\mathscr{B})\leftrightarrow((\forall x_i)\mathscr{A}\to\mathscr{B})$

证明提示: 利用$(\mathscr{A}\to\mathscr{B})\leftrightarrow(\sim\mathscr{A}\vee\mathscr{B})$和$\sim(\forall x_i)(\sim\mathscr{A})\leftrightarrow(\exists x_i)\mathscr{A}$,同时参考命题 5.16 的证明。

习题 5.3 证明如果 $\mathscr{A}$ 的前束范式是 $\prod_n(\sum_n)$ 的,那么 $\sim\mathscr{A}$ 的前束范式为 $\sum_n(\prod_n)$ 的。

证明提示: 利用$\sim(\forall x_i)(\sim\mathscr{A})\leftrightarrow(\exists x_i)\mathscr{A}$直接证明。

习题 5.4 给出命题 5.24 中 S_∞ 的协调性证明。

证明提示: 设一阶系统扩充序列 $S_0\subseteq S_1\subseteq\cdots\subseteq S_n\subseteq\cdots$根据命题 5.24 中的构造方法而得,$S_\infty=\bigcup\limits_{k=0}^{\infty}S_k$,即 S_∞ 是以所有 $S_k(k=0,1,\cdots)$的公理集的并集为公理集的一阶系统。

由于 S_∞ 的协调性可归结为每个一阶系统 $S_k(k=0,1,\cdots)$的协调性。因此,只要证明每个一阶系统 S_k 是协调的即可。

根据命题 5.24 构造扩充系统的方法,S_0 即为 S^+ 是协调的。设 S_n 协调。如果 S_{n+1} 不协调,则有 $\mathscr{L}^+$ 的公式 $\mathscr{A}$,使得 $\vdash_{S_{n+1}}\mathscr{A}$ 并且 $\vdash_{S_{n+1}}\sim\mathscr{A}$。注意到 $\mathscr{A}\to(\sim\mathscr{A}\to\sim\mathscr{G}_n)$是重言式,利用推理规则 MP 即可得到 $\vdash_{S_{n+1}}\sim\mathscr{G}_n$。由于 S_n 只比 S_{n+1} 多一条公理 $\mathscr{G}_n$,因此有 $\mathscr{G}_n\vdash_{S_n}\sim\mathscr{G}_n$。$\mathscr{G}_n$ 是闭公式,运用演绎定理便有 $\vdash_{S_n}\mathscr{G}_n\to(\sim\mathscr{G}_n)$,继而得到 $\vdash_{S_n}\sim\mathscr{G}_n$,即 $\vdash_{S_n}\sim(\sim(\forall x_{in})\mathscr{F}_n(x_{in})\to\sim\mathscr{F}_n(c_n))$。

注意到公式

$$\sim(\sim(\forall x_{in})\mathscr{F}_n(x_{in})\to\sim\mathscr{F}_n(c_n))\to\sim(\forall x_{in})\mathscr{F}_n(x_{in})\text{ 和}$$

$$\sim(\sim(\forall x_{in})\mathscr{F}_n(x_{in})\to\sim\mathscr{F}_n(c_n))\to\mathscr{F}_n(c_n)$$

都是重言式,因此,运用推理规则 MP 便可得到 $\vdash_{S_n}\sim(\forall x_{in})\mathscr{F}_n(x_{in})$和 $\vdash_{S_n}\mathscr{F}_n(c_n)$。

在证明 $\vdash_{S_n}\mathscr{F}_n(c_n)$中,将常元符号 c_n 用一个不在证明中出现的变元 y 全部替换,即可得到一个 S_n 的证明 $\vdash_{S_n}\mathscr{F}_n(y)$,继而运用概括规则,便可得到 $\vdash_{S_n}(\forall x_{in})\mathscr{F}_n(x_{in})$,这和 $\vdash_{S_n}\sim(\forall x_{in})\mathscr{F}_n(x_{in})$矛盾,因为 S_n 是协调的。

习题 5.5 一阶语言中的"闭项"是指不含任何变元的项,试用归纳的方式给出语言 $\mathscr{L}^+$ 中闭项的定义。

定义: (1) 所有的个体常元是闭项;(2) 如果 $u_1,\cdots,u_n$ 是闭项,f_k^n 是函数符号,那么 $f_k^n(u_1,\cdots,u_n)$是闭项;(3) 只有通过(1)和(2)生成的项才是闭项。

习题 5.6 补充命题 5.24 证明步骤 3 中"$\mathscr{A}$ 是$\sim\mathscr{B}$"和"$\mathscr{A}$ 是 $\mathscr{B}\to\mathscr{C}$"情形的证明。

证明提示: 运用归纳假定直接证明。

习题 5.7 试证明 $K_{\mathscr{L}}$ 的一阶扩充 S 不是协调的当且仅当所有 $\mathscr{L}$ 的公式都是 S 的定理。

证明提示: 运用 $\vdash_S\mathscr{A}\to(\sim\mathscr{A}\to\mathscr{B})$进行证明。

习题 5.8 设一阶系统 S 是协调的。如果对任意 $\mathscr{L}$ 的闭公式 $\mathscr{A}$,将 $\mathscr{A}$ 加入 S 的公理集得到的扩充系统协调就能推出 $\mathscr{A}$ 是 S 的定理,那么 S 一定是完全的。

参考证明:对任意闭公式 $\mathscr{A}$,如果 $\mathscr{A}$ 不是 S 的定理,那么由命题 5.21,将 $\sim\mathscr{A}$ 加入 S 的公理集得到的扩充是协调的,根据题设就有 $\sim\mathscr{A}$ 是 S 的定理。

习题 5.9 设 $\mathscr{A}$ 和 $\mathscr{B}$ 是 $\mathscr{L}$ 的公式。如果公式 $\mathscr{A}\vee\mathscr{B}$ 是 $K_{\mathscr{L}}$ 的定理,试问是否一定有 $\mathscr{A}$ 是 $K_{\mathscr{L}}$ 的定理或者 $\mathscr{B}$ 是 $K_{\mathscr{L}}$ 的定理。如果"是",请给出证明,如果"否"则给出反例。

证明提示:可考虑公式 $\mathscr{A}\vee\sim\mathscr{A}$。

第 6 章习题解答

习题 6.1 思考题:

(1) 何谓计算思维?

(2) 计算思维的特点是什么?

(3) 试阐述计算思维与数学思维之间的联系。

(4) 试分析计算思维与计算机专业教育之间的关系。

思考:通过参考书中相关内容,查阅网络相关资料等方法,总结回答。

习题 6.2 举例说明循环计数系统"变减为加"的基本原理。

阅读书中相关章节内容并回答。

习题 6.3 举例说明递归过程遵循的基本步骤。

参考书中相关章节内容并回答。

习题 6.4 举例说明如何找到问题的递归算法。

参考书中相关章节内容并回答。

习题 6.5 举例说明递归与递推的联系与区别。

参考书中相关章节内容并回答。

习题 6.6 分析说明递归过程 $hanoi(n,x,y,z)$ 中的基本元素以及它们在递归计算过程中的作用。

分析参考:递归过程 $hanoi(n,x,y,z)$ 中,x,y,z 可视为"种子参数";n 是递归参数。$move(1,x,z)$ 可视为"种子函数";$hanoi(n,x,y,z)$ 的最小过程是 $hanoi(1,x,y,z)$;$hanoi(n,x,y,z)$ 的过程体包含了两次子过程调用,子过程"首地址"可视为"引导参数"。

习题 6.7 编程实现自然对数底数 e 的近似值计算,精确至小数点后 n 位。

参考:利用泰勒级数展开式,按精度要求累加。

习题 6.8 编程实现圆周率 π 的近似值计算,精确至小数点后 n 位。

参考:利用泰勒级数展开式,按精度要求累加。

习题 6.9 设有递推序列 $a_0=p, a_n=q\cdot a_{n-1}+r(n>0)$,其中,$p,q,r$ 为常数。试分别用数组、迭代和递归方法实现该序列通项计算。

参考答案:

(1) 数组方法:定义数组 $a[n]$。计算 $a[0]$;循环计算:$a[i]\leftarrow q\times a[i-1]+r$。

(2) 迭代方法:定义变量 a,n。$n=0:a\leftarrow p;n>0:a\leftarrow q\times a+r$ 循环。

(3) 递归方法:定义函数 $f(n)$。$n=0$:返回 $p;n>0$:返回 $f(n)=q\times f(n-1)+r$。

第 7 章习题解答

习题 7.1 补充证明命题 7.2 中留作练习部分,即用自然推理证明下列式子。

(1) $\vdash_P(\mathscr{A}\to(\mathscr{B}\to\mathscr{C}))\to((\mathscr{A}\to\mathscr{B})\to(\mathscr{A}\to\mathscr{C}))$

(2) $\vdash_P(\sim\mathscr{A}\to\sim\mathscr{B})\to(\mathscr{B}\to\mathscr{A})$

证明提示:(1) 假设 $\mathscr{A}\to(\mathscr{B}\to\mathscr{C}),\mathscr{A}\to\mathscr{B},\mathscr{A}$,推导出 $\mathscr{C}$,依次用规则$\to^+$,直到所有假设终结。(2) 假设$\sim\mathscr{A}\to\sim\mathscr{B},\mathscr{B}$,再假设$\sim\mathscr{A}$,推导出 $\mathscr{A}$,依次用规则$\to^+$,直到所有假设终结。

习题 7.2 试证明命题 7.6 中的留作练习部分,即证明下列式子:

(1) $\vdash_{\mathscr{N}} a=b\to a\cdot c=b\cdot c$

(2) $\vdash_{\mathscr{N}} a=b\to c\cdot a=c\cdot b$

证明提示:对(1), 设 $a=b$,施归纳于 c 证明 $a\cdot c=b\cdot c$。

当 c 为 0 时,则 $a\cdot 0=b\cdot 0=0$。若有 $a\cdot c=b\cdot c$,那么 $a\cdot c'=a\cdot c+a,b\cdot c'=b\cdot c+b$。

利用已证明结论和等词的传递性即得 $a\cdot c'=a\cdot c+a=b\cdot c+a=b\cdot c+b=b\cdot c'$。

对(2),证明分两步,先施归纳于 a,在证 a' 时,再施归纳于 b。当 $a=0$ 时,有 $b=0$,所以 $c\cdot 0=c\cdot 0=0$。设 $a=b\to c\cdot a=c\cdot b(*)$,欲证 $a'=b\to c\cdot a'=c\cdot b(**)$。

对$(**)$, 施归纳于 b 证明。若 $b=0$,则 $a'=0$,而$\neg(a'=0)$,故必有 $c\cdot a'=c\cdot 0$;设有 $a'=b\to c\cdot a'=c\cdot b$,则当 $a'=b'$ 时,有 $a=b$,再由$(*)$得 $c\cdot a=c\cdot b$, 由(N_{17})知 $c\cdot a'=c\cdot a+c,c\cdot b'=c\cdot b+c$, 于是利用已经证明结论和等词的传递性,即得 $c\cdot a'=c\cdot b'$。

习题 7.3 试证明(1) $\vdash(a+b)'=a'+b$ (2) $\vdash a'\cdot b=a\cdot b+b$

证明提示:(1) 施归纳于 b 证明。(2) 对 b 进行归纳。在归纳推导步设 $a'\cdot b=a\cdot b+b$,则 $a'b'=a'b+a'=(ab+b)+a'=((ab+b)+a)'=(ab+(b+a))'=((ab+a)+b)'=(ab'+b)'=ab'+b'$。

习题 7.4 给出算术定理各式的证明。

(1) $\vdash(a+b)+c=a+(b+c)$, 即“加法运算”满足结合律。

(2) $\vdash a+b=b+a$,即“加法运算”满足交换律。

(3) $\vdash a\cdot(b+c)=(a\cdot b)+(a\cdot c)$,即“乘法”关于“加法”满足左分配律。

(4) $\vdash(a\cdot b)\cdot c=a\cdot(b\cdot c)$,即“乘法运算”满足结合律。

(5) $\vdash a\cdot b=b\cdot a$,即“乘法运算”满足交换律。

(6) $\vdash(b+c)\cdot a=(b\cdot a)+(c\cdot a)$,即“乘法”关于“加法”满足右分配律。

(7) $\vdash a+b=c+b\to a=c$,即加法之消去律。

(8) $\vdash c\neq 0\to(a\cdot c=b\cdot c\to a=b)$,即乘法之消去律。

证明提示:(1) 施归纳于 c 证明$(a+b)+c=a+(b+c)$。

(2) 的证明:施归纳于 a 进行证明。

奠基步:$a=0$,施归纳于 b 证明 $0+b=b+0$。当 $b=0$,有 $0+0=0+0$; 设 $0+b=b+0$,

则 $0+b'=(0+b)'=(b+0)'=b'=b'+0$。故 $a=0$ 时命题成立。

归纳推导步:设 $a+b=b+a$,则 $(a+b)'=(b+a)'$。运用习题 7.3(1) $(a+b)'=a'+b$ 和 $(b+a)'=b+a'$ 便得 $a'+b=b+a'$。

(3) 施归纳于 c 证明 $a\cdot(b+c)=a\cdot b+a\cdot c$,在归纳推导步利用加法的结合律即可。

(4) 施归纳于 c 证明 $(a\cdot b)\cdot c=a\cdot(b\cdot c)$,在归纳推导步利用本题(3)。

(5) 施归纳于 a 证明 $a\cdot b=b\cdot a$,在奠基步施归纳于 b,在归纳推导步运用习题7.3(2)。

(6) 利用左分配律和加法与乘法的交换律即可。

(7) 施归纳于 b 证明 $a+b=c+b\rightarrow a=c$。

(8) 假设 $c\neq 0$,施归纳于 b 证明 $a\cdot c=b\cdot c\rightarrow a=b$,并在归纳推导步施归纳于 a。

习题 7.5 给出次序基本性质的证明。

(1) $\vdash a<b<c\rightarrow a<c$ (2) $\vdash a\leqslant b<c\rightarrow a<c$ (3) $\vdash a<b\leqslant c\rightarrow a<c$

(4) $\vdash a\leqslant b\leqslant c\rightarrow a\leqslant c$ (5) $\vdash a<a'$ (6) $\vdash 0<a'$ (7) $\vdash 0\leqslant a$

(8) $\vdash(a\leqslant b)\leftrightarrow(a<b')$ (9) $\vdash(a>b)\leftrightarrow(a\geqslant b')$

(10) $\vdash(a<b)\vee(a=b)\vee(a>b)$ (11) $\vdash\neg(a<a)$

(12) $\vdash(a<b)\rightarrow\neg(a>b)$

证明提示:(1) 的证明。假设 $a<b<c$,即 $a<b\wedge b<c$。根据次序的定义知,存在 d 和 e 使得 $d'+a=b$ 和 $e'+b=c$。将 $d'+a=b$ 带入 $e'+b=c$,得 $e'+(d'+a)=c$。利用加法的结合律得 $(e'+d')+a=c$,即 $(e'+d)'+a=c$,因而有 $\exists b(b'+a=c)$,即 $a<c$。

(2) 的证明。设 $a\leqslant b<c$,即 $a\leqslant b\wedge b<c$,于是有 $a\leqslant b$ 和 $b<c$。若 $a<b$,那么由(1)即得 $a<c$;若 $a=b$,则由 $\exists e(e'+b=c)$ 可得 $\exists e(e'+a=c)$,因此有 $a<c$。

(3) 和(4)的证明类似(1)和(2)。

(5) 的证明。因为有 0 使得 $0'+a=a'$,即 $(\exists b)(b'+a)=a'$,故 $a<a'$。

(6) 的证明。因为 $a'+0=a'$,故有 $(\exists b)(b'+0=a')$,所以 $0<a'$。

(7) 的证明。因为 $0\leqslant 0$,由 $0\leqslant a$ 与本题(5)可得 $0<a'$,故有 $0\leqslant a$。

(8) 的证明。根据定义 $(a\leqslant b)\leftrightarrow(a=b)\vee(a<b)$。若 $a=b$,而 $b'=b+0'$,于是有 $a+0'=b'$,即 $a<b'$;若 $a<b$,由本题(5)知 $b<b'$,即得 $a<b'$。反之证明 $a<b'\rightarrow a\leqslant b$。若 $a<b'$,则有 c 使得 $a+c'=b'$,若 $c=0$,则 $a+0'=b'$,即 $a'=b'$,从而有 $a=b$;若 $c\neq 0$,那么由(7)知 $c>0$,即有 d 使得 $c=d'+0=d'$,于是 $a+d'=a+c=b$,故有 $a<b$。

(9) 的证明。设 $a>b$,则有 d 使得 $a=b+d'$。若 $d=0$,那么有 $a=b+0'=b'$;若 $d\neq 0$,则有 c 使得 $d=c'$。于是 $a=b+d'=b+(c')'=(b+c')'=b'+c'$,得 $a>b'$。反之,设 $a\geqslant b'$,则有 $(a=b')\vee(a>b')$,由本题(5)即得 $a>b$。

(10) 的证明。施归纳于 b,在归纳推导步施归纳于 a。

(11) 的证明。若有 $a<a$,则有 b 使得 $a+b'=a$,于是有 $b'=0$,这与公理 $\neg(b'=0)$ 矛盾,此矛盾说明必有 $\neg(a<a)$。

(12) 的证明。设 $a<b$,则有 c 使得 $a+c'=b$。若还有 $a>b$,那么又有 d 使得 $b+d'=a$。于是得到 $(b+d')+c'=b$,即 $b+(d'+c)'=b$,从而有 $b>b$,这和(11)矛盾,此矛盾说

明如果有 $a<b$，则必有 $\neg(a>b)$。

习题 7.6　试证明算术系统 $\mathcal{N}$ 中，加法与乘法满足下列不等式。

(1) $\vdash a+b\geqslant a$　(2) $\vdash b\neq 0\rightarrow ab\geqslant a$　(3) $\vdash b\neq 0\rightarrow a+b>a$

(4) $\vdash a\neq 0\wedge b>0'\rightarrow ab>a$　(5) $\vdash b\neq 0\rightarrow a'b>a$（故 $\vdash b\neq 0\rightarrow\exists c(cb>a)$）;

(6) $\vdash a<b\leftrightarrow a+c<b+c$　(7) $\vdash a\leqslant b\leftrightarrow a+c<b+c$

(8) $\vdash c\neq 0\rightarrow(a<b\leftrightarrow ac<bc)$　(9) $\vdash c\neq 0\rightarrow(a\leqslant b\leftrightarrow ac\leqslant bc)$

证明提示：运用关系"$\leqslant$"和"$<$"的定义，以及关于加法和乘法性质的算数定理进行证明。

习题 7.7　试证明算术系统 $\mathcal{N}$ 中带余表示定理。

(1) $\vdash b\neq 0\rightarrow\exists q\exists r(a=bq+r\wedge r<b)$

(2) $\vdash(a=bq_1+r_1\wedge r_1<b)\wedge(a=bq_2+r_2\wedge r_2<b)\rightarrow q_1=q_2\wedge r_1=r_2$

（注：这里应有 $b\neq 0$ 为前提条件，但在本题的前件中，有 $r_1,r_2<b$，因而当 b 为零时，命题已自然成立）

参考证明：(1) 施归纳于 a 证之。当 $a=0$ 时，取 $q=0$，$r=0$ 即可；设有 $a=bq+r$，则有 $a'=(bq+r)'=bq+r'$。由 $r<b$ 知 $r'\leqslant b$，若 $r'=b$，则有 $a'=bq+b=b(q+1)$（其中"1"表示"$0'$"），于是令 $q_1=q+1$，$r_1=0<b$ 则有 $a'=bq_1+r_1$，即 $\exists q\exists r(a'=bq+r\wedge r<b)$；若 $r'<b$，则取 $q_1=q$，$r_1=r'<b$，仍有 $\exists q\exists r(a'=bq+r\wedge r<b)$。根据归纳法原理知命题成立。

(2) 若 $q_1<q_2$，则有 e 使得 $q_1+e'=q_2$，于是：

$$bq_1+r_1=a=bq_2+r_2=b(q_1+e')+r_2=bq_1+be'+r_2$$

因而 $r_1=be'+r_2\geqslant be'\geqslant b$，这和 $r_1<b$ 矛盾，因此有 $\neg(q_1<q_2)$，同理 $\neg(q_1>q_2)$，所以有 $q_1=q_2$。再由 $a=bq_1+r_1=bq_2+r_2$ 即得 $r_1=r_2$。

参考文献

[1] 戴维斯.可计算性与不可解性[M].沈泓,译.北京:北京大学出版社,1984.

[2] 丹皮尔.科学史及其与哲学与宗教的关系[M].4 版.李珩,译.北京:商务出版社,1987.

[3] 董荣胜,古天龙.计算机科学技术与方法论[M].北京:人民邮电出版社,2002.

[4] 黄国兴.中国计算机科学与技术学科教程 2002[M].北京:清华大学出版社,2002.

[5] 李啸虎,田廷彦,马丁玲.力量——改变人类文明的 50 大科学定理[M].上海:上海文化出版社,2005.

[6] 林德宏.科学思想史[M].南京:江苏科学技术出版社,1985.

[7] 卢明森.钱学森与思维科学[J].中国工程科学,2002,4(2):8-15.

[8] 彭漪涟,马钦荣.逻辑学大辞典[M].上海:上海辞书出版社,2004.

[9] 钱学森.关于思维科学[M].上海:上海人民出版社,1986.

[10] 钱学森.系统科学、思维科学与人体科学[J].自然杂志,1981(1):3-9.

[11] 王飞跃.从计算思维到计算文化[J].中国计算机学会通讯,2007,3(11):81-82.

[12] 张晓如,张再跃.再谈计算机思维[J].计算机教育,2010(12):35-42.

[13] Cutland N. Computability:An introduction to recursive function theory[M]. London:Cambridge University Press,1980.

[14] Hamilton A G. Logic for mathematicians[M]. London:Cambridge University Press,1978.

[15] Jeannette M Wing. Computational thinking and thinking about computing[J]. Philosophical Transactions(Series A),Mathematical,Physical and Engineering Science,2008,366(1881):3717-3725.

[16] Jech T. Set theory[M]. Berlin:Springer-Verlag Berlin Heidelberg,2003:3-13.

[17] Kleene S C. 元数学导论[M].莫绍揆,译.北京:科学出版社,1985.

[18] Shepherdson J C,Strugis H E. Computability of recursive functions[J]. Assoc. Computing Machinery,1963(10):217-255.